模具制造技术

主　编　张信群

副主编　马　燕　贾秋霜　范丽丽

北京交通大学出版社

·北京·

内 容 简 介

本书根据高职院校模具设计与制造专业的人才培养目标和教学要求，系统地介绍了模具制造所需要的工艺知识和工艺方法，以及模具加工技术发展的基本知识。全书共 9 章，主要内容有：模具制造技术概述、模具加工工艺规程的编制、模具零件的加工质量、模具零件基本表面的机械加工、模具典型零件的加工工艺、模具零件的特种加工、模具零件的精密加工和光整加工、模具快速成型制造技术、模具装配工艺与调试，并附有必要的技术标准摘录。每章均附有一定数量的思考题，以帮助读者进一步巩固基础知识。

本书可作为应用型本科院校和高等职业院校模具相关专业的教学用书，也可作为有关工程技术人员的参考书与培训教材。

图书在版编目（CIP）数据

模具制造技术 / 张信群主编. -- 北京 : 北京交通大学出版社, 2025. 8. -- ISBN 978-7-5121-5470-4

Ⅰ. TG76

中国国家版本馆 CIP 数据核字第 20250447NK 号

模具制造技术
MUJU ZHIZAO JISHU

责任编辑：廖志平
出版发行：北京交通大学出版社　　电话：010-51686414　　http://www.bjtup.com.cn
地　　址：北京市海淀区高梁桥斜街 44 号　　邮编：100044
印 刷 者：北京华宇信诺印刷有限公司
经　　销：全国新华书店
开　　本：185 mm×260 mm　　印张：14　　字数：350 千字
版 印 次：2025 年 8 月第 1 版　　2025 年 8 月第 1 次印刷
定　　价：42.00 元

本书如有质量问题，请向北京交通大学出版社质监组反映。对您的意见和批评，我们表示欢迎和感谢。
投诉电话：010-51686043，51686008；传真：010-62225406；E-mail：press@bjtu.edu.cn。

前言

“模具制造技术”是模具设计与制造专业重要的专业课程，也是学生在将来的模具制造工作中必备的基本知识和基本技能。本书遵循高职高专教育教学改革的发展目标，按照高职模具设计与制造专业的课程改革的新要求，并结合高职高专学生的特点编写而成。

全书共9章，主要内容有：模具制造技术概述、模具加工工艺规程的编制、模具零件的加工质量、模具零件基本表面的机械加工、模具典型零件的加工工艺、模具零件的特种加工、模具零件的精密加工和光整加工、模具快速成型制造技术、模具装配工艺与调试，并附有必要的技术标准摘录。每章均附有一定数量的思考题，以帮助读者进一步巩固基础知识。

本书主要有以下特点：

1. 本书以模具企业岗位技能要求为本位，以职业院校模具专业课程所需知识、技能为出发点，理论与实践相结合，并力求体现近几年来有关各院校在教学改革方面取得的成果。

2. 本书既介绍了传统的模具制造工艺，又注重模具制造新技术、新工艺的介绍，体现了技术的先进性和前瞻性。

3. 本书图文并茂，在介绍基本工艺、原理、结构和设备等内容时大多附有图示说明，以利于学生的学习和理解。

4. 本书在章节安排上，力求符合授课学生的接受能力。语言方面力求通俗易懂，图例力求与实际相符。

本书由滁州职业技术学院张信群教授主编。第1章、第7章由滁州职业技术学院范丽丽编写；第2章、第3章、第4章、第5章、第9章由张信群编写；第6章由银川能源学院马燕编写；第8章由潍坊职业学院贾秋霜编写。全书由张信群统稿。

在本书的编写过程中，滁州科创模具制造有限公司王和升正高级工程师、青岛三聚隆精密工业有限公司王栋高级工程师、滁州市锴模装备模具制造有限公司王罗海高级工程师对书稿进行了审阅并提供了部分案例，在此一并表示感谢。

本书可以作为应用型本科院校和高等职业院校模具相关专业的教学用书，同时也可作为有关工程技术人员的参考书和培训教材。

由于编者水平有限，书中难免有缺点和错误，敬请专家和广大读者批评指正。

编　者

目 录

第 1 章
模具制造技术概述

知识目标

- 了解模具制造技术的特点和要求。
- 掌握模具的主要经济技术指标及其影响因素。
- 掌握模具的分类和模具的结构与功能。

模具是现代工业生产的重要工艺装备，它以特定的形状，通过一定的方式使原材料成型。利用模具不仅可以生产任意几何形状和具有高尺寸精度的、用途各异的零件和工艺品，而且生产效率极高。模具现已在国民经济各个部门，特别是汽车、拖拉机、航空航天、仪器仪表、机械制造、家用电器、石油化工、轻工日用品等工业部门得到了广泛的应用。

随着科学技术的发展，工业产品的品种和数量不断增加，产品的改型换代加快，对产品的质量和外观不断提出新的要求，对模具质量的要求也越来越高，模具在国民经济中的地位不可取代。模具作为一种高附加值和技术密集型产品，其技术水平的高低已成为衡量一个国家制造水平的重要标志之一。

1.1 我国模具制造技术的现状及发展趋势

1.1.1 我国模具制造技术的现状

我国对模具工业的发展十分重视。近年来，我国模具技术的发展进步主要表现在：

（1）研究开发模具新材料，采用新的热处理工艺，延长模具使用寿命。

（2）开发了一些多工位级进模和硬质合金模等新产品，并根据国内生产需要研制了一批精密塑料注射模。

（3）研究开发了一些模具加工新技术和新工艺。例如，三维曲面数控，仿形加工，表面改性或表面涂覆等表面处理技术，模具钢的超塑性成型技术和各种快速制模技术等。

（4）模具加工设备得到了较大发展，已能批量生产精密坐标磨床、CNC 铣床、CNC 线切割和高精度电火花成形机床等设备。

（5）模具 CAD/CAM/CAE 已在国内得到了开发和应用。

我国的模具技术虽然得到较大的发展，但仍然不能满足国民经济高速发展的需要，每年还需花费大量的资金向国外进口模具。其原因包括：

（1）专业化生产和标准化程度低；

（2）模具品种少，生产效率低，经济效益较差；

（3）生产制造周期长，精度不高，制造技术落后；

（4）模具使用寿命短，新材料使用量少；

（5）模具生产力量分散，管理落后。

1.1.2 我国模具制造技术的发展方向

（1）研究和发展精密、复杂、大型、长寿命的模具，以满足国内外市场的需求。

（2）加速模具的标准化和商品化，以提高模具的质量，缩短模具生产周期。

（3）大力开发和推广应用 CAD/CAM 技术，提高模具制造的自动化程度。

（4）积极开发模具新品种、新工艺、新技术和新材料。

（5）发展模具加工成套设备，以满足高速发展模具工业的需要。

1.2 模具制造技术的特点

模具生产具有一般机械产品的共性，同时又具有其特殊性。与一般机械产品制造相比，模具制造的难度通常较大。作为一种专用工艺装备，模具生产和工艺有以下几个方面特点。

1. 模具生产为单件、多品种生产

每副模具只能生产某一种特定形状、尺寸和精度的制件。因此，在模具制造工艺中，要尽可能采用通用机床、通用刀具、量具和仪器，以减少专用工具的数量。在制造工序的安排上要求工序相对集中，以保证模具加工的质量和进度，简化管理和减少工序周转时间。

2. 模具形状复杂，并要求具有高精度和低表面粗糙度

模具的工作部分形状复杂，一般都是二维或三维的复杂曲面，而不是一般机械加工的简单几何形面。产品零件对模具精度和表面粗糙度的要求越来越高，因此模具制造中数控设备的使用越来越普遍，特种加工方法的应用也越来越多。

3. 模具制造要求生产周期短

由于新产品更新换代的加快和市场竞争的加剧，模具生产周期越来越短。模具的生产管理、模具设计和工艺工作都应该适应这一要求，要提高模具的标准化水平，以缩短制造周期，提高质量，降低成本。

4. 模具制造要求成套性生产

当某个制件需要多副模具加工时，前一副模具所制造的产品是后一副模具的毛坯，模具之间相互牵连制约，只有最终制件合格，这一系列模具才算合格。因此在模具的生产和计划安排上必须充分考虑这一特点。

5. 模具材料的硬度高

模具实际上就是一种机械加工工具，模具的重要零件一般都是采用淬火合金工具钢或硬质合金等材料制造，硬度较高。如果采用传统的机械加工方法制造，比较困难，所以模具加工方法有别于一般机械加工。

6. 模具制造过程中要求安排试模和试修

由于在模具设计和制造中采用一些经验性公式和经验性数据，所以模具在装配后必须经过试模，最后才能确定模具是否合格。同时，模具的某些部位需要通过试修才能最终确定。因此在生产进度的安排上必须留有试模和试修的时间。

1.3 模具制造技术的要求

1.3.1 模具制造的基本要求

1. 模具制造精度高

为了保证模具制件的精度，模具工作部分的精度通常比制件精度高 2～4 级，模具的上、下模之间也有较高的配合精度要求，因此模具的组成零件都必须有较高的制造精度，才能生产出合格的产品。

2. 模具使用寿命长

模具是相对昂贵的工艺装备，其使用寿命的长短将直接影响产品的成本。因此，一般要求模具的使用寿命越长越好。模具制造中对材料的选用有很高的要求，而且模具必须具有较高的硬度。

3. 模具制造周期短

模具制造周期的长短主要取决于模具设计的标准化程度、模具制造技术和生产管理水平。为了满足产品市场的需要，提高产品的竞争能力，必须在保证质量的前提下尽量缩短模具制造周期。

4. 模具制造成本低

模具成本与模具结构的复杂程度、模具材料、制造精度和加工方法等因素密切关，必须根据产品要求制定经济、合理的加工工艺，以降低成本。

以上四项要求是相互关联、相互影响的。如果片面追求较高的模具精度和较长的使用寿命，必然会导致制造成本的增加。当然，也不能只顾降低成本和缩短制造周期而忽视模具精度和使用寿命。因此，在设计和制造模具时，应该根据实际情况进行全面考虑。

1.3.2 模具制造的合理化要求

1. 模具现代生产方式

模具技术人员努力追求的目标是简化模具设计与制造过程，缩短模具生产周期；提高模具设计与制造智能水平，减少或排除人工作业，提高模具精度、寿命和使用的可靠性。

当前，我国模具设计与制造水平已经迈上了新台阶，进入了智能化设计与制造的阶段。其具体表现为：

（1）在模具设计中，已采用了具有一定智能化功能的计算机软件，并在模具标准化的基础上，实现了模具造型设计、系统结构设计。

（2）在模具制造中，已采用具有智能化功能的标准代码，依代码编成的程序在数控机床、加工中心上对模具成型件进行自动化加工，从而实现了高精度和高速度制造。

（3）利用现代 IT 技术组成局域通信网络，将计算机设计完成的模具成型件的型面数字化代码，直接输入数控机床或加工中心，并执行由代码编成的程序，实行自动化加工，使模具设计与制造实现了自动化。

对于每副模具都需要进行设计与制造的模具企业而言，合理化的生产方式可以缩短模具生产周期，提高模具制造水平，减轻劳动强度。

2. 模具生产合理化

模具生产已经进入了智能化生产阶段，采用了 CAD/CAM/CAE 等辅助性的人机交换手段。但是，在加工条件、切削用量和刀具的选择等环节上，要取得标准化的参数设置还有待于进一步的研究和完善。模具成型件的精饰加工（如抛光、研磨等工艺）和装配工序中的手工作业量仍占有相当大的比例。因此，对模具制造过程进行合理化设计与安排，推动模具制造技术向全面智能化方向发展，具有重要意义。

（1）提高模具标准化、通用化水平。

模具的标准化、通用化是实现模具三维智能化设计、简化模具系统结构设计和制造的基础。例如，为使级进冲模模架和组合标准化、通用化、数字化，可将二维平面设计变为三维设计，以使系统结构设计更直观、合理。

（2）模具材料和加工工艺的规范化、合理化。

模具材料及其热处理工艺过程，不但在很大程度上决定了模具的使用性能，而且也影响模具的加工条件和工艺参数的设置，因此要建立一些特殊的加工规范，使之适应智能化加工的需要。

（3）模具专业化生产。

模具制造企业要根据本企业的生产力量和技术水平来定位本企业的生产方向和产品特点，开发适合本企业的模具产品。各企业应遵循专业化的发展原则，分工协作，提高产品质量，缩短加工周期，降低加工成本。

（4）模具生产的管理。

模具生产的管理应采取必要的措施，建立以工艺技术为基础的完善的质量监控体系，使用户满意。

1.4　模具的技术经济指标

评价模具的技术经济指标主要包括精度、生产周期、生产成本、模具寿命四个方面。

1. 模具的精度

为了生产合格的产品和发挥模具的效能，设计、制造的模具必须具有较高的精度。模具的精度主要体现在模具工作零件的精度和相关部位的配合精度上。为了保证制品精度，模具的工作部分精度通常要比制品精度高 2～4 级。

影响模具精度的主要因素有以下几个方面。

（1）产品制件精度。

产品制件的精度越高，模具工作零件的精度就越高。模具精度的高低不仅对产品制作的精度有直接影响，而且对模具的生产周期、生产成本都有很大的影响。

（2）模具加工的技术水平。

模具加工设备的加工精度和自动化程度是保证模具精度的基本条件。模具精度在很大程度上依赖于模具加工技术手段。

（3）模具装配钳工的技术水平。

模具的最终精度很大程度上依赖装配调试来完成，模具光整表面的表面粗糙度主要依赖模具钳工来完成，因此模具钳工技术水平是影响模具精度的重要因素。

（4）模具制造的生产方式和管理水平。

在模具设计和生产时，模具工作刃口尺寸是采用“实配法”，还是“分别制造法”，是影响模具精度的重要因素。对于高精度模具只有采用“分别制造法”才能满足高精度的要求，并实现互换性生产。

（5）模具刚度。

对于高速冲压模、大型件冲压成型模、精密塑料模和大型塑料模等，不仅要求精度高，还应有良好的刚度。这类模具工作负荷较大，当出现较大的弹性变形时，不仅会影响模具的动态精度，而且关系到模具能否继续正常工作。

2. 模具的生产周期

模具的生产周期是指从接收订货任务到模具试模鉴定后交付合格模具所用的时间。模具生产周期的长短主要取决于制模技术和生产管理水平。当前，模具使用单位要求模具的生产周期越来越短，以满足市场竞争和更新换代的需要。因此，模具生产周期长短是衡量一个模具企业生产能力和技术水平高低的综合标志之一。在模具生产过程中，在保证模具制造精度和质量的基础上，控制和保证模具生产周期是企业最重要的任务。

影响模具生产周期的主要因素有以下几个方面。

（1）模具技术和生产的标准化程度。

模具标准化程度是一个国家模具技术和生产发展到一定阶段的产物。目前，我国模具技术的标准化已有良好的基础，有模具基础技术标准、各种模具设计标准、模具工艺标准、模具毛坯和半成品件标准，以及模具检验和验收标准等。

（2）模具企业的专门化程度。

现代工业发展的趋势使企业分工越来越细，企业产品的专门化程度越高，越能提高产品质量和经济效益，并有利于缩短产品生产周期。目前，我国模具企业的专门化程度还较低。各模具企业只有生产自己最擅长的模具类型，有明确和固定的服务范围，同时各模具企业互相配合，实行协作化生产，才能缩短模具生产周期。

（3）模具生产技术手段的现代化。

模具设计、生产、监测手段的现代化也是影响模具生产周期的重要因素之一。只有大力推广和普及模具 CAD/CAM 技术；粗加工向高效率发展，模具下料采用高速锯床、阳极切割和砂轮切割等高效设备等，才能使模具生产技术手段提高到一个新水平。

（4）模具生产的经营和管理水平。

从管理学角度来研究模具企业生产的规律和特点，采用现代化的管理手段和制度管理企业，也是影响模具生产周期的重要因素。

3. 模具的生产成本

模具的生产成本是指企业为生产和销售模具所支付费用的总和。模具生产成本包括原材料费、外购件费、外协件费、设备折旧费、经营开支等多个方面。从性质上分，模具生产成本分为生产成本、非生产成本和生产外成本。这里所讲的模具生产成本是指与模具生产过程有直接关系的生产成本。

影响模具生产成本的主要因素有以下几个方面。

（1）模具结构的复杂程度和模具功能的高低。

现代科学技术的发展使得模具向高精度和多功能自动化方向发展，模具生产成本提高。

（2）模具精度和刚度的高低。

模具的精度和刚度越高，模具生产成本也越高。模具精度和刚度应该与客观需要的产品制件的要求、生产批量的需求相适应。

（3）模具材料的选择。

模具费用中，材料费在模具生产成本中约占 25%～30%，特别是因模具制作零件材料类别的不同，相差较大。所以应该正确选择模具材料，使模具工作零件的材料类别首先应该和要求的模具寿命相协调，同时应采取各种措施充分发挥材料的效能。

（4）模具的标准化程度和企业生产的专门化程度。

这些都是制约模具成本和生产周期的重要因素，只有通过模具工业体系的改革有计划、有步骤地解决。

4. 模具的寿命

模具的寿命是指在保证产品质量的前提下，所能加工的制件的总数量，它包括工作面的多次修磨和易损件更换后的寿命。

模具寿命一般可分为设计寿命和使用寿命。在模具设计阶段就明确该模具适用的生产批量类型或者模具生产制件的总数量，即模具的设计寿命；在正常情况下，模具的使用寿命应大于设计寿命。不同类型的模具正常损坏的形式也不尽相同。总的来说，工作面损坏的形式有摩擦损坏、塑性变形、开裂、疲劳损坏、啃伤。

影响模具寿命的主要因素有以下几种。

（1）模具结构。

合理的模具结构有助于提高模具的承载能力，减轻模具承受的热—机械负荷水平。例如，模具可靠的导向机构，对于避免凸模和凹模间的相互碰上是有帮助的。此外，对截面尺寸变化的处理是否合理，也对模具寿命影响较大。

（2）模具材料。

应根据产品零件生产批量的大小，选择合适的模具材料。生产的批量越大，对模具的寿命要求也越高，应选择承载能力强、服务寿命长的高性能模具材料。另外，应注意模具材料的冶金质量可能造成的工艺缺陷及工作时的承载能力，采取必要的措施来弥补冶金质量的不足，以提高模具寿命。

（3）模具加工质量。

模具零件在机械加工、电火花加工、锻造预处理、淬火硬化及表面处理时的缺陷等都会对模具的耐磨性、抗咬合能力、抗断裂能力产生显著的影响。

（4）模具工作状态。

模具工作时，使用设备的精度与刚度、润滑条件、被加工材料的预处理状态、模具的预热和冷却条件等都会对模具寿命产生重要影响。

（5）产品零件状况。

被加工零件材料的表面质量状态、硬度、伸长率等力学性能，以及被加工零件的尺寸精度都与模具寿命有直接的关系。

1.5　模具的种类与用途

模具的分类方法很多，根据不同的要求和应用特点可分为以下几类。

（1）按工作条件分类如下。

① 冷作模具：包括锻模、冷镦模、冷挤压模、冷拉模、拉丝模、滚丝模及剪切模等。

② 热作模具：包括锻模、热挤压模、热冲裁模及压铸模。

③ 成形模具：包括塑料模、橡胶模、陶瓷模、玻璃模及粉末冶金模等。

（2）按模具结构形式分类：单工序模、复式冲模等。

（3）按使用对象分类：汽车覆盖件模具、电机模具等。

（4）按加工材料性质分类：金属制品模具、非金属制品模具等。

（5）按工艺性质分类：拉伸模、粉末冶金模及锻模等。

模具的分类与用途见表 1-1。

表 1-1　模具的分类与用途

序号	模具类型	模具品种	成形加工性质与用途
1	冲压模具	冲裁模（无、少废料冲裁，整修深孔冲裁精度冲模），弯曲模具，拉深模具，单工序模具（冲裁、弯曲、拉深、成形等），复合冲模，级进冲模，汽车覆盖件冲模，组合冲模，电极硅钢片冲模等	板材冲压成形。用于生活日用品的制造，以及汽车、飞机、船舶等的生产制造

续表

序号	模具类型	模具品种	成形加工性质与用途
2	塑料成形模具	压塑模具，挤塑模具，注射模具（立式、卧式、角式注射模具），热固性塑料注射模具，挤出成形模具（管材、薄膜扁平机头等），发泡成形模具，低发泡注射成形用模具，吹塑成形模具等	塑件制品成形加工工艺（热固性和热塑性模塑料）用于生产电冰箱外壳和塑料配件、电灯开关和插头，以及家庭生活日用品的制造等
3	压铸模	热压室压铸机用压铸模，立式冷压室压铸机用压铸模，卧式冷压室压铸机用压铸模，全立式压铸机用压铸模，有色金属（锌、铝、铜合金）压铸模，黑色金属压铸模	有色金属与黑色金属压力铸造成形工艺
4	锻造成形模具	模锻锤和大型压力机用锻模，螺旋压力机用锻模，平锻机锻模，滚锻模等，各种紧固件冷镦模，挤压模具，拉丝模具，液态锻造用模具等	金属零件成形，采用锻压、挤压等体积成形工艺方法
5	铸造用金属模具	各种金属零件铸造时采用的金属模型	金属浇注成形工艺
6	粉末冶金模具	成形模：包括手动和机动模（实体单、双向压制和浮体浮动压模等）。 整形模：包括手动和机动模（径向、带外台阶套类和带球面件整形模等，无台阶实体件、轴套通过式、带外台阶与带外球面轴套全整形自动模等）	粉末制品压坯的压制成形工艺。主要用于铜基、铁基粉末制品（机械零件、电器零件、电触头、磁性零件、工具材料制品、易热零件及核燃料材料）
7	玻璃制品模具	吹-吹法成形瓶罐模具，压-吹法成形瓶罐模具，玻璃器皿用模具等	玻璃制品成形工艺
8	橡胶制品成形模具	橡胶制品的压胶模、挤胶模、注射模，橡胶轮胎模，O 形密封圈橡胶模等	橡胶制品成形工艺
9	陶瓷模具	各种陶瓷器皿等制品用的成形金属模具	陶瓷制品成形工艺
10	经济模具（简易模具）	低熔点合金成形模具，薄板模具，叠层冲模，硅胶模具，环氧树脂模，陶瓷精铸模，叠层型腔塑料模，快速电铸成形模等	用于多品种少批量工业产品用模具

1.6　模具的结构与功能

模具的种类很多，其用途也各不相同，但就结构而言，通常由相同的几部分组成。按照国家标准和相关术语，下面对模具的结构和功能进行分析。

1. 模具的基本结构

常用的模具主要有冷冲模和塑料模。冷冲模一般是由支撑与固定、工作、导向、定位、卸料和压料等零件组成，其结构如图 1-1 所示。塑料模由推出、支撑与固定、导向、定位与限位等零件组成，其结构如图 1-2 所示。

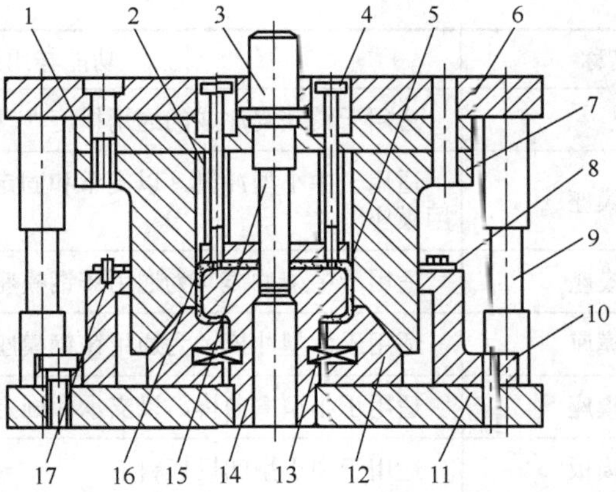

1—凸模固定板；2—弹簧；3—模柄；4—拉杆；5—工件；6—上模座；7—固定斜楔；8—侧板；9—导柱导套；10—凹模；11—下模座；12—活动斜楔；13—弹簧；14—成形凸模；15—冲孔凸模；16—压料板；17—定位销

图 1–1　冷冲模

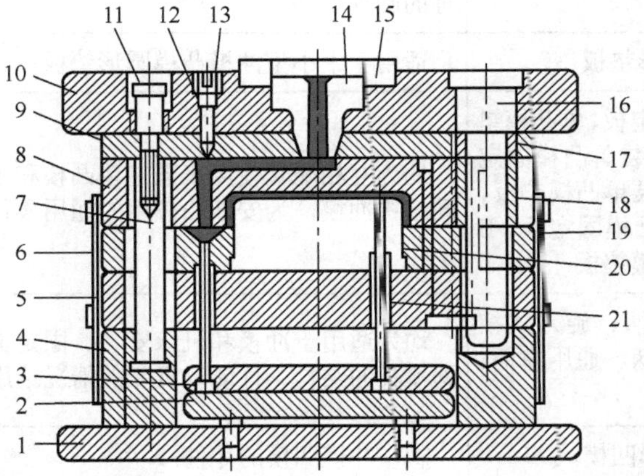

1—动模底板；2—推板；3—顶出杆固定板；4—垫块；5—支承板；6—动模板；7—导柱；8—定模板；9—垫板；10—定模底板；11—限位螺钉；12—拉料杆；13—螺塞；14—衬套；15—定位圈；16—导柱；17、18—导套；19—拉板；20—型芯（凸模）；21—顶出杆

图 1–2　塑料模

2. 模具各零件的功能

冷冲模中各零件分类与功能见表 1–2，塑料模中各种零件分类与功能见表 1–3。

表 1–2　冷冲模零件分类与功能

零件类型	零件名称	功能与用途
支承与固定零件	带柄圆形上模座	用于无导向系统的单工序冲模，以支承和固定凸模等零件
	带柄矩形上模座	
	钢板模座	用于各种冲模的上、下模座，以支承和固定凸模、凹模、导向零件的通用模座

续表

零件类型	零件名称	功能与用途
支承与固定零件	模座	适用于铸铁浇注成的通用模座，功能和用途与钢板模座相同
	A 型下模座	适用于中小型冲模，以支承和固定凸模、凹模、导向零件的通用模座
	B 型下模座	适用于中型冲模，为通用铸钢模座
	C 型下模座	适用于大型冲模，为通用铸钢模座
	弯曲下模座	适用于小型弯曲模，以支承和固定凹模及辅助零件
	矩形凹模板	适用于中小型凹模坯料
	矩形模板	适用于中小型冲模及其他类模具通用模板
	矩形垫板	适用于中小型冲模垫板
	圆形模板	适用于中小型冲模的凸模固定板、卸料板、空心垫板、凹模框等的圆形板件
	圆形垫板	适用于中小型冲模凸模圆形垫板
	单凸模固定板、单凸模垫板、A 型偏装单凸模固定板、A 型偏装单凸模垫板、B 型偏装单凸模固定板、B 型偏装单凸模垫板	均为互相配套使用来固定单凸模和单凸模头部垫板。适用于不同结构冲模，为安装凸模用的通用零件
	压入式模柄、旋入式模柄、凸缘模柄、通用模柄、浮动模柄	均为适用于冲模和机床安装、固定上模座用的通用零件，可根据模具的结构、性能及机床的情况选用
	圆形凹模	制作冲模凹模的零件
工作零件	A 型圆凸模	适用于冲制 ϕ1.1～30.2 mm 的孔和落料
	B 型圆凸模	适用于冲制 ϕ3.0～30.2 mm 的孔和落料
	快换圆凸模	适用于冲制 ϕ5.0～29.0 mm 的孔和落料
	圆凸模	均适用于冲制料厚小于或等于 2.0 mm、ϕ1.0～28.0 mm 的孔和落料
	带肩圆凸模	
导向零件	A 型小导柱	适用于小型冲模（ϕ10～20 mm）导向，其形式可根据模具机构选用
	B 型小导柱	
	可卸导柱	适用于导柱需拆卸以刃磨凹模的冲模，适用的尺寸范围：ϕ16～60 mm
	压圈固定导柱	适用于大型冲模导向，适用的尺寸范围：ϕ60～120 mm
	压圈固定导套	与压圈固定导柱配套使用
	压圈	与压圈固定导柱和压圈固定导套使用

续表

零件类型	零件名称	功能与用途
定位零件	A 型导正销 B 型导正销 C 型导正销 D 型导正销	用于保证冲压工步或工序正确位置的精确定位零件，可以和挡料销、导料板等零件配合使用，以保证工件上的孔与外形的相对位置尺寸，消除送料的步距误差（A、B 型用于ϕ10～12 mm 以下的孔；C 型用于ϕ4～12 mm 的孔；D 型用于ϕ10～12 mm 的孔）
	侧刃 A 型侧刃挡块 B 型侧刃挡块 C 型侧刃挡块 导料板 承料板	用于在冲压过程中限定送料步距的通用功能零件。A、B、C 三种形式，可根据工位和工件精度、模具结构形式等正确选用。 导料板的长度应大于凹模长度，即使其伸出凹模以外 10 mm 以上，其伸出部分的底部设承料板，对进入模具之前的条料或卷料起支撑作用
	始用挡料 弹簧芯柱 弹簧侧压装置 侧压簧片 弹簧弹顶挡料装置 扭簧弹顶挡料装置 橡胶弹顶挡料装置 回带式挡料装置 钢球弹顶装置 弹簧弹顶装置 固定挡料销	用于保证条（卷）料毛坯的送进距离的定位零件或装置，可根据模具结构形式、工件尺寸、精度、形状及工艺要求等正确选用。 其中：弹簧侧压装置适用于原料冲压送料（厚度 0.3～1.0 mm）。功能是将条料压向导料一侧，以消除条料和导料板间的间隙。 弹簧弹顶挡料装置、扭簧弹顶挡料装置、橡胶弹顶挡料装置常用在弹压卸料板的复合模或落料模上，在冲压过程中随上模下行，压下挡料销，上模上行时，挡料销弹出。 回带式挡料装置适用于冲压料宽 6～20 mm，厚度大于 0.8 mm 的一般工件冲模；弹簧弹顶装置和固定挡料销一般装置于凹模上，适用于带固定卸料板及弹压卸料板的冲模
	止退键	适用于冲模在冲压过程中，支撑凸模、凹模或刃口受到的侧向力的键
	限位柱 支撑圈 铰链式支撑装置	在冲压过程中，用于限制冲压行程和深度的通用零件

续表

零件类型	零件名称	功能与用途
卸料和压料零件	带肩推杆	适用于推出或顶出装凹模中的工件废料的通用卸料零件。顶板还具有在冲压过程中，以反作用力压料和保护凸模的功能
	带螺纹推杆	
	顶杆	
	顶板	
	圆柱头卸料螺钉	这些是组成卸料板的主要零件，起卸料作用；弹性卸料板兼有压料和卸料的功能，用于冲制 0.8 mm 以下的薄料和要求冲制工件平整的冲模。可根据卸料结构、尺寸和工艺要求正确选用
	圆柱头内角卸料螺钉	
	卸料螺钉加长套	
	调节垫圈	
	聚氨酯弹性体	
	圆废料切刀	主要用于料厚、用卸料板卸废料困难时或冲制大型和筒形工件切边，可将废料用切刀分割成几块而卸出模外
	方废料切刀	

表 1-3　塑料模零件分类与功能

零件类型	零件名称	功能与用途
推出零件	推杆	直杆式推杆，可制成拉杆或直接用作回程杆，也可作为推管的芯杆使用
	推板	用于支撑推出复位（杆）零件，传递机床推出力；也可用作推杆固定板和热固性塑料压胶模、挤胶模和金属压铸模中的推板
	垫块	主要用于调节模具的高度，用途取决于推（顶）件的距离
支承与固定零件	模板	主要用于塑料注射模具中的各种板类零件（不包括推板和垫块），可根据不同模具的结构选用
	支撑柱	在支撑板较薄的情况下，可增强支撑板的功能。在支撑板与动模板之间，合理布置支撑柱，以分担注射时支承板所承受的压力，改善其受力情况，增强模具刚性。也可减小支板的厚度以减小其质量
导向零件	带头导柱	与导套配合使用，使模具在开模和闭模时有正确的走向。使定模和动模处于相对正确的位置，同时承受由于在塑料注射时，注射机运动误差所引起的侧压力，以保证塑件的精度
	有肩导柱	
	直导套	主要用于厚模板中，可缩短模板的镗孔深度，在浮动模板中使用较多
	带头导套	其作用与有肩导柱相同，定位肩可对安装在导套后面的模板进行定位
定位与限位零件	定位钉	用于支撑推出机构，并用于调节推出距离
	圆锥定位件	用于动模和定模之间需要准确定位的场合。对同轴度要求高且型腔分别设在动模和定模上的塑件，也需要其进行精密定位，同时具有增强模具刚度的效果

此外，塑料模的模架在国外均已标准化，它是设计和制造注射模的基础部件。

思考题

1. 模具制造技术具有哪些特点？
2. 模具制造技术有哪些基本要求？
3. 模具制造技术的合理化要求体现在哪些方面？
4. 模具的技术经济指标有哪些？
5. 影响模具精度的主要因素有哪些？
6. 影响模具生产周期的主要因素有哪些？
7. 影响模具生产成本的主要因素有哪些？
8. 什么是模具寿命？影响模具寿命的因素有哪些？
9. 简述常见的模具种类及其用途。

课后习题

第 2 章
模具加工工艺规程的编制

知识目标

- 了解模具的生产过程和工艺过程。
- 熟悉模具加工工艺规程制定的原则和步骤。
- 掌握模具零件工艺路线的拟定方法。

模具制造中最传统、最常用的方法是机械加工。用机械加工的方法直接改变毛坯形状、尺寸和机械性能等，使之变为合格零件的过程，称为机械加工工艺过程。模具加工工艺规程是指规定模具零部件机械加工工艺过程和操作方法等的工艺文件。它集中体现了模具生产工艺水平的高低和解决各种工艺问题的方法和手段，所以制定模具加工工艺规程不仅需要深厚的机械制造工艺理论知识，还必须具备丰富的生产实践经验。模具加工工艺规程是否先进、合理，直接影响到模具的加工质量、加工周期和加工成本。

模具虽然也是机械产品，但是它具有特殊性。其特殊性表现在：模具生产批量小，大多具有单件生产的特点，而模具标准件是成批生产；模具零件加工精度较高，有些零件形状复杂，因此除了一般机械加工方法以外，还需采用特种加工方法与设备。所以，模具加工工艺规程也具有其特殊性。

2.1　模具的生产过程和工艺过程

2.1.1　模具生产过程

将原材料或半成品转变为模具成品的全过程称为模具生产过程。模具生产过程主要包括以下几个方面。

（1）模具产品投产前的生产技术准备过程，包括模具产品试验研究和设计、工艺设计和专用工艺装备的设计及制造、各种生产资料和生产组织等方面的准备工作。

（2）毛坯的制造过程，如毛坯的锻造、铸造和冲压等。

（3）零件的加工过程，如模具零件机械加工、特种加工、焊接、热处理和其他表面处理等。

（4）产品的装配过程，包括模具部件装配、总装配、检验和调试等。

（5）各种生产服务活动，如原材料、半成品、工具的准备、运输、保管，以及产品的油漆、包装和发运等。

由于模具制造逐步走向自动化、专业化，如螺母零件毛坯的生产，由专业化的毛坯生产工厂来承担；模具的导柱、导套、顶杆、模架等零件，由专业化的标准件厂来完成，所以模具生产过程变得比较简单，有利于保证质量，提高效率和降低成本。

2.1.2　模具机械加工工艺过程及其组成

模具的机械加工工艺过程是由一个或几个按顺序排列的工序组成。

1. 工序

工序是一个或一组工人，在一个工作地点对同一个或同时对几个零件进行加工，所连续完成的那一部分工艺过程。每一个工序又可以分为安装、工位、工步和走刀。

图 2–1 所示的零件为压入式模柄，它的机械加工工艺过程，可分为三道工序，见表 2–1。

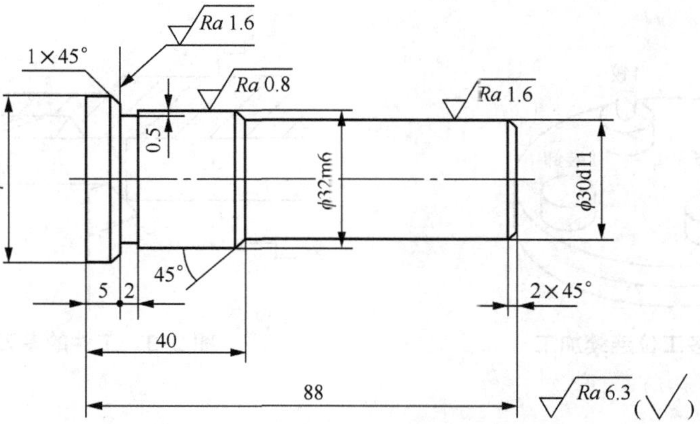

图 2–1　模柄

表 2–1　模柄的机械加工工艺过程

工序编号	工序内容	设备
1	车两端面、钻中心孔	车床
2	车外圆 ϕ32（留磨削余量），车槽并倒角	车床
3	磨 ϕ32 外圆	外圆磨床

2. 安装

工件加工前，使其在机床或夹具中相对刀具占据正确位置并给予固定的过程，称为装夹。装夹包括定位和夹紧两个过程。工件通过一次装夹后所完成的那一部分工序称为安装。

例如：表 2–1 中的工序 1，车削模柄的第一个端面，钻中心孔时要进行一次装夹；完成后调头车削另一个端面，钻中心孔时又需要重新装夹工件，所以在该工序中，工件需要两次装夹，即有两次安装。这样不仅增加了装卸工件的辅助时间，而且由于装夹的表面是粗糙的毛坯表面，两次装夹造成毛坯轴线位置发生变化，将会影响零件的加工质量，因此在工序中应尽量减少工件装夹次数。

3. 工位

为了减少工件装夹次数，在工件的一次安装中，使零件与夹具或设备的可动部分一起，相对于刀具或设备的固定部分所占据的每一个位置称为工位。

工位可以借助于夹具的回转部分或机床工作台实现变换。图 2–2 所示为在三轴钻床上利用回转工作台变换工位，使零件按照装卸、钻孔、扩孔和铰孔等四个工位连续完成加工。采用多任务位加工，缩短了工序时间，可以提高生产率和保证被加工表面的相对位置精度。

4. 工步

在加工表面、切削刀具、切削速度和进给量都不变的情况下所连续完成的那一部分工序，称为工步。工步是构成工序的基本单元。如图 2–1 中的模柄车削加工工序，可以分为四个工步：车端面，钻中心孔，车另一个端面，钻中心孔。

有时为了提高生产率，用几把刀具同时加工几个表面，这样的工步称为复合工步。图 2–3 所示为用钻头和车刀同时加工零件的内孔和外圆的复合工步。

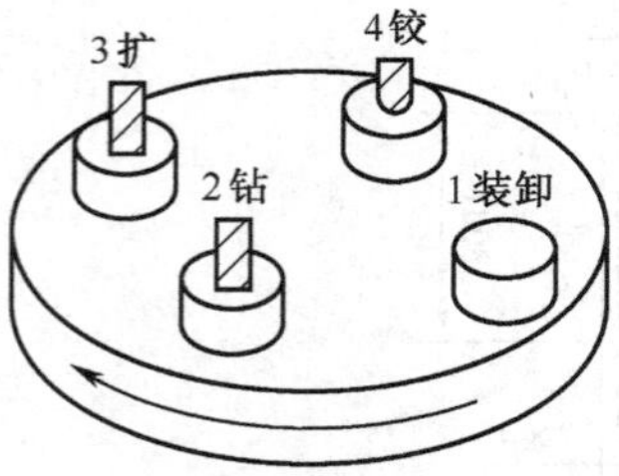

图 2–2　多工位连续加工

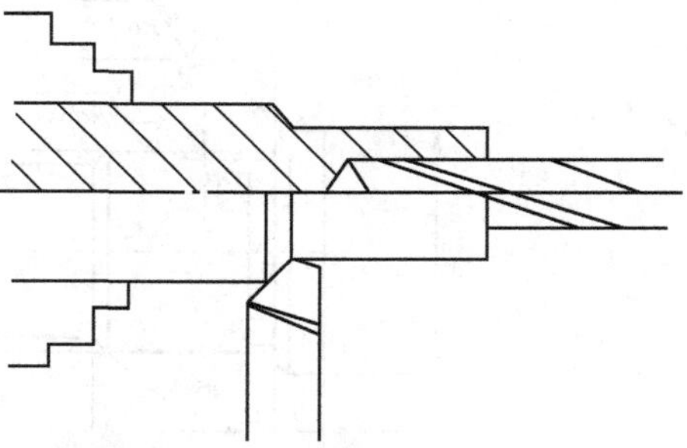

图 2–3　工件的多刀加工

5. 走刀

有些工步，由于加工余量较大，需要对同一表面分几次切削，刀具从被加工表面每切下一层金属层即称为一次走刀。每个工步可以包括一次走刀或几次走刀。

2.1.3　生产纲领和生产类型

1. 生产纲领

企业在计划内应生产的产品的年生产量称为生产纲领。零件的年生产纲领由下式计算：

$$N=Qn(1+a)(1+b)$$

式中：N——零件的生产纲领（件/年）；

Q——产品的年产量（台/年）；

n——单台产品生产该零件的数量（件/台）；

a——备品率，以百分数计；

b——废品率，以百分数计。

企业一般根据生产纲领来确定生产类型。

2. 生产类型

按企业（或车间、工段、班组、工作地）生产专业化程度的分类称为生产类型。根据生产纲领的大小，模具制造业的生产类型可以分为两种：单件生产和批量生产。

（1）单件生产。单件生产是指每种产品仅生产一件或几件，企业加工的对象经常改变，且很少重复生产。单件生产的特点是产品的结构和尺寸各不相同，产品种类繁多。例如大型模具就属于单件生产。

（2）批量生产。批量生产是指产品品种较多，同一种产品有一定的数量，各品种产品分批、分期轮番进行生产。例如模具中的模架、导柱、导套等都属于批量生产。

同一产品（或零件）一次投入生产的数量称为生产批量。根据批量的大小，批量生产可分为小批量生产（生产特点与单件生产基本相同）、中批量生产、大批量生产。

2.2　模具工艺规程制定的原则和步骤

规定模具制造工艺过程和操作方法等的工艺文件称为模具工艺规程。模具工艺规程可以分为零件的机械加工工艺规程、检验工艺规程和装配工艺规程等，但以机械加工工艺规程为主，其他工艺规程按需要而定。

2.2.1　模具工艺规程的作用

模具工艺规程是在具体生产条件下最合理或较合理的工艺过程和操作方法，按规定的形式书写成的工艺文件，经审批后用来指导生产。它简要地规定了零件各个工序的排列顺序、加工尺寸、公差及技术要求、切削用量和工时定额、选用的机床和工艺设备及工艺措施等内容。它的作用体现在以下几个方面。

（1）工艺规程是指导生产的重要技术文件。

工艺规程是经过生产验证而确定的，对生产起指导作用，也是产品质量的保证，所以在生产中应该严格遵守。但是，工艺规程也不是固定不变的，随着工艺技术的不断改进和完善，工艺规程也可以根据生产的实际情况进行修改，经过审批后执行。

（2）工艺规程是生产组织和生产管理的依据。

工艺规程是生产计划、调度、工人操作、工时定额、质量检验和成本核算等制定的依据，能够使各工序科学有序地衔接，使生产达到优质、低成本和高效率的目的。

（3）工艺规程是新建或扩建工厂或车间的主要技术资料。

在新建或扩建工厂或车间时，根据工艺规程和其他资料，可以统计出应配备的机床设备的种类和数量，计算出厂房面积和人员及工种数量，确定机构设置、各种管理制度和厂房布局等。

2.2.2 模具工艺规程的制定

1. 制定模具工艺规程的基本原则

（1）保证加工出符合图样及所有技术要求的模具产品或零件。在制定工艺规程时，要充分考虑和采取一切确保产品质量的措施，以全面、可靠和稳定地达到设计图样上所要求的尺寸精度、表面粗糙度和形位公差，以及其他技术要求。

（2）保证最低的生产成本和最高的生产效率。在现有的生产条件下，要采用劳动量、原材料和能源消耗最少的工艺方案，从而使生产成本降到最低，使企业获得最佳的经济效益。

（3）保证良好的安全工作条件。在制定工艺规程时，应尽量减轻工人的劳动强度，尽可能采用机械化和自动化的措施，保障生产安全，创造良好而安全的工作环境。

（4）保证工艺技术的先进性。制定工艺规程时，要了解国内外本行业工艺技术的发展趋势，在立足于本企业实际条件的基础上，所制定的工艺规程应具有先进性，尽量采用新工艺、新技术、新材料。

2. 制定模具工艺规程所需的原始资料

所需的原始资料主要有：产品装配图、零件图，产品验收质量标准，产品的年生产纲领，毛坯材料与毛坯生产条件，工厂的生产条件（包括机床设备和工艺装备、工人的技术水平、工厂自制工艺装备的能力，以及工厂供电、供气的能力等有关资料），工艺规程设计、工艺装备设计所用设计手册和有关标准，国内外先进制造技术资料等。

3. 制定模具工艺规程的步骤

（1）研究模具产品的装配图和零件图，进行工艺分析。

（2）由零件生产纲领确定零件生产类型。

（3）确定毛坯的种类、技术要求和制造方法。

（4）拟订模具零件加工工艺路线。这主要包括：选定工艺基准，确定加工方法，安排加工顺序和确定工序内容。在安排加工顺序时应遵循先粗后精、先基准后其他、先平面后轴孔、工序适当集中的原则。

（5）确定各工序的加工余量，计算工序尺寸及其公差。

（6）确定各工序的技术要求及检验方法。

（7）选择各工序使用的机床设备及刀具、夹具、量具和辅助工具等工艺装备。

（8）确定各工序的切削用量及时间定额。

（9）填写工艺文件。

2.2.3 模具工艺规程的工艺文件

将工艺规程的内容，填入一定格式的卡片，即成为生产准备和施工依据的技术文件，称为工艺文件。常用的工艺文件有以下两种。

1. 机械加工工艺过程卡片

它是以工序为单位，简要说明产品或零部件的加工过程（包括毛坯制造、机械加工、热处理等）的一种工艺文件。它是生产管理的主要技术文件，也是制定其他工艺文件的基础，广泛用于成批生产和单件小批量生产中比较重要的零件。模具零件一般都制定机械加工工艺过程卡片作为工艺文件。机械加工工艺过程卡片的格式见表 2–2。

表 2–2　机械加工工艺过程卡片

<table>
<tr><td rowspan="12"></td><td colspan="2" rowspan="2"></td><td rowspan="2">机械加工工艺过程卡片</td><td>产品型号</td><td colspan="2"></td><td>零（部）件图号</td><td colspan="2"></td><td></td></tr>
<tr><td>产品名称</td><td colspan="2"></td><td>零（部）件名称</td><td colspan="2"></td><td></td></tr>
<tr><td>材料牌号</td><td></td><td>毛坯种类</td><td>毛坯外型尺寸</td><td></td><td>每毛坯可制件数</td><td></td><td>每台件数</td><td></td><td>备注</td></tr>
<tr><td rowspan="2">工序号</td><td rowspan="2">工序名称</td><td rowspan="2">工序内容</td><td rowspan="2">施工车间</td><td rowspan="2">设备</td><td colspan="3">工艺设备</td><td colspan="2">工时</td></tr>
<tr><td>夹具</td><td>刀具</td><td>量具</td><td>准终</td><td>单件</td></tr>
<tr><td></td><td></td><td></td><td></td><td></td><td></td><td></td><td></td><td></td><td></td></tr>
<tr><td></td><td></td><td></td><td></td><td></td><td></td><td></td><td></td><td></td><td></td></tr>
<tr><td></td><td></td><td></td><td></td><td></td><td></td><td></td><td></td><td></td><td></td></tr>
<tr><td></td><td></td><td></td><td></td><td></td><td></td><td></td><td></td><td></td><td></td></tr>
<tr><td></td><td></td><td></td><td></td><td></td><td></td><td></td><td></td><td></td><td></td></tr>
<tr><td></td><td></td><td></td><td></td><td></td><td></td><td></td><td></td><td></td><td></td></tr>
<tr><td></td><td></td><td></td><td></td><td></td><td></td><td></td><td></td><td></td><td></td></tr>
<tr><td>描图</td><td></td><td></td><td></td><td></td><td></td><td></td><td></td><td></td><td></td><td></td></tr>
<tr><td></td><td></td><td></td><td></td><td></td><td></td><td></td><td></td><td></td><td></td><td></td></tr>
<tr><td>描校</td><td></td><td></td><td></td><td></td><td></td><td></td><td></td><td></td><td></td><td></td></tr>
<tr><td></td><td></td><td></td><td></td><td></td><td></td><td></td><td></td><td></td><td></td><td></td></tr>
<tr><td>底图号</td><td></td><td></td><td></td><td></td><td></td><td></td><td></td><td></td><td></td><td></td></tr>
<tr><td></td><td></td><td></td><td></td><td></td><td></td><td></td><td></td><td></td><td></td><td></td></tr>
<tr><td>装订号</td><td></td><td></td><td></td><td></td><td></td><td></td><td></td><td></td><td></td><td></td></tr>
</table>

<table>
<tr><td></td><td></td><td></td><td></td><td></td><td></td><td></td><td></td><td></td><td></td><td></td><td rowspan="2">编制（日期）</td><td rowspan="2">审核（日期）</td><td rowspan="2">会签（日期）</td><td rowspan="2">标准化（日期）</td><td rowspan="2">批准（日期）</td></tr>
<tr><td></td><td></td><td></td><td></td><td></td><td></td><td></td><td></td><td></td><td></td><td></td></tr>
<tr><td></td><td>标记</td><td>处数</td><td>更改文件号</td><td>签字</td><td>日期</td><td>标记</td><td>处数</td><td>更改文件号</td><td>签字</td><td>日期</td><td></td><td></td><td></td><td></td><td></td></tr>
</table>

2. 机械加工工序卡片

它是在工艺过程卡片的基础上按每道工序所编制的一种工艺文件，一般具有工序简图，并详细说明该工序的每一个工步的加工内容、工艺参数、操作要求，以及所用设备和工艺装备等。它是指导加工人员进行生产和帮助车间管理人员和技术人员掌握整个零件加工过程的主要技术文件，主要用于大批量生产中的所有零件、中批量生产中的重要零件和单件小批量生产中的关键工序。机械加工工序卡片的格式见表 2-3。

表 2-3 机械加工工序卡片

			机械加工工序卡片	产品型号			零（部）件图号					
				产品名称			零（部）件名称					
									施工车间	工序号	工序名称	
									材料牌号	同时加工件数	冷却液	
									设备名称	设备型号	设备编号	
									夹具编号	夹具名称	工序工时	
											准终	单件
									工位器编号	工位器名称		
	工步号	工步内容	工艺装备			主轴转速（r/min）	切削速度（m/min）	走刀量（mm/r）	吃刀深度（mm）	走刀次数	工时定额	
			刀具	量具	辅具						机动	辅助
描图												
描校												
底图号												
装订号												
									编制（日期）	审核（日期）	会签（日期）	标准化（日期）
	标志	处数	更改文件号	签字	日期	标志	处数	更改文件号	签字	日期		

2.3　模具零件的工艺分析

2.3.1　模具零件结构的工艺性分析

模具零件结构的工艺性是指所设计的模具零件在满足使用性能要求的前提下制造的可行性和经济性。当某个零件的结构形状在现有的工艺条件下，既能方便地制造，又有较低的制造成本，这种零件结构的工艺性就好。

模具零件的结构，从形体上进行分析都是由一些基本表面和特殊表面组成的。基本表面包括内外圆柱面、圆锥面和平面等；特殊表面包括螺旋面、渐开线齿形面和其他一些成形表面。

分析零件结构的工艺性，首先要分析该零件是由哪些表面所组成的，因为零件表面形状是选择加工方法的基本因素。例如，对外圆柱面一般采用车削和磨削进行加工，对内孔则一般采用钻、扩、铰、镗、磨削等进行加工。

除了表面形状外，还要分析表面的尺寸大小。例如，直径很小的孔的精加工宜采用铰削，不宜采用磨削。

此外，还要注意零件各构成表面的不同组合，表面的不同组合形成了零件结构上的特点。例如，以内、外圆表面为主，既可组成盘类零件、环类零件，也可组成套筒类零件。对于套筒类零件，也有一般的轴套和形状复杂的薄壁套筒之分。

但是，如果是模具结构本身需要，即使零件的结构和形状很复杂，加工精度和表面质量要求很高，制造难度很大，也不能认为该零件的结构工艺性差。

零件结构工艺性涉及面很广，必须全面综合地加以分析。

表 2–4 列举了几种在常规工艺条件下零件结构的工艺性比较的实例。

表 2–4　零件结构的工艺性比较

序号	结构工艺性不好	结构工艺性好	说明
1	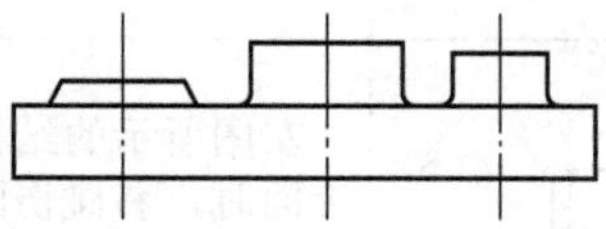	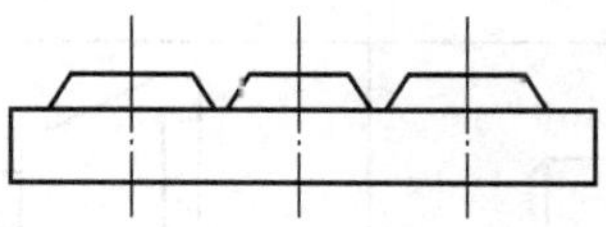	左图所示的凸台加工面不等高，需两次调整刀具。如改为右图，可在一次走刀中加工出所有的凸台面
2	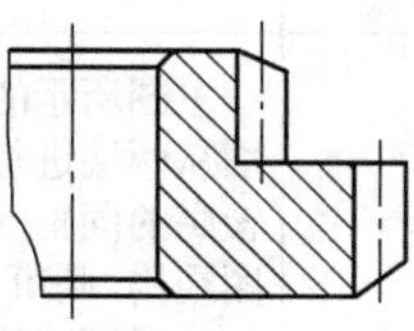	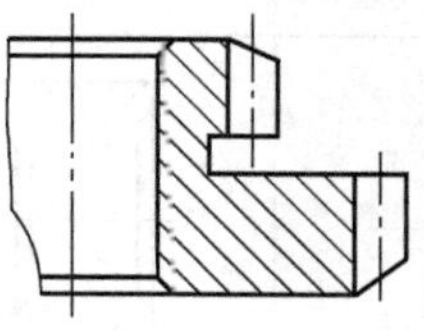	左图所示的双联齿轮，插齿没有退刀槽，小齿轮无法加工。如改为右图，则大齿轮可用滚齿或插齿加工，小齿轮用插齿加工

续表

序号	结构工艺性不好	结构工艺性好	说明
3	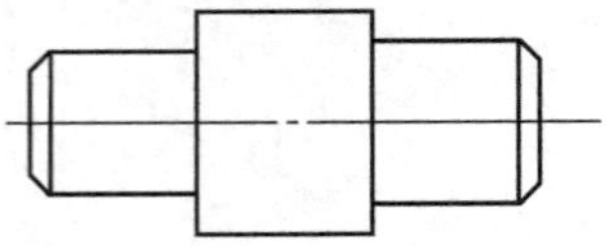	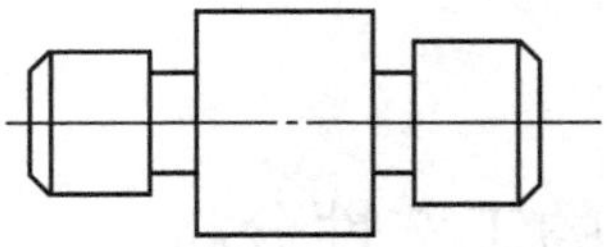	左图所示零件的轴颈在磨削时因砂轮圆角而不能清根。如改为右图增加越程槽后，磨削时就可清根
4	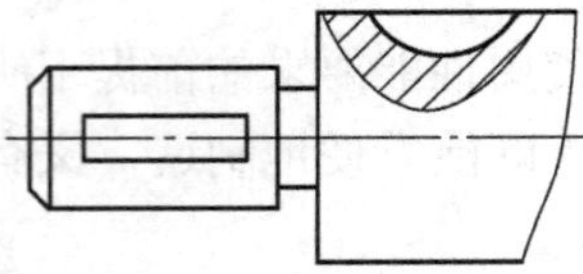	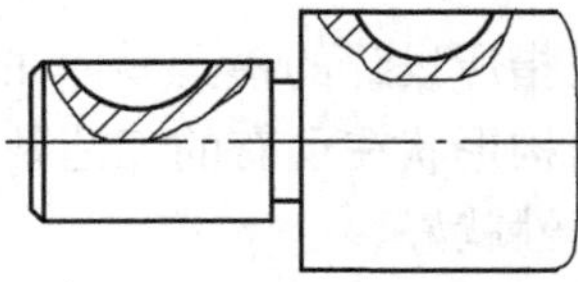	左图所示零件的键槽设置在90°方向上，需两次装夹加工。如改为右图的结构后，可在一次装夹中完成加工，并有利于提高位置精度
5	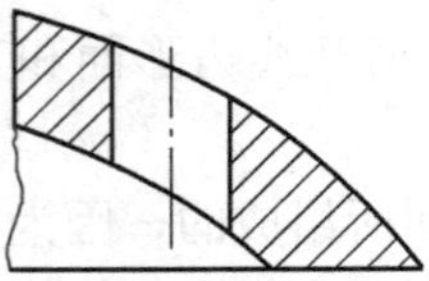	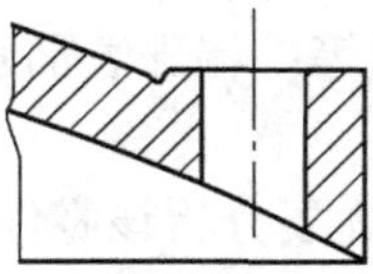	左图所示的结构，因在斜面上钻孔会使钻头偏斜或折断。只要结构允许，改为右图留出平台，使孔的轴线与平面垂直，就可直接钻孔
6	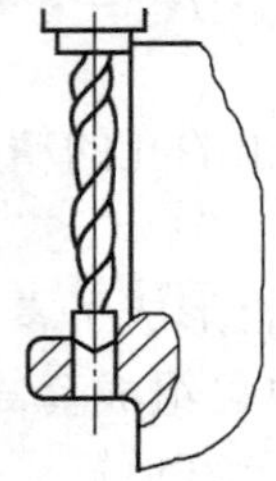	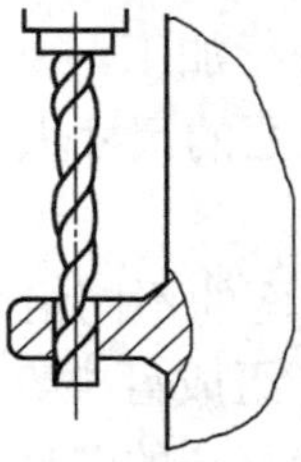	左图所示的箱体结构，孔距离箱体壁太近而无法加工。如改为右图的结构，加长箱耳则能顺利地进行钻孔
7	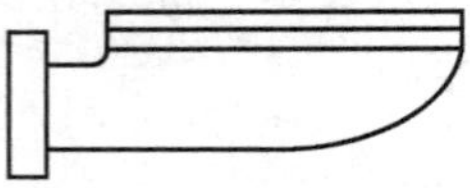	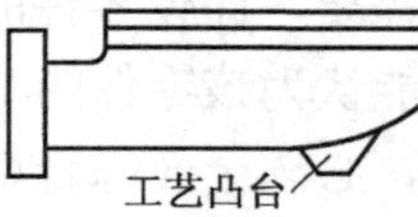	左图所示机床床身，在加工上平面时定位困难。如改为右图结构，增加工艺凸台，则能很容易地定位，满足加工要求，加工后再切除凸台
8	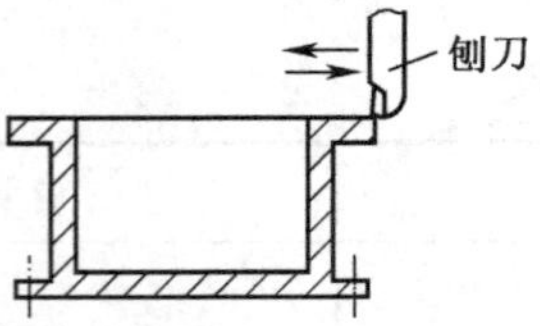	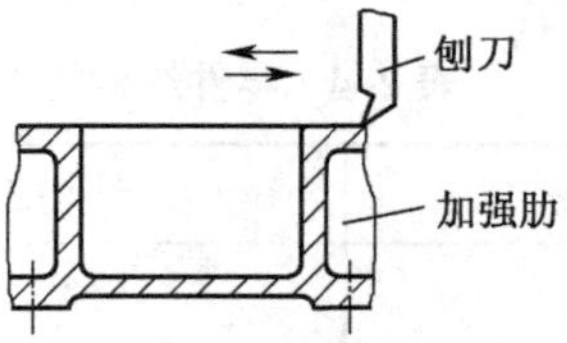	左图所示零件的结构刚性较差，零件因受刨刀切削时的冲击易产生变形。如右图增加加强肋板后，提高了零件的刚性
9	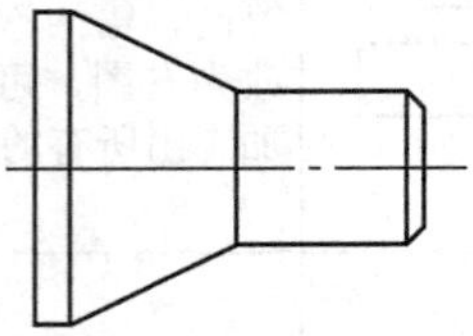	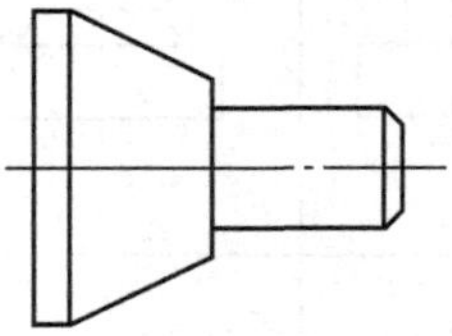	左图所示的结构在加工圆锥面时，易碰伤圆柱面，且不能清根。如改为右图结构，则能顺利地对锥面进行加工
10	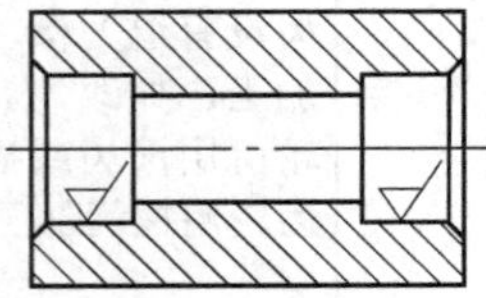	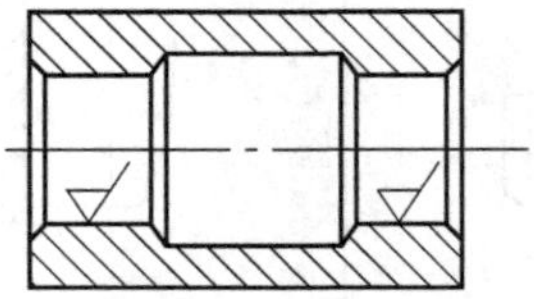	左图所示的轴套零件，需分别从两端进行加工，不能满足较高的同轴度要求。如改为右图结构，则可一次装夹加工两孔，保证其位置精度

2.3.2　模具零件的技术要求分析

零件的技术要求包括：尺寸精度、几何形状精度、各表面的相互位置精度、表面质量、零件材料、热处理及其他要求。这些要求对制定工艺方案有重要的影响，分析时应注意以下两点。

（1）零件的技术要求既要满足设计要求，又要便于加工。

（2）在满足产品使用性能的条件下，零件图上标注的尺寸精度等级和表面粗糙度要求应取最经济值。

2.4　毛坯的选择

毛坯是根据零件所要求的形状、工艺尺寸等制成的供进一步加工用的对象。模具零件的毛坯设计是否合理，对于模具零件加工的工艺性和模具的质量及寿命都有很大影响。

2.4.1　毛坯的种类

模具零件所用的毛坯种类主要有：型材、铸件、锻件、焊接件和半成品件五种。

1. 型材

型材是指钢、有色金属或塑料等通过轧制、拉拔、挤压等方式生产出来的，沿长度方向横截面不变的材料。型材经过下料后可以作为毛坯直接送到车间进行表面加工。模具中导柱、导套、顶杆、推杆等一般直接采用棒料作为毛坯；顶料板、卸料板等采用钢板切割的毛坯。

2. 铸件

铸件适用于制作形状复杂的模具零件毛坯，特别是那些采用其他方法难以成形的复杂件毛坯。在模具零件中常见的铸件有：冲压模具的上模座和下模座，以及大型塑料模具的模架等，材料一般为灰铸铁 HT200 和 HT250；精密冲裁模的上模座和下模座，材料一般为铸钢 ZG270−500；大型覆盖件拉深模的凸模、凹模和压边圈零件，材料为合金铸铁。

铸件的内部组织容易产生缩孔、裂纹、砂眼等缺陷，不能承受重载荷。

3. 锻件

锻件适用于制作要求强度较高、形状简单的模具零件毛坯。锻件由于塑性变形，内部晶粒较细，没有铸造毛坯的内部缺陷，其机械性能优于同样材料的铸件。例如，冲裁模的凸模、凹模等零件一般以高碳高铬工具钢为材料，就常采用锻件毛坯。因为在材料内部不均匀地分布着大量共晶网状碳化物，这种碳化物既硬又脆，会降低材料的力学性能和热处理工艺性能，从而降低模具零件的使用寿命。只有通过锻造方法，打碎共晶网状碳化物，并使碳化物分布均匀，晶粒组织细化，才能改善材料的力学性能，提高模具零件的使用寿命。

采用锻造方法很难得到形状复杂，特别是内腔复杂的模具零件。

4. 焊接件

焊接件是将型材、钢板等焊接成所需的零件结构。焊接件的生产简单方便，生产周期短，但需要经过时效处理后才能进行机械加工。

5. 半成品件

半成品件是指根据国家标准和部级标准制造的冷冲模上、下模座，各种导柱、导套，通用固定板、垫板，各式模柄，导正销，导料板，塑料注射模标准模架等标准化零件。这些半成品件可以从专门生产厂家采购，进行成形表面和相关部位的加工后就可以使用，对于降低模具成本和缩短模具制造周期都是大有好处的。

2.4.2 选择毛坯的原则

影响毛坯选择的因素很多，主要应从以下几个方面考虑。

1. 零件材料对加工工艺性能和力学性能的要求

一般零件材料一经选定，毛坯的种类和工艺方法也就基本上确定了。例如，当材料为铸铁、青铜、铸铝时，因为其具有良好的铸造性能，应选择铸件毛坯；对于尺寸较小、形状不复杂的钢质零件，力学性能要求也不太高时，可以直接采用型材作为毛坯；对于形状复杂、力学性能要求不太高时的钢质零件可选铸件或焊接件毛坯。而对于重要的钢制零件，为了保证其有足够的力学性能，应该选择锻件毛坯。

2. 零件的形状结构和尺寸

零件的形状结构和尺寸对选择毛坯具有重要影响。例如，对于阶梯轴，如果当各台阶直径相差不大时，可以采用棒料作为毛坯；而当各台阶直径相差很大时，则采用锻件作为毛坯。套类零件可以采用轧制或铸造等方法成形。模座零件一般以铸铁件为毛坯，承受较大载荷的箱体可以用铸钢件作为毛坯。

3. 零件的表面质量的要求

为降低生产成本，现代机械产品上的某些非配合表面尽量不加工，即实现少加工、无切屑加工。为保证这类零件的外观质量，对于尺寸较小的有色金属件，宜选用金属型铸造、压力铸造或精密模锻；对于尺寸较小的钢铁件，则宜选择熔模铸造或精密模锻。

4. 生产类型

（1）为降低材料消耗和机械加工的劳动量，大批量生产的零件应选择精度和生产率都比较高的毛坯制造方法，用于毛坯制造的高昂费用可由材料消耗的减小和机械加工费用的降低来补偿。例如，铸件采用金属模机械造型或熔模铸造，锻件采用胎模锻、模锻、精锻，采用冷轧和冷拉型材。

（2）零件产量较小时应选择精度和生产率较低的毛坯制造方法，以减少毛坯的制造费用。

5. 生产条件

选择毛坯的种类和制造方法应考虑毛坯制造车间的设备情况、工艺水平和工人技术水平，同时还应充分考虑利用新工艺、新技术的可行性和经济性。

2.5　定位基准的选择

定位基准对于制定零件的加工工艺规程具有非常重要的意义，它不仅影响零件加工的位置精度，而且对零件各表面的加工顺序也有很大影响。

2.5.1　基准的概念和种类

1. 基准的概念

基准是在零件图上或实际的零件上，用来确定其他点、线、面位置时所依据的那些点、线、面。

2. 基准的种类

基准按其功用可分为设计基准和工艺基准。

（1）设计基准。在零件图上用来确定其他点、线、面位置的基准，称为设计基准。如图 2-4 所示的轴套零件，轴线 *O*—*O* 是外圆和内孔的设计基准，端面 *A* 是端面 *B*、*C* 的设计基准，内孔 ϕ20H7 的轴心线是 ϕ40h6 外圆柱面径向圆跳动和端面 *B* 端面圆跳动的设计基准。

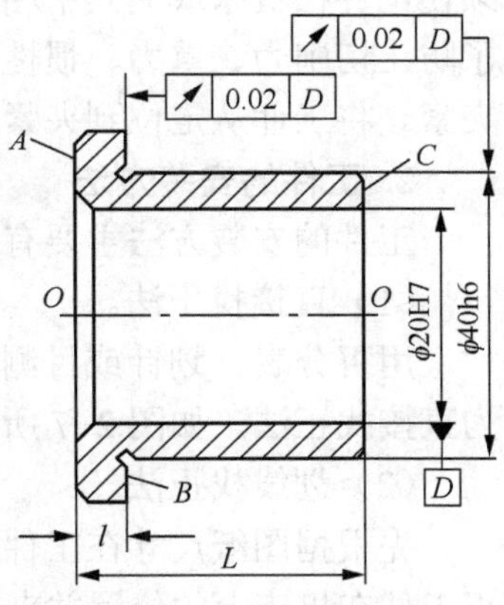

图 2-4　设计基准

（2）工艺基准。在加工、测量和装配过程中使用的基准，称为工艺基准。工艺基准按照用途可分为工序基准、定位基准、测量基准和装配基准。

① 工序基准。在工序图上用来确定本工序被加工表面加工后的尺寸、形状、位置的基准称为工序基准。如图 2-5（a）所示，设计图中键槽底面位置尺寸 *S* 的设计基准是轴心线 *O*；由于工艺上的需要，在铣键槽工序中，键槽底面的位置尺寸按工序图 2-5（b）标注，轴套外圆柱面的最低母线 *B* 为工序基准。

② 定位基准。在加工时，用以确定工件在机床上或夹具中正确位置（即将工件定位）所采用的基准称为定位基准。如图 2-4 所示的零件，套在心轴上磨削 ϕ40h6 外圆柱面时，内孔 ϕ20H7 的轴心线就是定位基准。

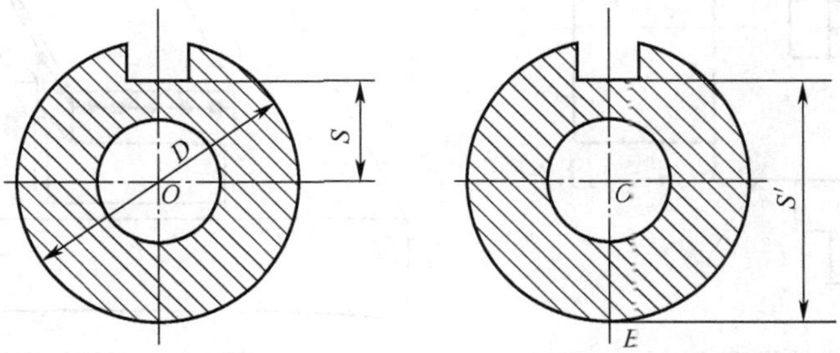

（a）轴套零件图　　（b）轴套铣键槽工序图

图 2-5　工序基准

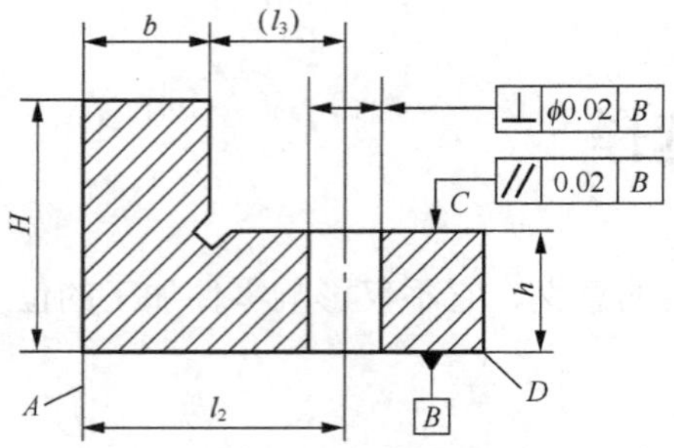

图 2-6　装配基准

③ 测量基准。检验零件时，用来测量加工表面位置和尺寸所使用的基准称为测量基准。如图 2-4 所示，检验 ϕ40h6 外圆柱面径向圆跳动和端面 B 端面圆跳动时，将零件套在检验心轴上，这时内孔 ϕ20H7 的轴心线就是测量基准。

④ 装配基准。装配时用来确定零件或部件在产品中的相对位置所采用的基准称为装配基准。如图 2-6 所示的零件，底面 D 就是装配基准。

2.5.2　工件的安装

1. 安装的概念

在机械加工中，为了在工件的某一部位上加工出符合规定技术要求的表面，加工前，必须使工件在机床或夹具中相对于刀具占据正确的位置，这一过程称为定位。工件定位后，为了防止切削力、重力、惯性力等破坏定位，必须使工件的定位位置保持不变，这一操作称为夹紧。将工件从定位到夹紧的整个过程，称为安装。

2. 工件的安装方法

工件的安装方法主要有三种：直接找正法、划线找正法和夹具安装法。

（1）直接找正法。

用百分表、划针或目测在机床上直接找正工件的有关基准，使工件占有正确的位置，称为直接找正法，如图 2-7 所示。此方法常用于单件和小批量生产。

（2）划线找正法。

先根据图纸尺寸在工件毛坯上用划针将待加工表面的轮廓线划出，然后按照所划的线校正工件在机床上的位置并夹紧，称为划线找正法，如图 2-8 所示。此方法多用于单件和小批量生产。

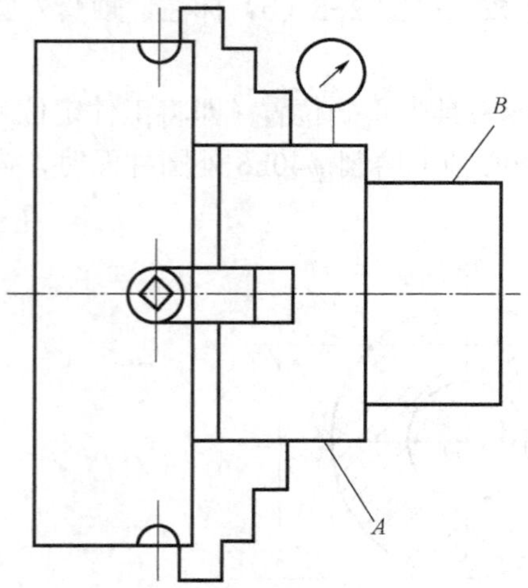

图 2-7　直接找正法

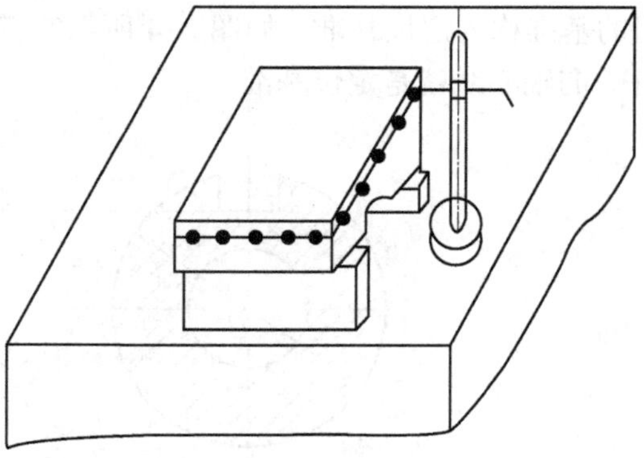
图 2-8　划线找正法

（3）夹具安装法。

工件直接安装在为其加工而专门设计和制造的夹具中，无需进行找正，就可迅速可靠地保证工件对机床和刀具的正确相对位置，如图 2–9 所示。这种方法操作简便，对工人技术水平要求不高。但因专用夹具的设计、制造和维修需要投资，所以此方法在成批生产或大批量生产中应用广泛。

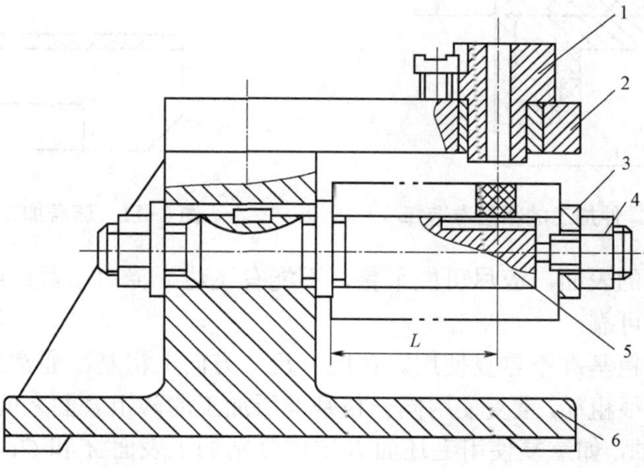

1—钻套；2—钻模板；3—垫圈；4—夹紧螺母；5—定位心轴；6—夹具体

图 2–9 夹具安装法

2.5.3 定位基准的选择

定位基准包括粗基准和精基准。在机械加工的最初一道工序中，只能用零件毛坯上未经加工的表面做定位基准，这种定位基准称为粗基准。用已经加工过的表面做定位基准则称为精基准。合理地选择定位基准，对于保证加工精度和确定加二顺序都有决定性的影响。

1. 粗基准的选择

选择粗基准主要应考虑两个问题：一是如何保证各加工表面都有足够的加工余量；二是不加工表面的尺寸、位置均应符合图样要求。一般应注意以下几点。

（1）为了保证加工表面与不加工表面之间的位置尺寸要求，应选不加工表面作为粗基准。如图 2–10 所示的零件，可以选择外圆柱面 D 和左端面定位，这样可以保证内、外圆柱面同轴（壁厚均匀）和尺寸 L。

（2）如果需要保证某重要加工表面的加工余量均匀，应选该表面作为粗基准。如图 2–11 所示的车床床身，床身的导轨面是重要的表面，要求加工时只切去一小层均匀的余量，以获得硬度高而均匀的表面层，增强导轨的耐磨性。所以加工时应先选择导轨面作为粗基准加工床腿底平面，然后以床腿底平面作为精基准加工导轨面。

（3）对于有较多加工面的零件，为了保证各加工表面都有足够的加工余量，应选择毛坯余量小的表面作为粗基准。如图 2–12 所示的阶梯轴，由于锻造误差，使毛坯大端和小端的同轴度误差为 3 mm，这时，应选择小端作为粗基准先车大端，则大端的加工余量足够，加工后大端外圆与小端毛坯外圆基本同轴，再以经过加工的大端外圆作为精基准车小端，则小端外圆的加工余量也就足够了。

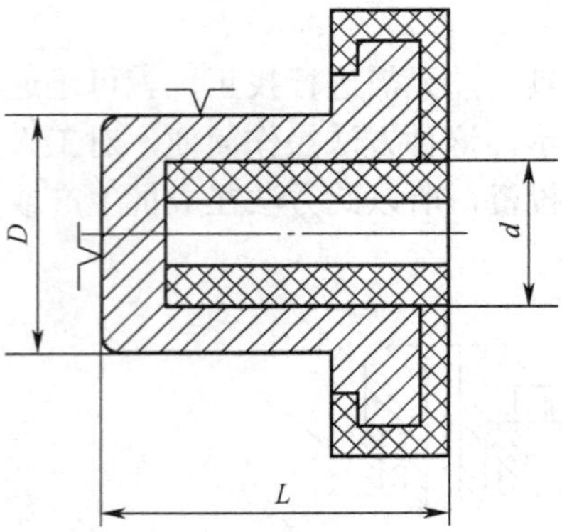

图 2-10 壳体零件加工的粗基准选择

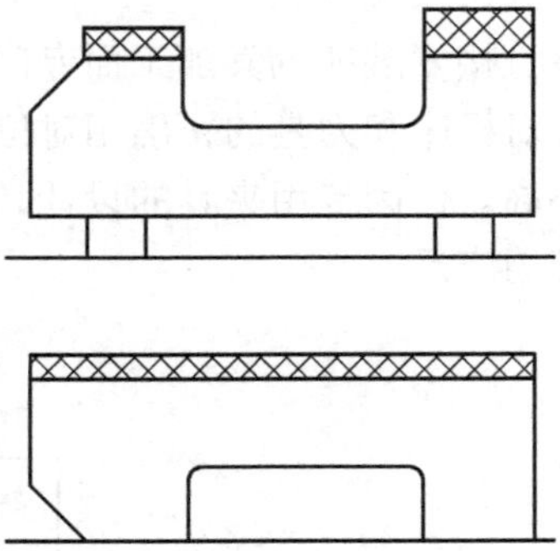

图 2-11 床身加工的粗基准选择

（4）选作粗基准的表面，应尽可能平整，不能有飞边、浇口、冒口或其他缺陷，以确保零件定位准确，夹紧可靠。

（5）一般情况下粗基准不重复使用。在同一尺寸方向上粗基准通常只允许使用一次，这是因为粗基准一般都很粗糙，重复使用同一粗基准所加工的两组表面之间位置误差会相当大。如图 2-13 所示的小轴，如重复使用毛坯面 B 定位分别加工表面 A 和 C，必然会使 A、C 之间产生较大的同轴度误差。

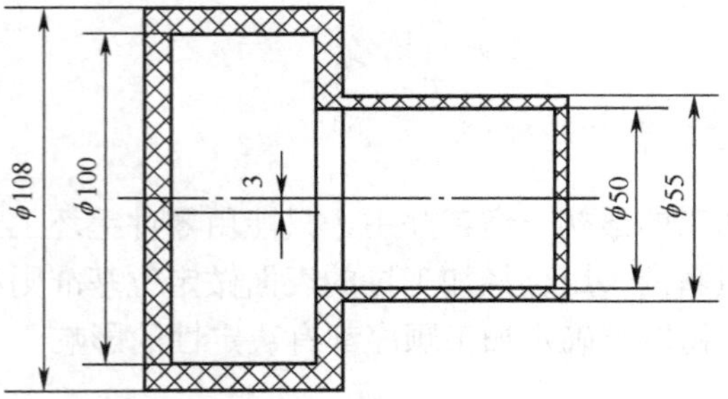

图 2-12 阶梯轴加工的粗基准选择

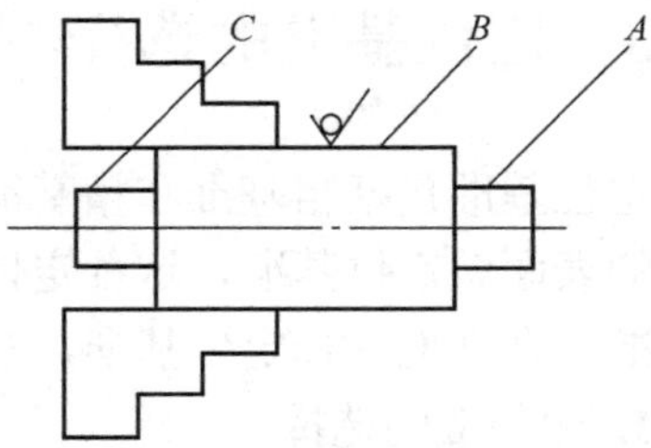

图 2-13 小轴加工的粗基准选择

2. 精基准的选择

选择精基准应有利于保证加工精度，并使零件装夹方便。选择时一般应遵循以下原则。

（1）基准重合原则。

尽可能选择加工表面的设计基准作为定位基准，避免因为基准不重合而造成的定位误差，这一原则称为基准重合原则。如图 2-14 所示的零件，设计尺寸为 l_1、l_2，如果以 B 面定位加工 C 面，这时定位基准与设计基准重合，可以直接保证设计尺寸 l_1。如果以 A 面定位加工 C 面，则定位基准与设计基准不重合，这时只能保证尺寸 l，而设计尺寸 l_1 是通过 l_2 和 l 间接保证的。l_1 的精度取决于 l_2 和 l 的精度。尺寸 l 的误差是指定位基准 A 与设计基准 B 不重合而产生的误差，这将

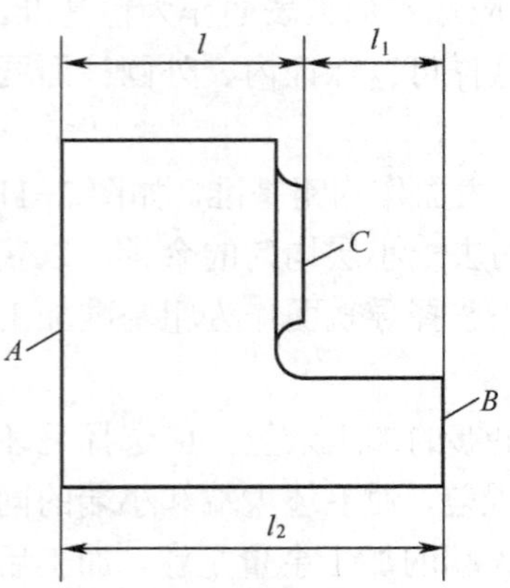

图 2-14 基准重合原则举例

影响尺寸 l_1 的加工精度。

（2）基准统一原则。

当零件以某一组精基准定位，可以比较方便地加工其他各表面时，应尽可能在多数工序中采用同一组精基准定位，这一原则称为基准统一原则。采用基准统一原则，不仅可以避免因为基准变换而引起的定位误差，而且在一次装夹中能够加工出较多的表面，既便于保证各加工表面间的位置精度，又有利于提高生产率。例如，轴类零件在大多数工序中都采用顶尖孔作为定位基准，箱体类零件常采用一面两孔作为定位基准，齿轮的齿坯和齿形的加工多采用齿轮的内孔中心线和基准端面作为定位基准。

（3）自为基准原则。

某些精加工或光整加工工序要求加工余量小而均匀，这时应尽可能用加工表面自身作为精基准，这一原则称为自为基准原则。例如，在磨削床身导轨面时可以先使用百分表找正导轨面，然后进行磨削，以获得小而均匀的余量，如图 2–15 所示。这时导轨面就是定位基准面。

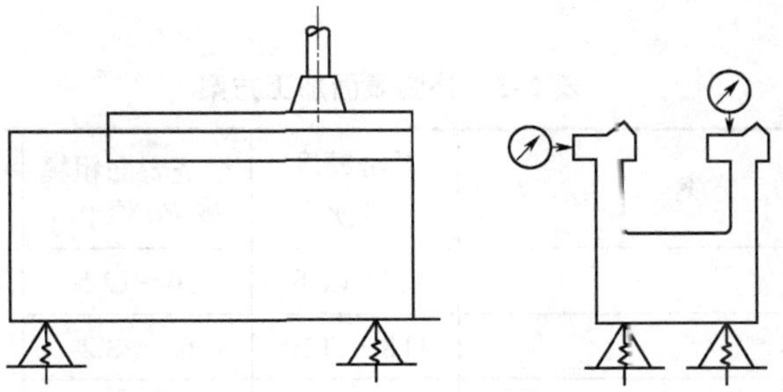

图 2–15　自为基准原则举例

（4）互为基准原则。

两个被加工表面之间位置精度较高，要求加工余量小而均匀时，多以两表面互为基准，反复进行加工，这一原则称为互为基准原则。例如，车床主轴前、后支承轴颈与主轴锥孔间有严格的同轴度要求，常先以主轴锥孔为基准磨削主轴前、后支承轴颈表面，然后再以前、后支承轴颈表面为基准磨削主轴锥孔，最后达到图纸上规定的同轴度要求。

（5）保证零件安装准确、可靠，操作方便的原则。

定位基准的选择应便于零件的安装和加工，同时使夹具的结构简单。

必须注意的是：以上每条原则都只说明一个方面的问题，在实际应用时有可能出现相互矛盾的情况，经常不能同时全部满足，因此一定要全面考虑，灵活应用。

2.6　零件工艺路线的拟定

工艺路线的拟定是工艺过程的总体布局。在制定机械加工工艺规程时，首先应拟定零件加工的工艺路线。它的主要任务是：选择零件各表面的加工方法和加工方案，确定各表面的加工顺序和整个工艺过程中的工序数目等。

拟定工艺路线是设计工艺规程最为关键的一步，需顺序完成以下几个方面的工作。

2.6.1 选择定位基准

选择定位基准时，可以按照本书 2.5.3 所述的方法进行。

2.6.2 表面加工方法的选择

不同的加工方法，如车、磨、刨、铣、钻、镗等，所能达到的精度和表面粗糙度是不同的。即使是同一种加工方法，在不同的加工条件下所得到的精度和表面粗糙度也大不相同。这是因为在加工过程中，将有各种因素对精度和表面粗糙度产生影响，如工人的技术水平、切削用量、刀具的刃磨质量、机床的调整质量等。

表 2-5、表 2-6 和表 2-7 分别列出了外圆、内孔和平面的加工方案，可供选择加工方案时参考。

表 2-5 外圆表面加工方案

序号	加工方案	经济精度等级	经济表面粗糙度 *Ra* 值/μm	适用范围
1	粗车	IT11 以下	50～12.5	适用于淬火钢以外的各种金属
2	粗车—半精车	IT8～IT10	6.3～3.2	
3	粗车—半精车—精车	IT7～IT8	1.6～0.8	
4	粗车—半精车—精车—滚压（或抛光）	IT7～IT8	0.2～0.025	
5	粗车—半精车—磨削	IT7～IT8	0.8～0.4	主要用于淬火钢，也可用于未淬火钢，但不宜加工有色金属
6	粗车—半精车—粗磨—精磨	IT6～IT7	0.4～0.1	
7	粗车—半精车—粗磨—精磨—超精加工（或轮式超精磨）	IT5	0.1～0.012	
8	粗车—半精车—精车—金刚石车	IT6～IT7	0.4～0.025	主要用于要求较高的有色金属加工
9	粗车—半精车—粗磨—精磨—超精磨或镜面磨	IT5 以上	0.025～0.006	主要用于极高精度的外圆加工
10	粗车—半精车—粗磨—精磨—研磨	IT5 以上	0.1～0.006	

表 2-6 内孔加工方案

序号	加工方案	经济精度等级	经济表面粗糙度 *Ra* 值/μm	适用范围
1	钻	IT11～IT12	12.5	加工未淬火钢及铸铁的实心毛坯，也可用于加工有色金属（但表面粗糙度稍大，孔径为 15～20 mm）
2	钻—铰	IT9	3.2～1.6	
3	钻—铰—精铰	IT7～IT8	1.6～0.8	

续表

序号	加工方案	经济精度等级	经济表面粗糙度 *Ra* 值/μm	适用范围
4	钻—扩	IT10～IT11	12.5～6.3	同上，但孔径大于 15～20 mm
5	钻—扩—铰	IT8～IT9	3.2～1.6	
6	钻—扩—粗铰—精铰	IT7	1.6～0.8	
7	钻—扩—机铰—手铰	IT6～IT7	0.4～0.1	
8	钻—扩—拉	IT7～IT9	1.6～0.1	大批量生产（精度由拉刀的精度而定）
9	粗镗（或扩孔）	IT11～IT12	12.5～6.3	除淬火钢以外的各种材料，毛坯有铸出孔或锻出孔
10	粗镗（粗扩）—精镗（精扩）	IT8～IT 9	3.2～1.6	
11	粗镗（扩）—半精镗（精扩）—精镗（铰）	IT7～IT8	1.6～0.8	
12	粗镗（扩）—半精镗（精扩）—精镗—浮动镗刀精镗	IT6～IT7	0.8～0.4	
13	粗镗（扩）—半精镗—磨孔	IT7～IT8	0.8～0.2	主要用于淬火钢，也可用于未淬火钢，但不宜用于有色金属
14	粗镗（扩）—半精镗—粗磨—精磨	IT6～IT7	0.2～0.1	
15	粗镗—半精镗—精镗—金刚镗	IT6～IT7	0.4～0.05	主要用于精度要求高的有色金属加工
16	钻—（扩）—粗铰—精铰—珩磨； 钻—（扩）—拉—珩磨； 粗镗—半精镗—精镗—珩磨	IT6～IT7	0.2～0.025	用于精度要求很高的孔
17	以研磨代替上述方案中的珩磨	IT6 以上		

表 2-7　平面加工方案

序号	加工方案	经济精度等级	经济表面粗糙度 *Ra* 值/μm	适用范围
1	粗车—半精车	IT9	6.3～3.2	端面
2	粗车—半精车—精车	IT7～IT8	1.6～0.8	
3	粗车—半精车—磨削	IT8～IT9	0.8～0.2	
4	粗刨（或粗铣）—精刨（或精铣）	IT8～IT9	6.3～1.6	一般不淬硬平面（端铣表面粗糙度较小）
5	粗刨（或粗铣）—精刨（或精铣）—刮研	IT6～7	0.8～0.1	精度要求较高的不淬硬平面；批量较大时宜采用宽刀精刨方案
6	以宽刀刨削代替上述方案中的刮研	IT7	0.8～0.2	
7	粗刨（或粗铣）—精刨（或精铣）—磨削	IT7	0.8～0.2	精度要求高的淬硬平面或不淬硬平面

续表

序号	加工方案	经济精度等级	经济表面粗糙度 Ra 值/μm	适用范围
8	粗刨（或粗铣）—精刨（或精铣）—粗磨—精磨	IT6～IT7	0.4～0.02	精度要求高的淬硬平面或不淬硬平面
9	粗铣—拉	IT7～IT9	0.8～0.2	大批量生产，较小的平面（精度视拉刀精度而定）
10	粗铣—精铣—磨削—研磨	IT6 以上	0.1～0.006	高精度平面

在选择零件表面加工方法时，还必须着重考虑以下几个问题。

（1）根据加工表面的技术要求，确定加工方法和加工方案。所选择的加工方法必须能够保证零件达到图纸要求的加工精度和表面粗糙度，并在生产率和加工成本方面是最经济合理的。例如，加工精度为 IT7 级、表面粗糙度 Ra 为 0.4 μm 的外圆柱面，采用精细车削和磨削都可以达到要求，但磨削更经济，所以应该选择磨削方法作为达到零件加工精度的最终加工方法。

（2）应考虑被加工材料的性质。工件材料的可加工性对加工方法的选择也有影响。例如，淬火钢用磨削的方法加工；而有色金属则磨削困难，一般采用金刚镗或高速精密车削的方法进行精加工。

（3）要考虑生产率和经济性问题。大批量生产时，应选用高效率的加工方法，采用专用设备。例如，可以使用拉削方法加工平面和孔；可以使用铣削和磨削组合的方法同时加工几个表面；可以使用数控机床加工复杂表面等。但是如果生产批量不大，而盲目采用高效率的先进加工方法和专用设备，则会增加产品成本。因此，在单件小批量生产中，通常采用一般的加工方法，使用万能机床和通用工艺装备来进行加工。

（4）应考虑本厂的现有设备和生产条件。应充分利用本厂现有设备、工艺装备和工厂具体条件，挖掘企业潜力，调动工人和技术人员的积极性和创造性。

2.6.3 加工阶段的划分

所谓划分加工阶段，就是把整个工艺过程划分成几个阶段，做到粗、精加工分开进行。

1. 模具的机械加工工艺的过程

（1）粗加工阶段。该阶段的主要任务是切除加工表面上的大部分余量，使毛坯的形状和尺寸尽量接近成品。

（2）半精加工阶段。该阶段的主要任务是使主要表面消除粗加工留下的误差，为精加工做好必要的精度准备和余量准备，并完成次要表面的终加工，如钻孔、攻螺纹、铣键槽等。

（3）精加工阶段。该阶段的主要任务是保证各主要表面达到图纸规定的技术要求。

（4）光整加工阶段。对于尺寸精度和表面粗糙度要求特别高的表面，才安排光整加工。例如，加工精度为 IT6 级以上，表面粗糙度 Ra 为 0.4 μm 以上的零件可采用光整加工。该阶段的主要任务是提高被加工表面的尺寸精度和降低表面粗糙度，但一般不能纠正形状误差和位置误差。

2. 划分加工阶段的作用

（1）有利于保证零件加工质量。因为粗加工时，切削余量较大，零件的内应力变形、热变形和受力变形也较大，所以粗、精加工分开进行，可以避免粗加工对精加工的影响，逐步提高零件的精度、表面质量。

（2）有利于及早发现毛坯缺陷并得到及时处理。在粗加工各表面之后，可以及时发现毛坯上的气孔、砂眼和加工余量不足等缺陷，以便修补和发现废品，避免将本应报废的零件继续进行精加工而造成浪费。

（3）有利于合理利用机床设备。粗加工可以安排在功率大、精度低、效率高的机床上进行，以提高生产率；精加工则可以安排在精度高的机床上进行，由于切削力和切削热小，有利于保持机床精度。

（4）便于安排热处理工序。穿插热处理工序必须将加工过程划分成几个阶段，否则很难充分发挥热处理的效果。粗加工后安排时效处理，可以消除零件的内应力；半精加工后安排淬火处理，不仅容易满足零件的性能要求，而且淬火引起的变形也可以在精加工工序予以消除；精加工后进行低温回火处理，最后再进行光整加工。

在拟定工艺路线时，一般应该把整个工艺过程划分成几个阶段进行，特别是精度要求高、刚性差的零件。但在实践中也应灵活运用，对于批量较小、精度要求不高而刚性较好的零件，可以不必划分加工阶段。对于刚性好的重型零件，由于装夹、吊运费工费时，往往也不划分加工阶段，而是在一次安装下完成各表面的粗、精加工。

2.6.4 工序的集中与分散

对于同一个零件安排同样的加工内容，有工序集中和工序分散两个不同的原则。

1. 工序集中

工序集中就是零件的加工集中在少数工序内完成，而每一道工序内的加工内容比较多。

（1）工序集中的特点。

① 可以一次装夹工件，而加工多个表面，能较好地保证零件表面之间的相互位置精度。

② 可以减少装夹工件的次数和辅助时间，减少工件在机床之间的搬运次数，从而缩短生产周期。

③ 可以减少机床和操作工人的数量，节省车间生产面积，简化生产计划和生产组织工作。

④ 采用的设备和工装结构复杂，投资大，调节和维修的难度大，对工人的技术水平要求高。

（2）工序集中的应用。

在单件小批量生产中通常采用工序集中。另外，在大批量生产中，由于采用高效自动化机床而使工序集中。例如，采用数控机床、加工中心按工序集中原则组织工艺过程，生产适应性反而好，转产相对容易，虽然设备的一次性投资较高，但由于有足够的柔性，仍然受到越来越多的重视。

2. 工序分散

工序分散就是零件的加工工序数目多，而每一道工序内的加工内容比较少。

（1）工序分散的特点。

① 机床设备及工艺装备比较简单，调整方便，生产工人易于掌握。

② 可以采用最合理的切削用量，减少机动时间。

③ 设备数量多，操作工人多，生产面积大。

（2）工序分散的应用。

传统的流水线、自动线生产基本是按工序分散原则组织工艺过程的，这种组织方式可以带来高生产率，但对产品改型的适应性较差，转产比较困难。

2.6.5 加工顺序的安排

1. 切削加工工序的安排

切削加工工序的安排，应考虑以下原则。

（1）基准先行原则。

在零件的每一加工阶段，先把基准面加工出来，再以基准面定位来加工其他表面，以保证加工质量。

（2）先粗后精原则。

零件的加工一般应划分加工阶段，先进行粗加工，然后是半精加工，最后是精加工和光整加工，这样有利于消除加工误差和表面缺陷，从而逐步提高零件的加工质量和表面质量。

（3）先主后次原则。

先加工主要表面，后加工次要表面。因为主要表面加工难度较大，容易造成报废，所以将其放在前阶段进行，可以减少工时浪费。而次要表面如键槽、螺孔、销孔等，往往又和主要表面有一定的相对位置要求，一般安排在主要表面的半精加工之后、精加工之前进行。

（4）先面后孔原则。

对于模座及凸模、凹模固定板等一般模具零件，平面的面积较大，轮廓平整，先加工好平面，便于加工孔时定位安装，既有利于保证孔与平面之间的位置精度，也给孔加工带来方便。

2. 热处理工序的安排

模具零件经常采用的热处理工艺有退火、正火、调质、时效、淬火、回火、渗碳、渗氮等。按照热处理的目的不同，一般将上述热处理工艺分为预先热处理和最终热处理两大类。

（1）预先热处理主要分为以下几类。

① 退火、正火。其目的是消除内应力，改善切削加工性能。一般安排在粗加工前、毛坯制造出来以后进行。

② 时效处理。其目的是消除内应力，减少零件的变形。一般安排在粗加工前后，对于精密零件，要进行多次时效处理。

③ 调质。其目的是减小或消除零件的内应力，改善切削加工性能并提高零件的综合机械性能。一般安排在粗加工后、半精加工前。

（2）最终热处理主要分为以下几类。

① 淬火。其目的是提高零件的硬度。一般安排在磨削加工前。

② 渗碳淬火。其目的是提高零件表面的硬度和耐磨性。一般安排在半精加工之前或之后进行。

③ 渗氮。其目的是提高零件表面的硬度、耐磨性、疲劳强度和抗蚀性。由于渗氮处理的温度较低，零件变形很小，所以可以根据零件的加工要求，安排在精加工之前或之后进行。

3. 辅助工序的安排

辅助工序包括检验、去毛刺、清洗、涂防锈油等。

检验工序是主要的辅助工序，对保证产品质量具有重要的作用。除了每道工序由操作者自行检验外，在下列场合需要安排检验工序。

（1）在粗加工全部结束之后、精加工开始之前，应对工序尺寸和加工余量进行检验。

（2）送往另一个车间加工的前后，应进行交接时的责任检验。

（3）工时较长和重要工序的前后，应安排中间检验，以便及时发现废品，防止继续加工造成浪费。

（4）全部加工完成之后，应安排最终检验。

其他辅助工序也不应该忽视。例如，当零件表层或内腔的毛刺对机器装配质量影响很大时，在切削加工之后，应安排去毛刺工序。零件在进入装配之前，一般都应安排清洗工序。零件内孔、箱体内腔易存留切屑；研磨、珩磨等光整加工工序之后，微小磨粒易附着在零件表面上，也应安排清洗工序。

2.7　加工余量的确定

在模具零件机械加工中，必须合理地确定加工余量，这对于提高模具产品质量和降低生产成本都具有十分重要的意义。加工余量过大，不但浪费材料，而且增加了切削工时，增大了刀具和机床的磨损，从而降低了生产率，增加了产品的成本。加工余量过小，会使零件表面加工困难，容易造成废品，从而也增加了产品的成本。

2.7.1　加工余量的概念和计算

为了保证零件的质量，在加工过程中，需要从加工表面上切除的金属层厚度，称为加工余量，一般用字母“Z”表示。

1. 总加工余量和工序余量

（1）总加工余量。

某一表面毛坯尺寸与零件设计尺寸之差称为总加工余量。图 2−16 所示是轴和孔的总加工余量的分布情况。

（2）工序余量。

相邻两工序的工序尺寸之差称为工序余量。它是被加工表面在一道工序切除的金属层厚度。工序余量有单边余量和双边余量之分。

① 单边余量。在平面的某个单一方向上预留的加工余量，如图 2−17 所示。

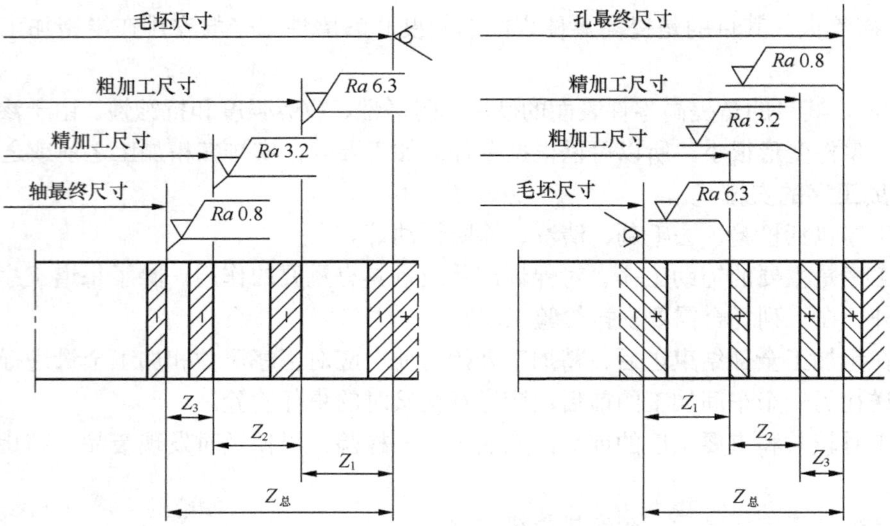

（a）轴　　（b）孔

图 2-16　加工余量和加工尺寸分布图

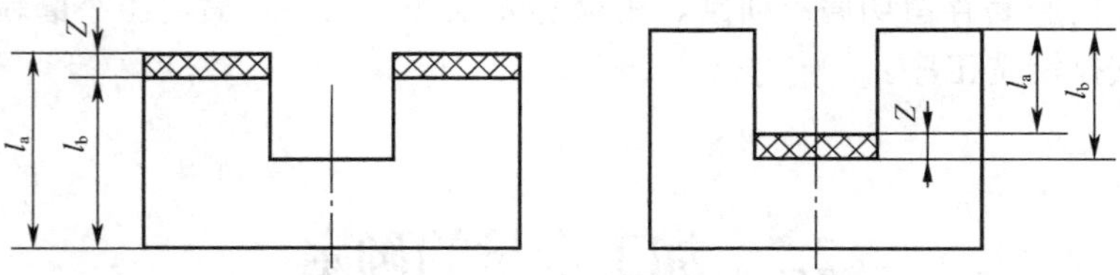

图 2-17　单边余量

对于外表面：$Z=l_a-l_b$

对于内表面：$Z=l_b-l_a$

式中：Z——本道工序的工序余量；

l_a——上道工序的基本尺寸；

l_b——本道工序的基本尺寸。

② 双边余量。在回转表面（外圆与内孔）上相对的两个方向上总共预留的加工余量，如图 2-18 所示。

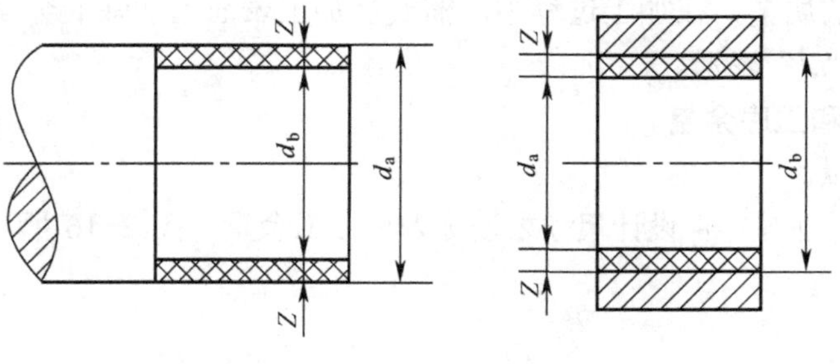

图 2-18　双边余量

对于外圆表面：$2Z=d_a-d_b$

对于内圆表面：$2Z=d_b-d_a$

式中：$2Z$——本道工序的工序余量；

d_a——上道工序的基本尺寸；

d_b——本道工序的基本尺寸。

2. 基本加工余量、最大加工余量、最小加工余量

由于工序尺寸有偏差，所以各工序中实际切除的余量大小也是变化的。因此，工序余量又分为基本加工余量（简称余量）、最大加工余量 Z_{max}、最小加工余量 Z_{min}。

基本加工余量等于前后工序基本尺寸之差；最大加工余量是上道工序最大工序尺寸和本道工序最小工序尺寸之差；最小加工余量是上道工序最小工序尺寸和本道工序最大工序尺寸之差。工序加工余量的变化范围称为加工余量的公差，其值等于上道工序和本道工序的工序尺寸公差之和。计算公式为：

基本加工余量：$Z=a-b$

最大加工余量：$Z_{max}=a_{max}-b_{min}$

最小加工余量：$Z_{min}=a_{min}-b_{max}$

加工余量的公差：$T_Z=Z_{max}-Z_{min}=T_a+T_b$

式中：a——上道工序的基本尺寸；

b——本道工序的基本尺寸；

a_{max}、a_{min}——上道工序的最大工序尺寸和上道工序最小工序尺寸；

b_{max}、b_{min}——本道工序的最大工序尺寸和本道工序最小工序尺寸；

T_a——上道工序的工序尺寸公差；

T_b——本道工序的工序尺寸公差。

工序尺寸公差一般按“入体原则”标注。对被包容尺寸（轴径，实体的长、宽、高），上偏差为 0，其最大尺寸就是基本尺寸；对包容尺寸（孔径、槽宽），下偏差为 0，其最小尺寸就是基本尺寸。而孔距和毛坯尺寸的公差按双向对称偏差的形式标注。

2.7.2 影响加工余量的因素

确定合理工序加工余量的基本要求是：各工序所留下的最小加工余量能够保证被加工表面在前一道工序中所产生的各种误差和表面缺陷被相邻的后续工序去除，使加工质量逐步提高。

影响最小加工余量的主要因素有以下几个方面。

（1）上道工序后的表面粗糙度和表面缺陷层深度。

表面粗糙度和表面缺陷层是指铸件的冷硬层、气孔类渣层、锻件和热处理的氧化皮、脱碳层、表面裂纹或其他破坏层、切削加工后的残余应力层等，如图 2-19 所示。它们的大小与加工方法有关，各种加工方法的表面粗糙度和表面缺陷层深度的数值可以查阅工艺手册确定。在本工序加工时应去除这部分厚度。

（2）上道工序的尺寸公差 T_a。

上道工序结束后，表面存在尺寸误差和一些几何形状误差，如锥度、椭圆度、平面度等，如图 2-20 所示。这些误差的总和一般不超过上道工序的尺寸公差 T_a，T_a 的数值可根据选用的加工方法所能达到的经济精度，查阅工艺手册确定。

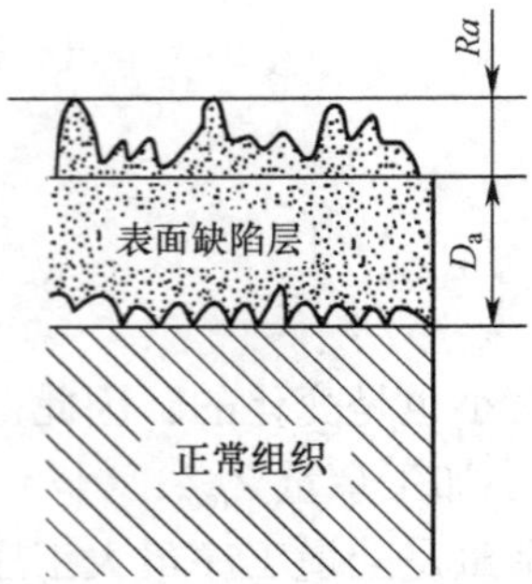

图 2-19　表面粗糙度值和表面缺陷层深度值

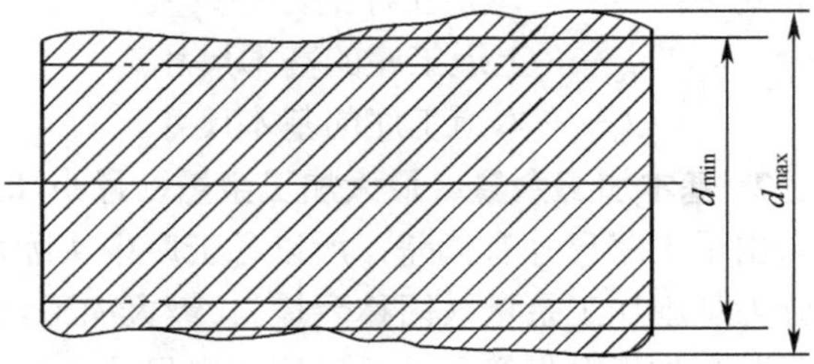

图 2-20　前工序留下的形状误差的影响

（3）上道工序各表面之间相互位置的空间误差 ρ_a。

这些误差包括轴线的直线度、轴线与表面的垂直度、外圆与内孔的同轴度、平面的平面度等。如图 2-21 所示的轴，由于前道工序有直线度误差δ，本工序的加工余量必须增加 2δ 才能保证该轴在加工后无弯曲。ρ_a 的数值与前道工序的加工方法和零件的结构有关，可用近似计算法或查阅有关资料确定。若存在两种以上的空间误差时，可用向量和进行合成。

（4）本工序加工时的安装误差ε_b。

它除了包括定位误差和夹紧误差外，还包括夹具本身的制造误差，其大小为三者的向量和。如图 2-22 所示，用三爪卡盘夹紧零件外圆来磨削内孔时，由于三爪卡盘定位不准确，使零件中心和机床主轴回转中心偏移了一个 e 值，为了加工出内孔就需要使磨削余量增大 $2e$ 值。

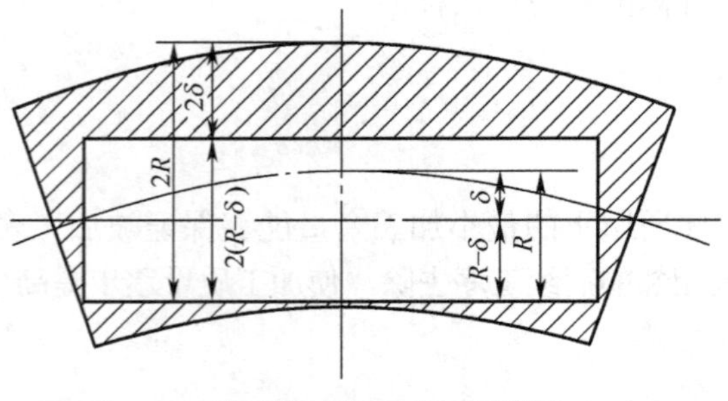

图 2-21　轴弯曲对加工余量的影响

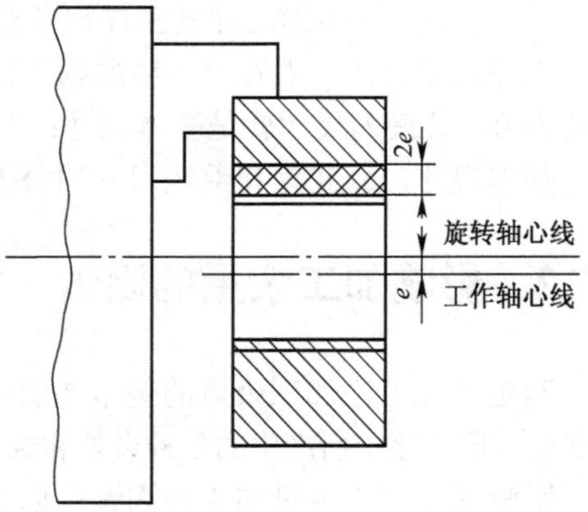

图 2-22　轴线偏移对加工余量的影响

2.7.3　确定加工余量的方法

（1）分析计算法。

这种方法是以一定的实验数据资料和计算公式为依据，对影响加工余量的诸因素进行逐项的分析计算以确定加工余量的大小。这种方法比较科学，但需要积累准确、可靠的数据，且计算过程较复杂，所以目前很少应用，仅在贵重材料及某些大批量生产中采用。

（2）经验估计法。

依靠经验采用类比法估算确定加工余量的大小。但是在实际使用中，为了防止余量不够而出现废品，余量选择都偏大，所以这种方法一般用于单件小批量生产。

（3）查表修正法。

这种方法是以有关工艺手册和资料所推荐的加工余量为基础，结合实际加工情况进行修正以确定加工余量的大小。这种方法比较实用，应用最广泛。

2.8　工序尺寸及其公差的确定

工序尺寸及其公差的确定不仅与加工余量的大小有关，而且与工序基准的选择有密切关系。下面只介绍加工过程中工序基准与设计基准重合时工序尺寸及其公差的确定方法。

2.8.1　工序尺寸的确定

当工序基准与设计基准重合时，被加工表面的最终工序的尺寸及公差一般可以直接按零件图样规定的尺寸和公差确定。中间各工序的尺寸则按零件图样规定的尺寸依次加上（对于外表面）或减去（对于内表面）各工序的加工余量求得，计算的顺序是由后向前推算，直到毛坯尺寸。

图 2–23 所示为加工外表面时各工序尺寸之间的关系。其中 D_1 为最终工序尺寸。由图 2–23 所示的关系可知：对于外表面，本工序的工序尺寸加上本工序的加工余量，即为前工序的工序尺寸。计算方法如下：

$$D_2=D_1+Z_1$$

$$D_3=D_2+Z_2=D_1+Z_1+Z_2$$

$$D_4=D_3+Z_3=D_1+Z_1+Z_2+Z_3$$

$$D_5=D_4+Z_4=D_1+Z_1+Z_2+Z_3+Z_4$$

确定工序尺寸时，应注意内、外表面的区别及单面余量和双面余量的区分。

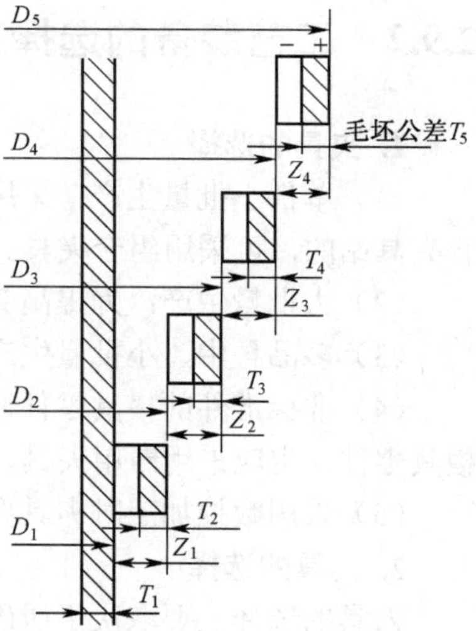

图 2–23　工序尺寸之间的关系

2.8.2　工序尺寸公差的确定

工序尺寸公差主要根据加工方法、加工精度和经济性来确定。一般均按该工序加工方法的经济加工精度选定（可以从机械加工手册中查得）。

当工序基准与设计基准重合时，最终工序的公差一般就是零件图样规定的尺寸公差。毛坯尺寸公差按照毛坯制造方法或根据所选型材的品种规格确定。

2.9 机床与工艺装备的选择

在制定机械加工工艺规程时，正确选择机床与工艺装备，对保证零件的加工质量和提高生产率有着重要的影响。

2.9.1 机床的选择

选用机床时应注意以下几点。

（1）机床的精度应与所加工零件要求的精度相适应。

（2）机床的主要规格尺寸应与所加工零件的尺寸大小相适应。

（3）机床的生产率应与所加工零件的生产类型相适应。单件小批量生产时选择通用机床，大批量生产时选择高生产率的专用机床。

（4）选择机床时应结合现有的实际情况。例如，现有机床的类型、规格、实际精度、负荷情况，以及机床的分布排列情况等。

（5）合理选用数控机床。

2.9.2 工艺装备的选择

1. 夹具的选择

（1）单件小批量生产：采用各种通用夹具和机床附件，如卡盘、虎钳、分度头等。有组合夹具站的，可采用组合夹具。

（2）大批量生产：为提高劳动生产率应采用专用高效夹具。

（3）多品种中、小批量生产：可采用可调夹具或成组夹具。

（4）非标准件的模具零件通常属于单件小批量生产，但对于某些结构复杂、精度很高的模具零件，也应采用专用夹具，来保证其技术要求。

（5）采用数控加工时夹具要敞开，其定位、夹紧元件不能影响加工走刀（如碰撞等）。

2. 刀具的选择

刀具的选择主要取决于所确定的加工方法、工件材料、所要求的加工精度、生产率和经济性、机床类型等因素。

（1）一般优先采用标准刀具。

（2）若工序集中，应采用各种高效的专用刀具、复合刀具和多刃刀具等。

（3）刀具的类型、规格和精度等级应符合加工要求。

（4）数控加工对刀具的刚性及寿命要求较普通加工严格，应合理选择各种刀具、辅具（刀柄、刀套、夹头等）。

3. 量具的选择

量具的选择主要根据检验要求的准确度和生产类型来决定。

（1）单件小批量生产中应广泛采用通用量具，如游标卡尺、百分尺和千分表等。

（2）大批量生产中应采用各种量规，以及高效的专用检验夹具和量仪等。

（3）量具的精度必须与加工精度相适应。

思考题

1. 什么是模具加工工艺规程？在模具制造过程中，它主要有哪些作用呢？
2. 机械加工工艺过程由哪些内容组成？
3. 什么是工序？工序又可以分为哪几个部分？
4. 什么是安装和工位？试举例说明。
5. 什么是工步和走刀？试举例说明。
6. 制定工艺规程的基本原则是什么？
7. 简述制定工艺规程的步骤。
8. 什么是工艺文件？模具零件一般制定哪种工艺文件？
9. 分析零件结构的工艺性应该注意哪些问题？试举例说明。
10. 模具零件常用的毛坯有哪些种类？选择毛坯时应考虑哪些因素？
11. 什么是粗基准和精基准？选择粗基准和精基准时应注意哪些问题？
12. 什么是工序集中和工序分散？各有什么特点？
13. 安排切削加工工序应遵循哪些原则？
14. 热处理工艺分为哪两大类？应如何安排？
15. 工序尺寸及其公差应如何确定？

课后习题

第 3 章 模具零件的加工质量

知识目标

- 了解影响模具零件机械加工精度的因素。
- 掌握提高模具零件机械加工精度的途径。
- 了解影响模具零件机械加工表面质量的因素。
- 掌握提高模具零件机械加工表面质量的途径。

模具的质量主要体现在模具零件的加工质量和装配质量上。模具零件的加工质量是保证模具所加工产品的质量和使用寿命的基础，主要包括零件的加工精度和零件的加工表面质量两个方面。

3.1 模具零件的加工精度

模具零件的加工精度是衡量零件加工质量的重要方面，研究模具零件加工精度的目的在于减小加工误差，提高模具零件的加工精度。

3.1.1 零件加工精度与加工误差

1. 零件加工精度

零件加工精度是指零件加工后的实际几何参数（尺寸、形状和位置）与理想几何参数的符合程度。符合程度越高，加工精度越高。一般零件加工精度是在零件工作图上给定的，主要包括以下几个方面。

零件的尺寸精度：加工后零件的实际尺寸与零件理想尺寸相符合的程度。

零件的形状精度：加工后零件的实际形状与零件理想形状相符合的程度。

零件的方向和位置精度：加工后零件的实际方向和位置与零件理想方向和位置相符合的程度。

这三者之间是有联系的。一般情况下，尺寸公差限制了方向和位置公差，而方向和位置公差又限制了形状公差，即当零件的尺寸精度要求较高时，相应的方向和位置精度、形状精度也要求较高。但是，对于某些配合要求高或有特殊要求的零件，其形状精度、方向和位置精度要求较高，相应的尺寸精度却不一定要求高。

2. 零件加工误差

实际加工不可能做得与理想零件完全一致，总会有大小不同的偏差，零件加工后的实际几何参数对理想几何参数的偏离程度，称为加工误差。加工误差的大小反映了加工精度的高低。在生产实践中，应用控制加工误差的方法来保证加工精度。

在生产实践中，为了提高效率、降低成本，只要控制加工误差不超过零件图上的设计要求和满足零件的使用性能要求，该零件就是达到了加工精度的零件。

3.1.2 获得机械加工精度的方法

1. 试切法

试切法是指通过试切—测量—调整—再试切的方法反复进行，直至零件的尺寸精度达到图纸给定要求的方法。这种方法不仅效率低，而且要求工人技术水平较高，一般用于单件小批量生产。

2. 定尺寸刀具法

定尺寸刀具法是指用刀具的相应尺寸来保证零件的加工尺寸达到要求的加工方法。例如，用钻头、铰刀、拉刀、丝锥等刀具加工零件就属于这种加工方法。这种方法生产效率高，在孔加工中得到广泛应用。

3. 调整法

调整法是指按零件规定的尺寸预先调整好刀具与工件的相对位置，并且在一批零件的加工过程中始终保持这个位置不变，来保证零件加工尺寸的方法。这种方法生产效率较高，加工精度稳定性好，广泛用于成批及大量生产中。

4. 自动控制法

自动控制法是把测量装置、进给装置、切削装置和控制系统等组成一个自动控制的加工系统，自动完成加工过程中的切削加工、尺寸测量和刀具调整等工作，当零件尺寸达到加工要求后，机床自动退刀并停止加工。例如，在数控机床上加工零件就是采用自动控制法。这种方法自动化程度高，获得的精度也高，多用于大批量生产中。

3.1.3 影响零件加工精度的因素

在机械加工时，由机床、夹具、刀具和零件组成的一个相互联系的完整系统，称为机械加工工艺系统（简称工艺系统）。工艺系统会产生各种各样的误差，这些误差在不同的具体工作条件下，以各种不同的方式（或扩大、或缩小）反映为零件的加工误差。可见工艺系统的误差是产生加工误差的根源，加工误差是工艺系统误差导致的结果，所以工艺系统的误差也称为原始误差。

1. 工艺系统的几何误差对加工精度的影响

1）加工原理误差

加工原理误差是指由于采用近似的成形运动或近似的刀具轮廓进行加工所产生的误差。

（1）采用近似的成形运动产生的加工原理误差。例如，车削蜗杆时，由于蜗杆螺距 $P_g=\pi m$，而 $\pi=3.141\ 592\ 6\cdots$，是无理数，所以螺距值只能用近似值代替。因此，刀具与零件之间的成形运动是近似的螺旋轨迹。

（2）采用近似的刀具轮廓形状产生的加工原理误差。例如，用模数铣刀对齿轮进行成形铣削加工时，为了减少成形铣刀的种类，不可能对每一种模数每一种齿数的齿轮都设计制造出一把相应的成形铣刀，实际生产中对每一种模数只采用一套（8～26 把）模数铣刀，加工一定齿数范围内的所有齿轮。当被加工齿轮齿数与刀具设计齿数不符合时，齿形就会出现误差，这种误差属于原理误差。

2）机床误差

加工中刀具相对于零件的成形运动一般都是通过机床完成的，因此，零件的加工精度在很大程度上取决于机床的精度。机床误差对零件加工精度影响较大的有主轴回转误差、导轨误差和传动链误差。

（1）主轴回转误差。机床主轴是装夹零件或刀具的基准，并将运动和动力传给零件或刀具，主轴回转误差将直接影响被加工零件的精度。由于主轴几段轴颈的同轴度误差、轴承本身的各种误差、轴承之间的同轴度误差、主轴挠度等因素，主轴在每瞬时回转轴线的空间位置是变动的，即存在着主轴回转误差。主轴回转误差是指主轴各瞬间的实际回转轴线相对其平均回转轴线的变动量。它可以分解为轴向窜动、径向跳动和角度摆动三种基本形式，如图 3-1 所示。

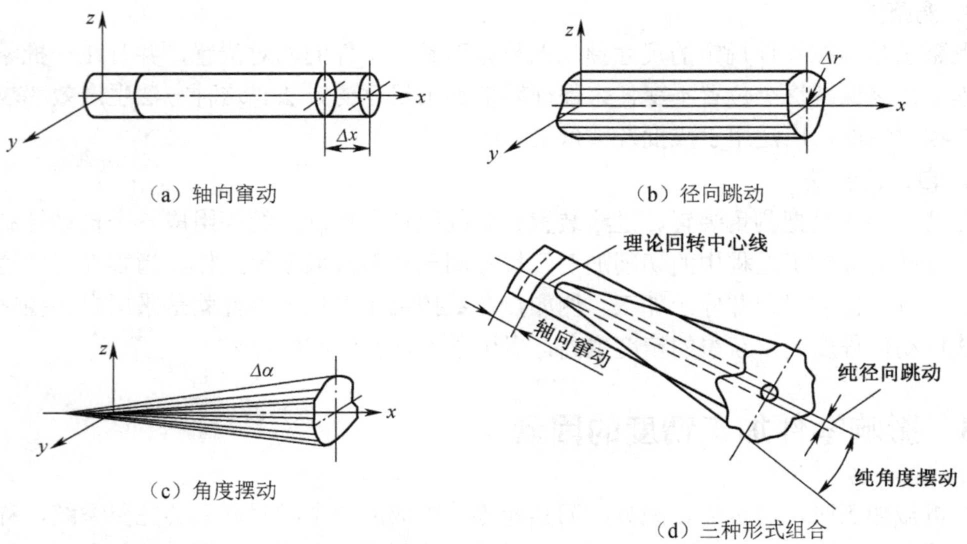

图 3-1　主轴回转误差的基本形式

① 轴向窜动。轴向窜动主要影响零件的端面形状和轴向尺寸精度。例如，车削端面时，由于主轴的轴向窜动，使零件端面与刀具之间时而接近、时而远离，造成实际背吃刀量时大时小，使得零件端面凸凹不平，如图 3–1（a）所示。车削螺纹时，这种窜动会产生单个螺距内的周期误差，影响螺距值。

② 径向跳动。径向跳动主要影响零件的圆度和圆柱度。例如，在车削外圆柱面时，主轴的径向跳动，会导致零件产生圆度误差，如图 3–1（b）所示。

③ 角度摆动。角度摆动主要影响零件的形状精度。例如，车削外圆柱面时，由于主轴的角度摆动，使零件产生锥度，如图 3–1（c）所示。

实际上，这三种形式的误差经常是同时存在的，如图 3–1（d）所示。

提高主轴回转精度的措施主要有：提高主轴部件的制造和安装精度，选用高精度的轴承；提高主轴部件的装配精度；对高速主轴部件进行平衡，对滚动轴承进行预紧等。

（2）导轨误差。导轨是机床上确定各机床部件相对位置关系的基准，也是机床运动的基准。导轨误差是指机床导轨副运动件的实际运动方向与理想运动方向之间的偏差值。导轨误差主要有以下几个方面。

① 导轨在水平面内的直线度误差。例如，卧式车床导轨在水平面内存在直线度误差Δ_1，由于水平方向是加工误差的敏感方向，因此这一误差Δ_1对加工精度的影响最大，造成零件在半径方向的误差Δ_R，且$\Delta_1=\Delta_R$，如图 3–2 所示。

② 导轨在垂直面内的直线度误差。例如，卧式车床导轨在垂直面内存在直线度误差Δ_2，可引起被加工零件的形状误差和尺寸误差。但Δ_2对加工精度的影响要比Δ_1小得多。如图 3–3 所示可知，若因Δ_2而使刀尖由 a 下降至 b，因为 $\tan\varphi=\dfrac{\Delta_2}{R}\approx\varphi$，$\tan\dfrac{\varphi}{2}=\dfrac{\Delta_R}{\Delta_2}\approx\dfrac{\varphi}{2}$，所以零件半径 R 的误差：

$$\Delta_R=\frac{\Delta_2^2}{2R}$$

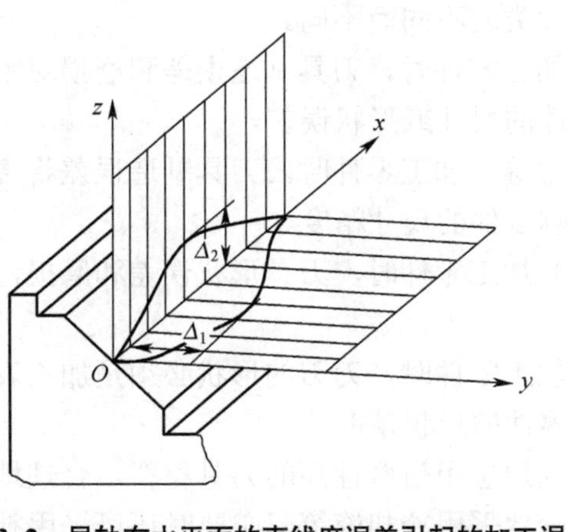

图 3–2　导轨在水平面的直线度误差引起的加工误差

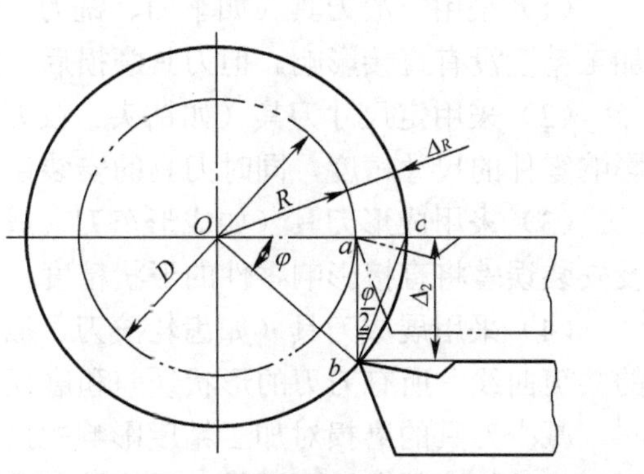

图 3–3　导轨在垂直面内的直线度误差引起的加工误差

③ 前后导轨的扭曲度误差。扭曲度是指由于两导轨不平行而使其上的运动部件产生倾斜的程度。如图 3–4 所示，当前后导轨有了扭曲误差 δ 之后，刀架运动时会产生摆动，刀尖的运动轨迹是一条空间曲线，使零件产生圆柱度误差。由几何关系可求得半径误差$\Delta_R=\Delta x\approx$

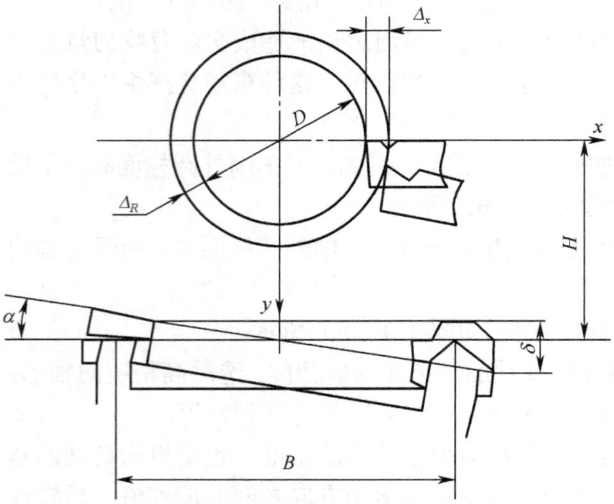

图 3-4　导轨的扭曲度误差引起的加工误差

$(H/B)\delta$。一般车床的 $H/B\approx2/3$，外圆磨床的 $H/B\approx1$，车床和外圆磨床前后导轨的平行度误差对加工精度的影响很大。

④ 导轨与主轴回转轴线的平行度误差。如果车床导轨与主轴回转轴线在水平面内有平行度误差，车出的内外圆柱面就会产生锥度；如果车床导轨与主轴回转轴线在垂直面内有平行度误差，则车出的圆柱面会变成双曲线回转体。但是因为该误差处于非误差敏感方向，所以误差值较小。

降低导轨误差的措施有：提高导轨的制造和安装精度；保持良好的润滑，加强维护和保养。

（3）传动链误差。传动链误差是指机床内联系传动链始末两端传动组件之间相对运动的误差。一般用传动链末端元件的转角误差来衡量。内联系传动链是指两端件之间的相对运动量有严格要求的传动链。例如，车削螺纹时，工件转过一转，刀具必须移动一个导程。当两者的相对运动关系不能严格保证时，将直接影响螺距的精度。

减少传动链传动误差的措施有以下两个方面。

① 减少传动件的数目，缩短传动链。传动元件越少，传动累积误差就越小，传动精度就越高。

② 减小传动比。传动比越小，传动元件的误差对传动精度的影响就越小，特别是传动链末端的传动元件的传动比越小，传动链的传动精度就越高。

3）刀具的制造误差和磨损

刀具制造误差和磨损对加工精度的影响随刀具种类的不同而不同。

（1）采用一般刀具（如车刀、铣刀、镗刀等）加工零件时，刀具制造误差和磨损对零件加工精度没有直接影响。但刀具磨损后，会引起零件的尺寸或形状误差。

（2）采用定尺寸刀具（如钻头、铰刀、键槽铣刀等）加工零件时，刀具制造误差将直接影响零件的尺寸精度，同时刀具的安装误差也会影响零件的尺寸精度。

（3）采用成形刀具（如成形车刀、成形铣刀等）加工零件时，刀具形状误差和磨损，以及安装误差将直接影响零件的形状精度。

（4）采用展成刀具（如齿轮滚刀、插齿刀等）加工零件时，刀刃的形状必须是加工表面的共轭曲线，所有刀刃的形状误差和磨损都会影响零件的形状精度。

减少刀具的磨损对加工精度影响的措施有：正确地选用耐磨性高的刀具材料，合理地选用刀具几何参数和切削用量，正确地刃磨刀具，正确地采用冷却液等，必要时还可采用补偿装置对刀具尺寸磨损进行自动补偿。

4）夹具的误差和磨损

夹具的作用是使零件相对于刀具和机床具有正确的位置，因此夹具的误差对零件的加工精度（特别是位置精度）有很大影响。

夹具误差包括以下几个方面。

（1）夹具定位组件、导向元件、分度机构、夹具体等的制造误差。

（2）夹具中各元件的装配误差。

（3）夹具中各定位元件、导向元件的磨损。

夹具设计中，应根据零件的加工要求来规定夹具及主要组件的尺寸、位置公差。

5）调整误差

调整是指使刀具的切削刃与定位基准保持正确位置的过程。调整包括机床调整、夹具调整、刀具调整等。由于调整不可能绝对准确，因此就会产生加工误差，称为调整误差。因为调整方式不同，所以有不同的误差来源。

试切法加工时，产生调整误差的主要因素是测量误差和进给系统误差。在低速微量进给时，由于进给机构的“爬行”现象，试切刀具的实际进给量不等于刻度盘上的数值，以致难以控制尺寸精度，造成加工误差。在调整法加工中，广泛采用行程挡块、靠模、凸轮等工具控制刀具的轨迹和行程，采用对刀装置来调整刀具与零件的相对位置。这些装置和机构的制造精度和调整精度，以及与它们配合使用的离合器、电器开关和控制阀等的灵敏度，是影响调整误差的主要因素。

2. 工艺系统受力变形对加工精度的影响

机械加工工艺系统在切削力、夹紧力、惯性力、重力、传动力等的作用下，会产生相应的变形，从而破坏刀具和零件之间正确的相对位置，使零件的加工精度下降。如图 3–5（a）所示，车细长轴时，零件在切削力的作用下会发生变形，导致加工出的轴出现中间粗两头细的情况。如图 3–5（b）所示，在内圆磨床上用横向切入法磨内孔时，由于内圆磨头轴比较细，磨削时磨头轴受力变形，导致零件孔呈锥形。

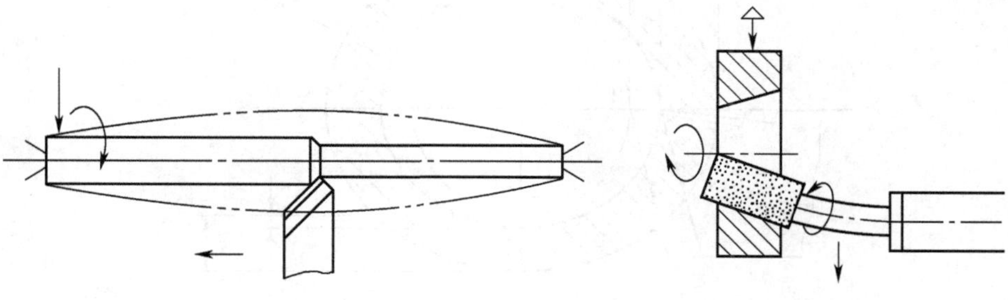

（a）车细长轴　　　　（b）磨内孔

图 3–5　受力变形对工件精度的影响

工艺系统受力变形是机械加工中一项重要的原始误差，它不仅影响加工表面质量，还限制生产率的提高。

工艺系统抵抗变形的能力，可以用刚度来描述。工艺系统的刚度是指零件加工表面的法向切削分力 F_y 与工艺系统在该方向上的变形 y 之间的比值，$k_{系}=F_y/y$。

1）工艺系统的受力变形对加工精度的影响

（1）切削力作用点位置变化引起的零件形状误差。在切削过程中，工艺系统的刚度会随着切削力作用点位置的变化而变化，这使得工艺系统受力变形也随着变化，引起零件形状误差。例如，在车床两顶尖之间车削细长轴，如图 3–6 所示，由于零件细长，刚度很低，机床、

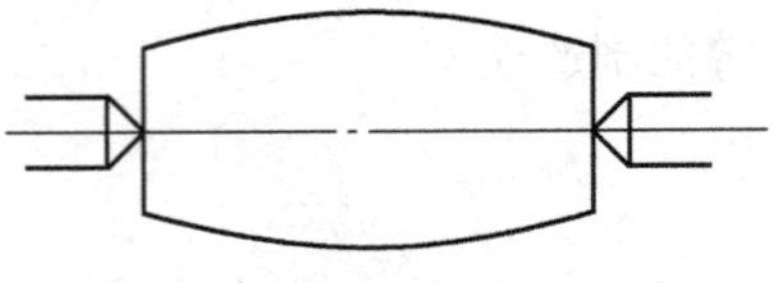

图 3-6　切削力作用点位置变化引起的零件形状误差

夹具和刀具在切削力作用下的变形量小得多，可以忽略不计，所有工艺系统的变形完全取决于零件的变形。此时，可以近似将零件看作受集中载荷的简支梁，当车刀处于零件两端时，零件变形最小；当车刀处于零件中间时，零件变形量最大。由于变形大的地方，刀具相对于零件的让刀量大，从零件上切去的金属层厚度较小；变形小的地方，刀具相对于零件的让刀量小，从零件上切去的金属层厚度较大，因此加工出来的零件呈两头小、中间大的鼓形。

（2）切削力大小变化引起的零件形状误差。在切削加工过程中，由于零件的加工余量发生变化、零件材料硬度不均匀等因素引起的切削力变化，使工艺系统变形发生变化，从而产生加工误差。

如图 3-7 所示，在一个横截面为椭圆形的毛坯 A 上加工圆轴。将刀具调整到图上虚线位置，由图 3-7 可知，在毛坯椭圆长轴方向上的背吃刀量为 a_{p1}，短轴方向上的背吃刀量为 a_{p2}。由于背吃刀量不同、切削力不同，工艺系统产生的让刀变形也不同，对应于 a_{p1} 产生的让刀为 y_1，对应于 a_{p2} 产生的让刀为 y_2，所以加工出来的零件 B 的横截面仍然存在椭圆形状误差。由于毛坯存在圆度误差 $\Delta_{毛}=a_{p1}-a_{p2}$，因而引起了零件的圆度误差 $\Delta_{零}=y_1-y_2$，且 $\Delta_{毛}$ 越大，$\Delta_{零}$ 越大，这种现象称为加工过程中的“误差复映”现象。但是 $\Delta_{零}$ 比 $\Delta_{毛}$ 小，所以在生产中采用多次走刀来减小加工误差。

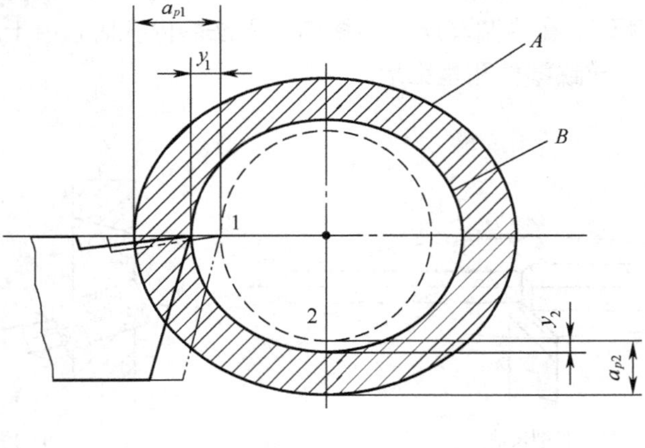

图 3-7　切削力大小变化引起的零件形状误差

（3）夹紧力引起的加工误差。零件在装夹过程中，如果零件刚度较低或夹紧力的大小、方向和作用点选择不当，将引起零件变形，造成相应的加工误差。

如图 3-8 所示，用三爪卡盘夹紧薄壁套筒车削内孔，在夹紧前毛坯内外圆是正圆形，由于夹紧方法不当，夹紧后零件呈三棱形，如图 3-8（a）所示；车出的孔是圆形，如图 3-8（b）所示。但是夹具松开以后，套筒弹性变形恢复使孔又变成三棱形，如图 3-8（c）所示。为了减少套筒因夹紧变形造成的加工误差，在生产中常采用使夹紧力均匀分布的方法，如在夹紧时增加一个开口过渡环，如图 3-8（d）所示，或者采用圆弧面专用卡爪，如图 3-8（e）所示。

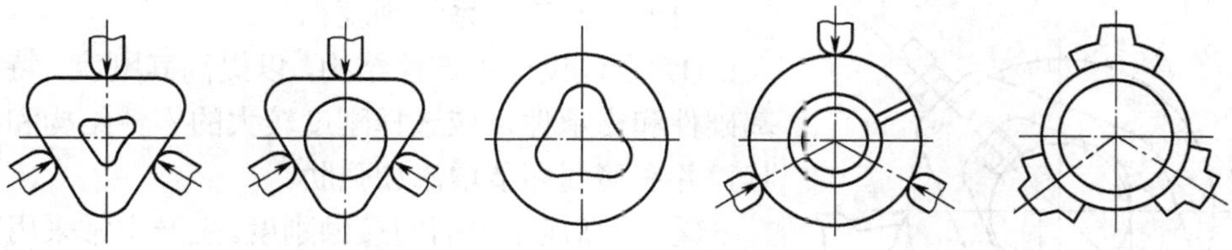

（a）夹紧前　（b）加工后　（c）松开后　（d）开口过渡环　（e）圆弧面专用卡爪

图 3-8　夹紧变形引起的加工误差

（4）重力引起的加工误差。工艺系统中一些零件的自重，以及它们在移动中位置变化所引起的相应变形，也会造成加工误差。这种情况在大型机床上比较明显。例如，在靠模车床上加工尺寸较大的光轴时，由于尾架刚度比床头低，尾架的下沉变形比床头大，导致加工表面产生具有锥度的圆柱度误差，如图 3-9 所示。这种误差可以通过调整靠模板的斜度来补偿。

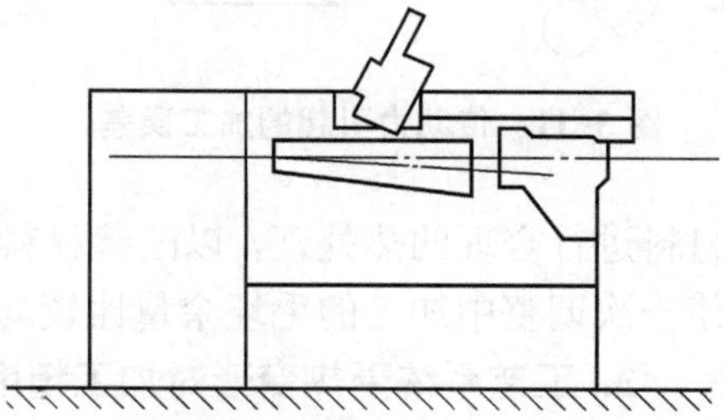

图 3-9　机床部件自重引起的加工误差

（5）惯性力引起的加工误差。在高速切削中，如果工艺系统中有不平衡的高速旋转构件存在，就会产生离心力。惯性力在零件的每一转中不断变更方向，引起零件几何轴线作摆动而引起加工误差。

如图 3-10 所示，车削一个不平衡零件，当离心力 Q 与切削力 F_y 方向相反时，将零件推向刀具，使背吃刀量增加，如图 3-10（a）所示；当离心力 Q 与切削力 F_y 方向相同时，零件被拉离刀具，使背吃刀量减小，如图 3-10（b）所示，结果造成零件的圆度误差。在机械加工中如果遇到这种情况，可以采用“对重平衡”的方法来消除影响，即在不平衡质量的反向加装重块，使两者的离心力相互抵消。

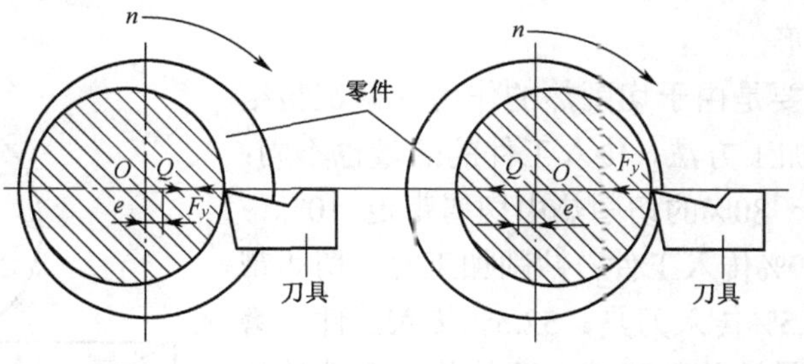

(a) 离心力与切削力方向相反　(b) 离心力与切削力方向相同

图 3-10　惯性力引起的加工误差

（6）传动力引起的加工误差。在车床或磨床上加工轴类零件时，常用单爪拨盘带动零件旋转。如图 3-11 所示，传动力在拨盘的每一转中，经常改变方向，其在 y 方向上的分力有时与切削力 F_y 方向相同，有时相反，造成零件的圆度误差。因此，加工精密零件时可以改用双爪拨盘或柔性连接装置来带动零件旋转。

2）减小工艺系统受力变形对加工精度影响的措施

生产中，减少工艺系统变形，常通过提高工艺系统刚度，减小切削力及它们的变动幅值来实现。

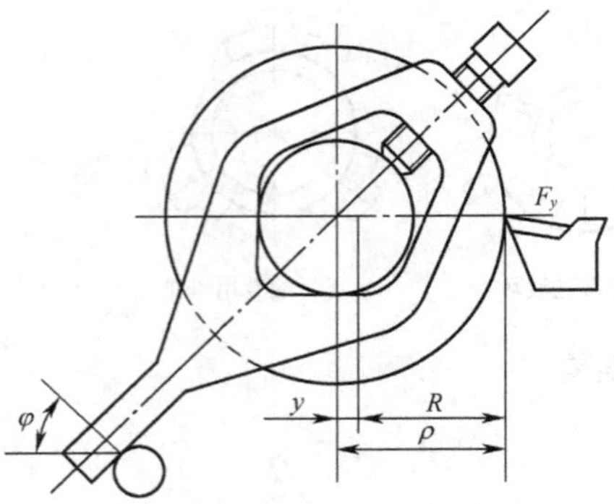

图 3-11 传动力引起的加工误差

（1）提高工艺系统刚度。

① 合理设计零部件结构，以提高其刚度。特别是对基础件和支承件，应选择刚度较大的零件结构和截面形状，并在薄弱环节增添加强肋。

② 提高连接表面的接触刚度。生产中常采用刮研和研磨等方法，提高工艺系统主要零件接触面的配合质量，以提高其形状精度、表面硬度、表面粗糙度，并采用预加载荷等措施来提高接触刚度。

③ 采用合理的装夹方法和加工方法。

（2）减小切削力及其变化。

合理地选择刀具材料，增大前角和主偏角，对零件材料进行合理的热处理，以改善材料的加工性能等，都可使切削力减小。同时，将毛坯分组，使一次调整中加工的毛坯余量比较均匀，可以减少切削力的变化，从而减少“误差复映现象”。

3. 工艺系统受热变形对加工精度的影响

在机械加工过程中，工艺系统因受到各种热源的影响而产生的变形称为热变形。工艺系统热变形对加工精度的影响比较大，特别是在精密加工和大件加工中，由热变形所引起的加工误差有时可占零件总误差的 40%～70%。工艺系统的热源可以分为内部热源和外部热源，内部热源包括由轴承副、齿轮副等产生的摩擦热，以及切削热等；外部热源包括外部环境温度、阳光辐射等。

机床、刀具和零件受到各种热源的作用，温度会逐渐升高，同时它们也通过各种传热方式向周围的物质和空间散发热量。当单位时间传入的热量与其散出的热量相等时，工艺系统就达到了热平衡状态。

1）工艺系统受热变形引起的误差

（1）工件受热变形。

工件的热变形主要是由于切削热的作用。据试验结果表明，对于不同的加工方法，传入工件的热量也不同：车削加工时约有 50%～80%的切削热由切屑带走，10%～40%传入刀具，3%～9%传入工件；钻削加工时，切屑带走的热量约 28%，14.5%传入刀具，52.5%传入工件；磨削加工时，大量的热量被传入工件。即使传入工件的热量相同，对于形状和尺寸不同的工件，温升和热变形也不一样。形状和尺寸相同的工件，由于热导率不同，即使传入相同的热量，其热变形也不一样。

例如，在平面磨床上磨削较薄的平板状工件，如图 3-12（a）所示，由于工件单面受热，上、下面之间产生温差，导致工件翘曲，如图 3-12（b）所示；工件在翘曲状态下磨平，冷却后则出现凹形误差，但是夹具松开以后，套筒弹性变形恢复使孔又变成三棱形，如图 3-12（c）所示。

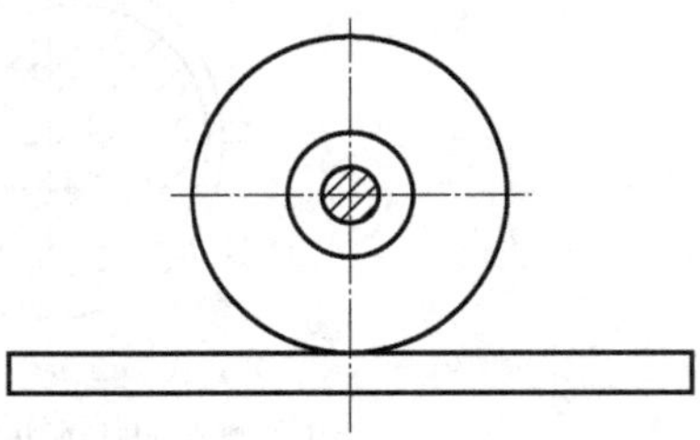
（a）磨削平板状工件

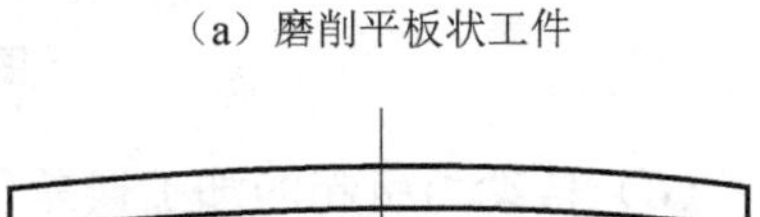
（b）工件翘曲

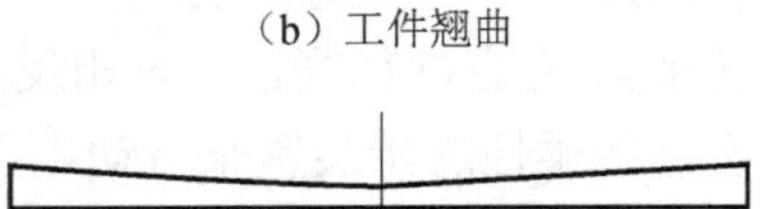
（c）凹形误差

图 3-12 磨削热对薄板工件加工的影响

（2）机床受热变形。

机床在工作过程中受到内外热源的影响，各部分的温度将逐渐升高。由于各部件的热量分布不均匀，以及机床结构的复杂性，导致各部件的温升不同，而且同一部件不同位置的温升也不尽相同，进而形成不均匀的温度场，使机床各部件之间的相互位置发生变化，破坏了机床原有的几何精度，从而造成加工误差。例如，机床主轴前、后端受热不均，将造成主轴抬高并倾斜。

当机床空运转时，各运动部件产生的摩擦热基本不变。运转一段时间后，各部件传入的热量和散失的热量基本相等。机床达到热平衡状态时的几何精度称为热态几何精度。在机床达到热平衡状态之前，机床的几何精度变化不定。它对加工精度的影响也是变化不定的，要控制这种变化着的误差困难极大。因此，精密加工常常先进行机床空运行预热，达到热平衡之后再进行加工。

（3）刀具受热变形。

刀具的热变形主要是由切削热引起的。通常传入刀具的热量并不太多，但由于刀体小，热容量少，并且热量集中在切削部分，故刀具仍会有很高的温升。例如，车削时高速钢车刀的工作表面温度可达 700～800 ℃，硬质合金切削刃的温度可高于 1 000 ℃。连续切削时，刀具的热变形在切削初始阶段增加很快，随后变得较缓慢，经过不长的一段时间后便趋于热平衡状态，此后热变形的变化量非常小。刀具总的热变形量可达 0.03～0.05 mm（与伸出部分长度成正比）。

间断切削时，由于刀具有短暂的冷却时间，其热变形具有热胀冷缩的双重特性，且总的变形量比连续切削时要小一些。变形量最后也会稳定在一定范围内。

加工大型零件时，刀具的热变形往往造成几何形状误差。例如车长轴时，可能由于刀具的热伸长而产生锥度。

2）减小工艺系统热变形的措施

（1）减少发热和隔热。通过合理选择切削用量和刀具几何角度，及时刃磨刀具可以减少切削热的产生，当精度要求较高时，应将粗、精加工分开进行；对各摩擦部位应从结构和润滑等方面采取措施，以减少摩擦热；凡是有可能从主机分离出去的热源，如电动机、变速箱、液压油箱、冷却系统等，应尽可能放置在机床外部；用隔热材料将发热部件和机床大件（如床身、立柱等）分离开来等。

（2）加强散热能力。对于发热量大的热源，如果既不能从机床内部移出，又不便隔热，则可以采用喷雾或大流量冷却液等方式进行冷却。

（3）均衡温度场。可以采用热补偿的方法将热量从高温区导向低温区，使机床的温度场比较均匀，从而使机床产生均匀的热变形，减少对加工精度的影响。

（4）保持工艺系统的热平衡。当机床达到热平衡以后，变形趋于稳定，加工精度才易保证。因此，精密加工应在机床处于热平衡之后进行。

4. 其他误差对加工精度的影响

1）模具工件内应力和加工工艺对加工精度的影响

工件的内应力是指无外载荷作用的情况下，工件内部存在的应力。具有内应力的工件处在一种不稳定的状态中，即使在常温状态下内应力也在不断地变化，直至内应力全部消失为止。在内应力变化的过程中，工件可能会发生变形，导致原有的精度逐渐丧失（严重时可能会出现裂纹)。在模具加工中，造成工件存在内应力的原因主要是工件（或模坯）在热处理后残留的内应力和切削加工引起的内应力。

（1）工件热处理残留的内应力。工件热处理残留的内应力对模具加工精度的影响是相当大的，在模具加工过程中常常会造成工件变形，甚至开裂。

例如，线切割加工淬硬钢薄片模芯时，由于热处理残留的内应力的影响，通常线切割加工得到的薄片件是弯曲的，如图 3-13（a）所示。线切割的开口凸模工件，在切割后如图 3-13（b）所示。如果按如图 3-13（c）所示的加工路线切割淬硬钢凸模时，随着切割的进行，坯料左右两侧连接的材料被逐渐割断，模坯的内应力平衡状态逐渐丧失，使坯料的右侧部分不断偏斜，当电极丝切割到右下角时，形成的变形状态如图 3-13（c）所示。

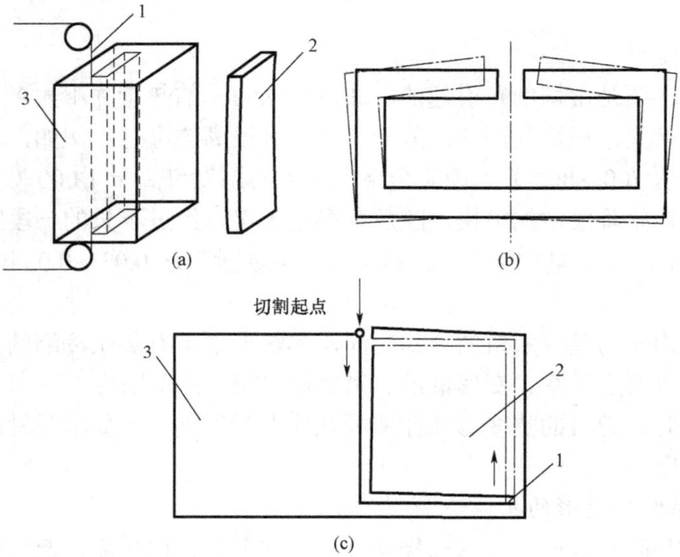

1—电极丝；2—工件；3—模坯

图 3-13　内应力引起线切割加工变形

（2）切削加工引起的内应力。切削加工时，刀具的挤压和摩擦作用，使工件已加工表面的表层金属产生塑性变形，使内层金属产生弹性变形。塑性变形层会阻碍内层金属的弹性恢复。另外，表层金属的塑性变形是在一定的切削温度下发生的，当塑性变形层的温度下降时，其热收缩又受到内层金属的阻碍，所以被切削加工后的工件表面将产生内应力。内应力的性质、大小和应力层的深度，因加工方法和切削条件不同而异。在某些情况下，表面层中的应力会使工件变形，甚至产生裂纹，如磨削加工淬硬的模具钢和导热性较差的脆性材料时，常常在加工表面会有微小裂纹产生。

2）工具电极精度对加工精度的影响

在电火花成形加工和电火花线切割加工中，工具电极的精度直接影响到加工模具的精度。工具电极的精度主要体现为成形加工的电极制造精度和线切割加工的电极丝直径精度，以及在放电加工过程中工具电极的损耗程度。要想获得高精度的模具，就必须要有高精度的工具电极。电火花加工过程中，工具电极的损耗也直接造成加工形状误差和尺寸精度的变化。因此，在工具电极精度得到保证的情况下，工具电极损耗越小，加工精度就越高。

3）控制系统对加工精度的影响

现代模具加工已进入数控加工时代，而数控机床的数控系统对加工精度的影响主要体现在以下两个方面。

（1）控制精度。不同的数控机床其控制系统精度不同，只有使用高精度控制系统的机床，才能加工出高精度工件，即使用高精度控制系统其原理误差才能小。例如，高精密数控连续轨迹坐标磨床，其使用的控制系统显示精度小于 0.0001 mm，加工出来曲面的轮廓误差（原理误差）可以达到小于 0.001 mm。

（2）控制参数的稳定性。控制系统参数的稳定性，影响到放电加工过程放电间隙的稳定性。电加工的精度主要由工具电极精度和放电间隙精度组成，所以控制参数的稳定性直接影响到电加工的精度，特别是加工精密模具，控制系统必须具有高稳定性控制参数和高精度放电间隙，才能加工出高精度、表面粗糙度低的模具零件。

4）测量误差对加工精度的影响

机械加工时，需要以测量结果作为依据来控制加工过程或对工艺系统进行调整。由于测量工具自身不可避免地存在误差，此外，测量过程中测量方法、环境条件、测量操作人员的经验等也会使测量结果产生误差，因此，测量误差是测量工具自身误差和测量过程中产生的误差之和。测量误差的存在，必然会使工件的加工精度降低。

3.1.4 提高零件加工精度的途径

从消除或减小加工误差的技术上看，提高零件加工精度主要有两种途径：误差预防技术和误差补偿技术。

1. 误差预防技术

通过减少误差源或改变误差源与加工误差之间的数量转换关系，可以减少原始误差的影响。具体方法有以下几种。

（1）直接减小原始误差法。

这种方法是指在查明影响加工精度的主要原始误差因素之后，设法对其直接进行消除或减小。

例如，在加工细长轴时，原始误差的主要影响因素是工件刚性差。因此，采用反向进给切削法，并加上跟刀架，可以使零件受到拉伸，从而减小变形，如图 3-14 所示。

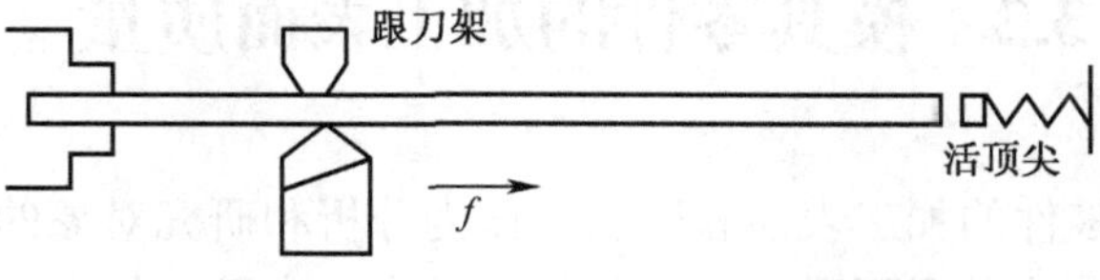

图 3-14 直接减小原始误差法

（2）转移原始误差法。

这种方法是指把影响加工精度的原始误差转移到不影响或少影响加工精度的方向上去。例如，车床的误差敏感方向是工件的直径方向，所以，转塔车床在加工中都采用“立刀”安装法，把刀刃的切削基面放在垂直平面内，这样可把刀架的转位误差转移到误差不敏感的切线方向，如图 3-15 所示。

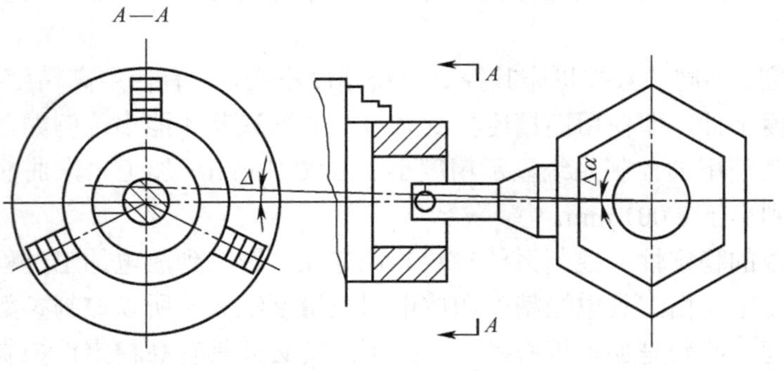

图 3-15　刀具转位误差的转移

（3）误差分组法。

当毛坯的精度太低，引起的定位误差或复映误差太大时，可以采用分组调整，把毛坯件按误差大小分成 n 组，则每组零件的误差就缩小为原来的 $1/n$。再按组调整刀具和零件的相对位置以减小毛坯误差对加工精度的影响。这种方法比直接提高本工序的加工精度要简便易行一些。

（4）“就地加工”法。

这种方法是指把各相关零件、部件先行装配，使它们处于工作时要求的相互位置，然后就地进行最终加工。例如，车床尾架顶尖孔的轴线要求与主轴轴线重合，可以采用就地加工，把尾架装配到机床上后进行最终精加工。

2. 误差补偿技术

误差补偿技术是指在现存的原始误差条件下，通过分析、测量，并以这些误差源为依据，人为地在工艺系统中引入一个附加的误差源，使之与工艺系统原有的误差相抵消，以减少或消除零件的加工误差；特别是借助计算机辅助技术，可以达到很好的实际效果。

例如，一些精密数控加工机床，都具有刀具直径和长度动态检测功能，在加工前将刀具动态测量的实际误差自动进行刀补；或在加工过程中，根据编程设定定期监测刀具磨损量，并自动进行补偿。

3.2　模具零件的加工表面质量

加工表面质量是以零件的加工表面和表面层作为分析和研究对象的。经过机械加工的零件表面总是存在一定程度的微观不平、冷作硬化、残余应力及金相组织的变化，虽然只产生在很薄的表面层，但对零件使用性能的影响是很大的。

机械零件的破坏，一般总是从表面层开始的。研究模具零件加工表面质量的目的，就是为了掌握模具零件在加工过程中各种工艺因素对加工表面质量影响的规律，以便运用这些规律来控制加工过程，最终达到改善表面质量、提高模具产品使用性能和寿命的目的。

3.2.1 零件加工表面质量的概念

加工表面质量是指工件经过切削加工后，已加工表面的几何特征和在一定深度内（即表面层）出现的物理力学性能的变化状况。它主要包含两个方面的内容：零件表面的几何特性和零件表面的力学性能。

1. 零件表面的几何特性

（1）表面粗糙度。

表面粗糙度是指加工表面具有的较小间距和峰谷所组成的微观几何形状误差，其波长与波高的比值一般小于 50。它主要与刀刃的形状、刀具的进给、切屑的形成等因素有关。

（2）表面波度。

表面波度是介于表面宏观几何形状误差和表面粗糙度之间的几何形状误差，其波长与波高的比值等于 50～1 000。它主要是由切削刀具的偏移和工艺系统的震动造成的。

（3）伤痕。

伤痕是指加工表面一些个别位置上出现的缺陷，如砂眼、气孔、裂痕等。

2. 零件表面的力学性能

（1）表面层的加工硬化。

表面层的加工硬化是指机械加工过程中，表面层金属的硬度有所提高的现象。一般情况下表面硬化层的深度可达 0.05～0.30 mm。

（2）表面层金相组织变化。

表面层金相组织变化是指机械加工过程中，由于切削热的作用引起表面层金属的金相组织发生变化。

（3）表面层残余应力。

表面层残余应力是指机械加工后，零件表面层残留的压应力或拉应力。

3.2.2 加工表面质量对零件使用性能的影响

零件使用性能包括耐磨性、疲劳强度、耐蚀性、配合精度等方面，而零件的表面质量对各种性能的影响也不相同。

1. 零件的表面质量对耐磨性的影响

影响零件耐磨性的因素包括摩擦副的材料、润滑条件和零件的表面质量。在当前两个条件都已确定的情况下，零件的表面质量对耐磨性就起着决定性的作用。

（1）表面粗糙度对耐磨性的影响。

当两个刚加工好的零件构成一个摩擦副时，两个接触表面之间在最初阶段只在凸峰顶部接触，实际接触面积远小于理论接触面积，表面越粗糙，实际接触面积就越小。在相互接触的凸峰顶部有非常大的单位应力，使实际接触面积处产生塑性变形、弹性变形和峰部之间的剪切破坏，引起严重磨损。即使在有润滑的条件下，由于凸峰顶部处的压强超过临界值，润滑油膜被破坏，金属材料直接接触，也加剧了零件的磨损。

一般来说，表面粗糙度值越小，零件耐磨性就越好。但表面粗糙度值太小，紧密接触的两个光滑表面之间润滑油不易储存，容易发生分子粘接，磨损反而增加。因此，接触面的粗糙度有一个最佳值，这个值与零件的工作情况有关，重载荷下的表面粗糙度最佳值比轻载荷时大。

（2）表面加工硬化对耐磨性的影响。

表面层的加工硬化使摩擦副表面层金属的硬度提高，所以一般可使耐磨性提高。但也不是冷作硬化程度越高，耐磨性就越高，这是因为过度的加工硬化将会引起金属组织过度疏松，甚至出现裂纹和表层金属的剥落，使耐磨性下降。因此零件的表面硬化层必须控制在一定的范围内。

2. 零件的表面质量对疲劳强度的影响

零件在交变载荷作用下，往往在零件表面微观不平的凹谷处和表面层的缺陷处发生疲劳破坏，因此零件的表面质量对疲劳强度影响很大。

（1）表面粗糙度对疲劳强度的影响。

在交变载荷作用下，表面粗糙度的凹谷部位容易引起应力集中，产生疲劳裂纹，造成零件的疲劳破坏。表面粗糙度值越大，应力集中越严重，越容易形成和扩展疲劳裂纹。减小表面粗糙度，可以提高零件抗疲劳破坏的能力。

（2）表面层残余应力对疲劳强度的影响。

表面层残余应力对零件疲劳强度的影响很大。表面层残余拉应力会导致疲劳裂纹扩大，从而加速疲劳破坏的产生；而表面层残余压应力能够阻止疲劳裂纹的扩展，延缓疲劳破坏的产生。

（3）表面加工硬化对疲劳强度的影响。

加工硬化可以在零件表面形成一个冷硬层，能够防止裂纹产生并阻止已有裂纹的扩展，从而提高零件的疲劳强度。但是如果冷硬层过深过硬，反而容易产生疲劳裂纹。因此，零件的加工硬化程度和冷硬层的深度应控制在一定范围内。

3. 零件的表面质量对耐蚀性能的影响

零件的耐蚀性在很大程度上取决于表面粗糙度。如果表面粗糙度值越大，凹谷中聚积的腐蚀性物质就越多，渗透和腐蚀作用就越强烈。因此，零件的表面粗糙度值越大，其耐蚀性能就越差。

表面层的残余应力对零件的耐蚀性能也有较大影响。表面层的残余拉应力会降低零件的耐蚀性，而残余压应力则能增强零件的耐蚀性。

4. 零件表面质量对配合精度的影响

表面粗糙度值的大小将直接影响配合表面的配合精度。对于间隙配合，表面粗糙度值过大会导致磨损加大，使实际间隙增大，从而破坏要求的配合性质。对于过盈配合，装配过程中一部分表面凸峰被挤平，使实际过盈量减小，降低了配合件之间的连接强度。

3.2.3 影响机械加工表面质量的因素及改善途径

零件的加工表面质量，受许多因素的影响。对于不同的工艺方法，影响零件表面质量的因素也各不相同。

1. 机械加工后的表面粗糙度

（1）切削加工对表面粗糙度的影响因素。

① 几何因素。影响表面粗糙度的几何因素主要是指刀具相对于零件做进给运动时，在加工表面留下了切削层残留面积，其形状与刀具几何形状有关。从几何角度考虑，该残留面积的高度就是表面粗糙度，残留面积越大，表面越粗糙。减小进给量，减小刀具主、副偏角，以及增大刀尖圆弧半径，都可以降低残留面积的高度，从而减小表面粗糙度。

此外，适当增大刀具的前角、合理选择切削液和提高刀具刃磨质量，也是减小表面粗糙度值的有效措施。

② 物理因素。加工塑性材料时，由于刀具对金属的挤压产生了塑性变形，加之刀具迫使切屑与零件分离的撕裂作用，使表面粗糙度值加大。零件材料韧性越好，金属的塑性变形越大，加工表面就越粗糙。

加工脆性材料时，其切屑呈碎粒状，由于切屑的崩碎在加工表面留下许多麻点，使表面粗糙度值增加。

③ 工艺系统震动。工艺系统的震动，造成刀具和零件沿震动方向的附加运动，产生明显的表面震痕，使表面粗糙度值加大。可以通过合理选择切削用量，合理选择刀具的几何角度和几何结构，提高机床、零件、刀具自身的抗震性，以及采用减震装置等措施来提高工艺系统的抗震性，从而降低表面粗糙度。

（2）磨削加工对表面粗糙度的影响因素。

① 砂轮的粒度。砂轮粒度表明磨粒的尺寸大小。粒度号数越大，磨粒的尺寸越小，参加磨削的磨粒就越多，磨削出的表面就越光滑。

② 砂轮的硬度。砂轮太软，磨粒容易脱落而不利于保持磨粒的等高性；砂轮太硬，磨粒磨钝后不容易脱落而不利于保持磨粒的锋利性，都会使表面粗糙度增大。

③ 砂轮的修整。修整砂轮时，切深和进给量越小，修整出的砂轮就越光滑，磨削刃的等高性越好，磨削出来的零件表面粗糙度值就越小。即使砂轮粒度大，经过修整后在磨粒上车出切削微刃，也能降低磨削表面的粗糙度。

④ 磨削速度。砂轮磨削速度 v 越高，单位时间内通过被磨表面的磨粒数就越多，零件表面就越光滑。

⑤ 磨削深度。增大磨削深度将增加塑性变形程度，从而加大表面粗糙度。实际磨削中，经常在磨削开始时采用较大的磨削深度以提高生产率，而在磨削最后采用小的磨削深度或无进给磨削以降低表面粗糙度。

⑥ 零件转速和纵向进给量。磨削加工中，零件的转速越高，纵向进给量越大，单位时间内通过被磨表面的磨粒数将减少，会使表面粗糙度值增加。

⑦ 零件材料的硬度及韧性。零件材料太硬，容易使砂轮磨钝；零件材料太软，容易堵塞砂轮；零件材料韧性太大，容易使磨粒崩落。因此都会使表面粗糙度值增加。

2. 机械加工后的表面层物理机械性能

在切削加工中，零件由于受到切削力和切削热的作用，使表面层金属的物理机械性能产生变化，最主要的变化是表面层金属显微硬度的变化、金相组织的变化和残余应力的产生。由于磨削加工时所产生的塑性变形和切削热比刀刃切削时更严重，因此磨削加工后零件表面层上述三项物理机械性能的变化会很大。

（1）表面层加工硬化。

机械加工过程中由于加工硬化的作用，使表面层金属的硬度和强度提高，其结果是增大了金属变形的阻力，减小了金属的塑性，金属的物理性质也会发生变化。

被硬化的金属处于高能位的不稳定状态，只要一有可能，金属的不稳定状态就要向比较稳定的状态转化，这种现象称为弱化。机械加工过程中的切削热，将使金属在塑性变形中产生的硬化现象得到恢复。

由于金属在机械加工过程中同时受到力和热的作用，因此，加工后表面层金属的最后性质取决于硬化和弱化综合作用的结果。

影响加工硬化的主要因素有以下几个方面。

① 刀具。增大刀具刃口圆弧半径，减小刀具前角，会使表面层金属的塑性变形程度增大，导致加工硬化程度加剧。

② 切削用量。切削速度 v 越大，一方面刀具与零件的作用时间缩短，金属的塑性变形就越小；另一方面切削速度增加会使切削温度升高，加强了弱化作用，因而可使加工表面层的硬化程度和硬化层深度降低。

随着进给量的增大，切削力也会随之增大，导致表层金属的塑性变形加剧，硬化程度也会增加。当进给量过小时，切削厚度也会减小，刀具刃口圆弧会对零件表面层产生挤压作用，而导致表面层硬化程度增大。

③ 零件材料。零件材料的塑性越大，加工时产生的塑性变形也越大，加工硬化现象就越严重。

（2）表面层材料金相组织变化。

金相组织发生变化的主要因素是温度。当加工过程中产生的切削热使被加工表面的温度超过相变温度后，表面层金属的金相组织将会发生变化。但是对于一般的切削加工，切削热大部分被切屑带走，加工区的温度达不到相变温度。但是在磨削加工中，磨削速度特别高，单位切削面积上的切削力要比其他加工方法大得多，所消耗的能量比一般的切削加工大得多，并且所消耗的能量绝大部分都转化为热量，热量中的 70%以上都传给了零件，当被磨削零件表面层温度达到相变温度以上时，表面层金属发生金相组织的变化，导致表面层金属强度和硬度降低，同时残余应力产生，甚至出现微观裂纹，这种现象称为磨削烧伤。

磨削热是造成磨削烧伤的根源，所以改善磨削烧伤有两个途径：一是尽可能地减少磨削热的产生；二是改善冷却条件，尽量使产生的热量少传入零件。具体措施有以下几个方面。

① 正确选择砂轮。合理选择砂轮的硬度、结合剂和组织。硬度太高的砂轮，由于砂轮钝化后不易脱落，容易产生烧伤，所以应选择较软的砂轮。选择具有一定弹性的结合剂（如橡胶结合剂、树脂结合剂），并且要及时修整砂轮。此外，为了减少砂轮与零件之间的摩擦热，在砂轮的孔隙内浸入石蜡之类的润滑物质，对降低磨削区的温度，防止零件烧伤也有一定效果。

② 合理选择磨削用量。选择磨削用量时，既要考虑避免零件烧伤，同时也要考虑不能增大零件表面粗糙度。磨削深度对磨削温度影响极大。当磨削深度增大时，磨削温度也会随之增大，因此磨削深度不宜过大。随着零件转数的增加，磨削表面的温度也随之升高，但其增长速度与磨削深度的影响相比小得多。增大纵向进给量可以减少砂轮与零件的接触时间，提高散热效果，并降低磨削温度。然而这可能会导致零件表面粗糙度值变大，需要采用较宽的砂轮来弥补。

因此，选用较小的磨削深度和较大的零件转速，是防止零件烧伤和保持较高生产率的有效措施。

③ 改善冷却条件。目前常用的冷却方法如图 3–16 所示，实际上真正进入磨削区的切削液很少，绝大部分是淋在已离开磨削区的加工面上，而此时零件已经烧伤。因此必须改善冷却条件，以防止烧伤现象的发生。

如图 3–17 所示，内冷却是一种效果较好的冷却方法。内冷却法的工作原理是，经过严格过滤的冷却液通过中空主轴法兰套引入砂轮的中心腔内，由于离心力的作用，这些冷却液就会通过砂轮内部的孔隙向砂轮四周的边缘甩出，因此冷却液就有可能直接注入磨削区。但是目前，内冷却法还未得到广泛应用，主要原因是使用内冷却装置时，磨床附近有大量水雾，操作工人劳动条件差，另外精磨加工时无法通过观察火花试磨对刀。

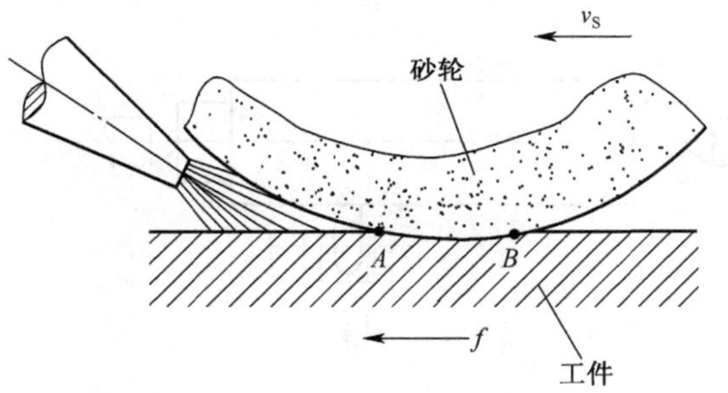

图 3–16　常用的冷却方法

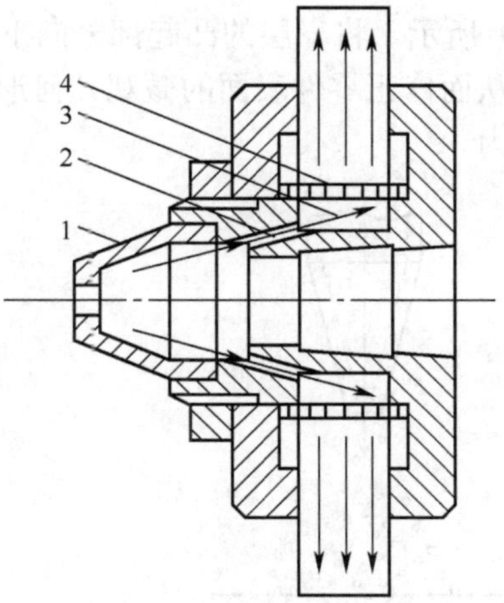

1—锥形盖；2—切削液通孔；3—砂轮中心腔；4—有径向小孔的薄壁套

图 3–17　内冷却砂轮结构

（3）表面层残余应力。

在机械加工过程中，当零件的表面层金属组织发生形状变化、体积变化或金相组织变化时，将在表面层金属与其基体金属之间产生互相平衡的残余应力。

产生残余应力的原因主要有以下几个方面。

① 冷态塑性变形的影响。机械加工时，在切削力的作用下，表面金属层内产生塑性变形而伸长，体积膨胀，不可避免地要受到与它相连的里层金属的阻止，因此就在表面金属层产生了残余压应力，而在里层金属中产生残余拉应力。

② 热态塑性变形的影响。切削加工中会有大量的切削热产生，表面金属层在切削热的作用下产生热膨胀，此时基体金属的温度较低，因此表面金属层的热膨胀受到基体的限制而产生热压缩应力。当切削过程结束后，表面温度下降到与基体温度一致，表面层的冷却收缩受到基体的限制，表面层产生残余拉应力，里层产生残余压应力。磨削时由于磨削温度较高，热塑性变形也较大，而基体金属温度较低，因此表面层的残余拉应力也较大，有时甚至使零件产生裂纹。

③ 金相组织变化的影响。切削或磨削时产生的高温会引起表面层的金相组织变化。由于

不同的金相组织具有不同的密度，因此表面层的金相组织变化可能会导致体积的变化。表面层体积膨胀时，因为受到基体的限制，产生了压应力；表面层体积缩小时，则产生了拉应力。

（4）提高和改善零件表面层物理机械性能的措施。

对于承受高应力、交变载荷的零件，为了使表面层产生有利于提高耐疲劳强度及抗腐蚀性能的残余压应力和冷硬层，并降低表面粗糙度值，可以采用喷丸、滚压、挤压等表面强化工艺。

① 喷丸强化。喷丸是一种用压缩空气或离心力将大量直径细小（0.05～1.5 mm）的钢丸或玻璃丸以 35～50 m/s 的速度向零件表面喷射的方法，如图 3-18 所示。它可以在工件表面产生冷硬层和残余压应力，从而显著提高零件的疲劳强度和使用寿命。这种方法可以用于任何复杂形状的零件。

② 滚压加工。滚压加工是用工具钢淬硬制成的钢滚轮或钢珠在零件上进行滚压，如图 3-19 所示，将表层的凸起部分向下压，凹下部分往上挤，这样，将前道工序留下的波峰压平，从而修正零件表面的微观几何形状。此外，它还能使零件表面金属组织细化，形成残余压应力。

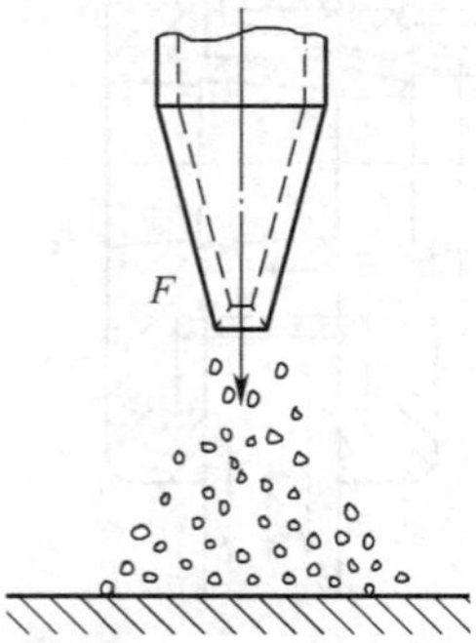

图 3-18　喷丸强化

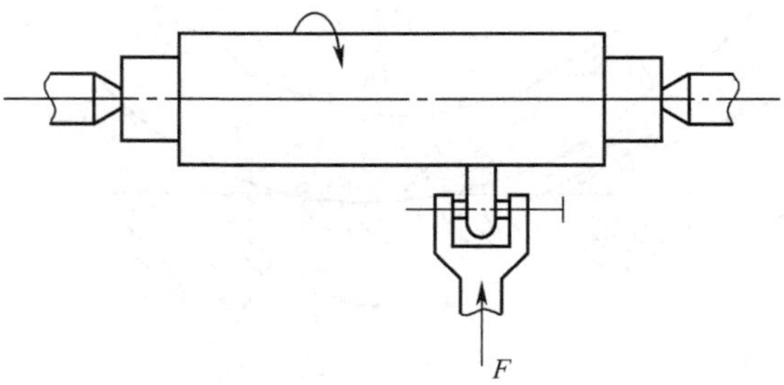

图 3-19　滚压加工

③ 挤压加工。挤压加工是用经过研磨、具有一定形状的超硬材料（金刚石或立方氮化硼）作为挤压头，安装在专用的弹性刀架上，在常温状态下对金属表面进行挤压。挤压后的金属表面粗糙度值下降、硬度提高，表面层形成残余压应力，从而提高了表面疲劳强度。

思考题

1. 零件的机械加工质量主要包括哪两个方面？

2. 什么是机械加工精度？获得机械加工精度的方法有哪些？

3. 工艺系统的几何误差包括哪些方面？为什么会存在加工原理误差？对机械加工精度影响较大的机床误差有哪些？

4. 工艺系统的刚度对加工精度的影响主要表现在哪些方面？减小工艺系统受力变形对加工精度影响有哪些措施？

5. 工艺系统的热变形对加工精度的影响表现在哪些方面？减小工艺系统热变形有哪些

措施？

6. 提高零件加工精度的主要途径有哪些？试举例说明。
7. 零件的表面质量包括哪两个方面的内容？它们对零件的使用性能各有什么影响？
8. 零件表面粗糙度对零件的耐磨性有什么影响？
9. 在切削加工和磨削加工中，影响零件表面粗糙度的因素有哪些？
10. 加工硬化对工件有什么影响？影响加工硬化的主要因素有哪些？
11. 表面层残余应力是如何形成的？
12. 为什么会产生磨削烧伤及裂纹？减少磨削烧伤及裂纹的方法有哪些？

课后习题

第 4 章 模具零件基本表面的机械加工

知识目标

- 掌握采用通用机床加工模具零件外圆柱面的方法。
- 掌握采用通用机床加工模具零件平面的方法。
- 掌握采用通用机床加工模具零件上孔和孔系的方法。
- 熟悉数控加工的应用特点和数控机床的工作原理程序编制过程。

机械加工是模具制造中不可或缺的一种重要加工方法。即使采用其他方法加工制造模具，机械加工也常作为零件粗加工和半精加工的主要方法。机械加工的主要特点是加工精度和生产效率高，通用性好，用相同的设备和工具可以加工出各种形状和尺寸的工件。但是，用机械加工方法加工形状复杂的工件时，其加工速度很慢，高硬度材料难以加工。

4.1 外圆柱面的加工

视频讲解

许多模具零件在结构上都具有外圆柱面，如导柱、导套、顶杆、型芯等。在加工外圆柱面的过程中，除了要保证外圆柱面的尺寸精度，还要保证各相关表面的同轴度、垂直度符合要求。外圆柱面的加工一般是在车床上进行粗加工和半精加工，然后在外圆磨床上进行精加工。精度要求更高的外圆柱面，还需经过研磨。

4.1.1 车削加工

1. 车床和车刀

车削是在车床上用车刀对工件进行切削加工的一种方法。车削加工精度一般为 IT8～

IT7，表面粗糙度 *Ra* 为 6.3～1.6 μm；精车时，可达 IT6～IT5，表面粗糙度 *Ra* 可达 0.4～0.1 μm。

车床的种类很多，包括卧式车床、立式车末、六角车末、转塔车床、多刀半自动车床、数控车床等。其中卧式车床的通用性较好，应用最为广泛。如图 4-1 所示，这是一种常用卧式车床的外形图。

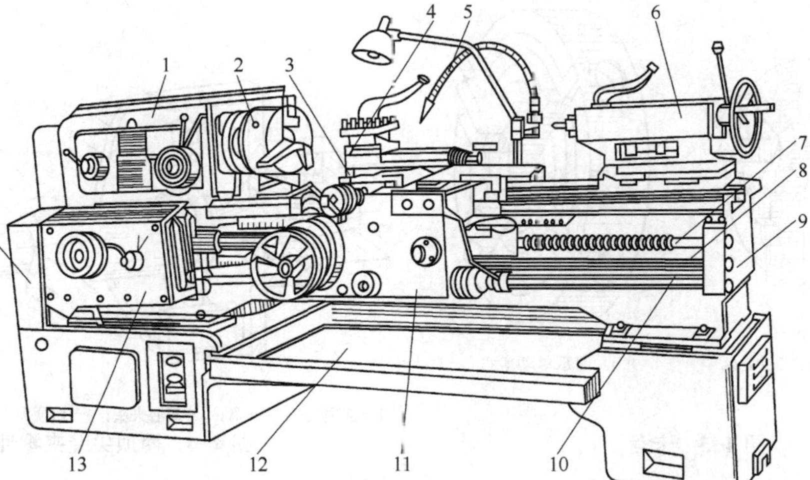

1—主轴箱；2—卡盘；3—滑板；4—刀架；5—冷却管；6—尾座；7—丝杠；8—光杠；
9—床身；10—操纵杆；11—溜板箱；12—盛液箱；13—进给箱；14—挂轮箱

图 4-1　CA6140 卧式车床

外圆车刀主要包括直头车刀、弯头车刀、90° 偏刀等，如图 4-2 所示。

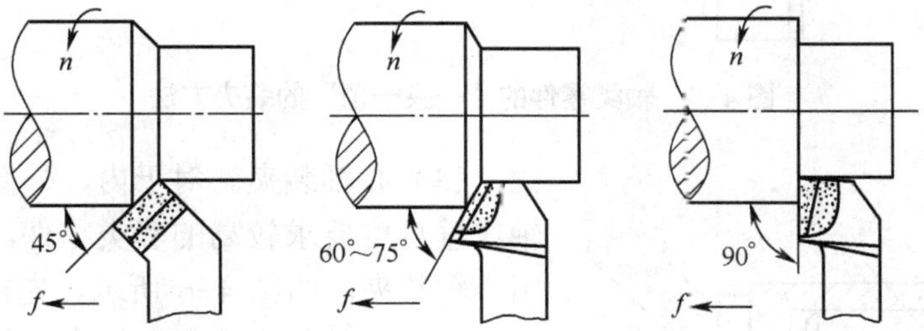

（a）直头车刀　　（b）弯头车刀　　（c）90° 偏刀

图 4-2　外圆车刀

2. 零件在车床上的装夹方法

（1）卡盘装夹。卡盘分为三爪自定心卡盘和四爪单动卡盘，如图 4-3 所示。三爪自定心卡盘的三只卡爪能够同步沿径向移动，对零件进行夹紧或松开，实现自动定心，装夹方便且迅速。它的夹紧力较小，适用于装夹中小型圆柱形、正三边形、正六边形零件。

四爪单动卡盘的四只卡爪能够逐个单独沿径向移动，具有较大的夹紧力，但校正工件位置较为麻烦、费时。这种卡盘适用于装夹单件、小批量生产中的非圆柱形零件。

（2）顶尖装夹。对于较长的轴类零件的装夹，特别是在多工序加工中，重复定位精度要求较高的场合，一般采用两顶尖装夹。如图 4-4 所示，前顶尖插入主轴锥孔，后顶尖插入尾座套筒锥孔，零件由安装在主轴上的拨盘通过鸡心夹头带动旋转。这种装夹方法由于顶尖工作部位细小，支撑面积较小，装夹不够牢靠，所以加工时不宜采用大的切削用量。

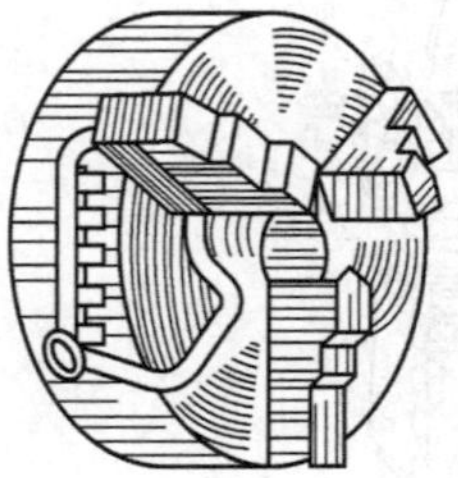

（a）三爪自定心卡盘

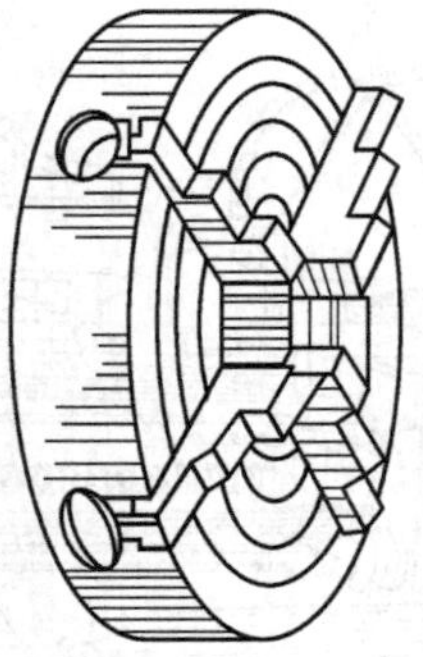

（b）四爪单动卡盘

图 4-3　卡盘

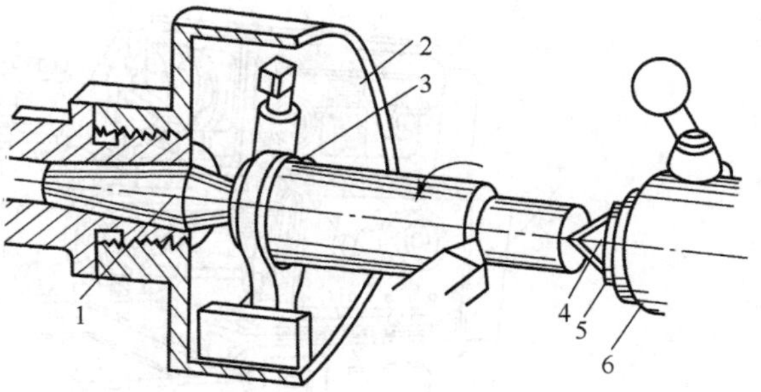

1—前顶尖；2—拨盘；3—鸡心夹头；4—后顶尖；5—尾座套筒；6—尾座

图 4-4　两顶尖装夹零件

在粗加工时，为了提高生产率，常采用大的切削用量，切削力很大，而此时对工件的位置精度要求不高，这时常采用主轴端用卡盘、尾座端用顶尖的“一夹一顶”的装夹方法，如图 4-5 所示。

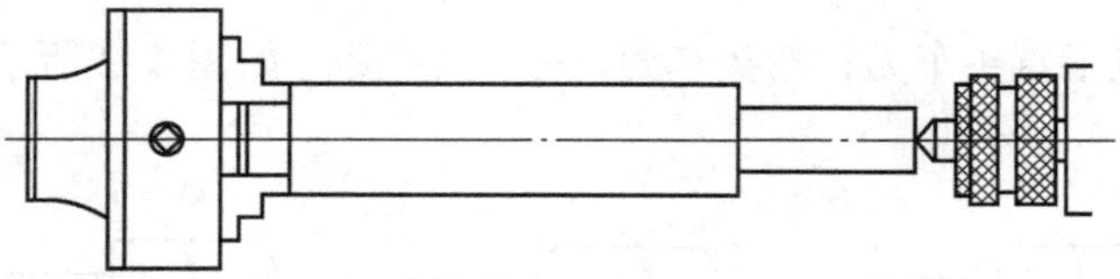

图 4-5　轴类零件的“一夹一顶”的装夹方法

（3）心轴装夹。对于内、外圆同轴度和端面对轴线垂直度要求较高的套类零件，如导套等，可采用心轴装夹，如图 4-6 所示。先精加工内孔，再以内孔定位将零件安装在心轴上，然后再把心轴安装在前、后顶尖之间。采用这种方法装夹时，零件内孔精加工的尺寸精度越高，则加工后外圆与内孔之间的位置精度就越高。

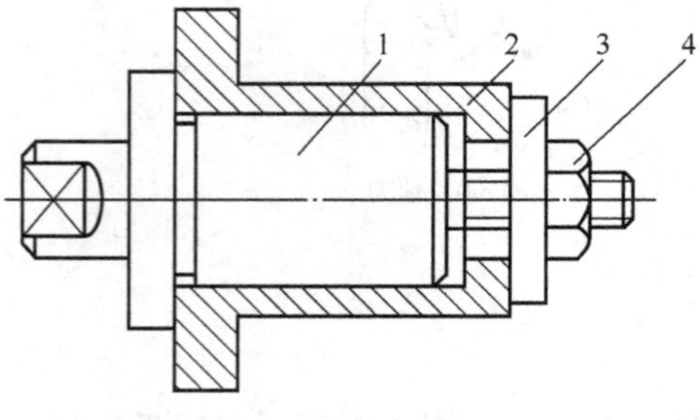

1—心轴；2—工件；3—开口垫圈；4—螺母

图 4-6　心轴装夹

（4）中心架、跟刀架辅助支撑。在加工特别细长的轴类零件时，为了增加零件的刚度，防止零件在加工中弯曲变形，常使用中心架或跟刀架作辅助支撑。中心架和跟刀架的使用如图 4-7 所示。

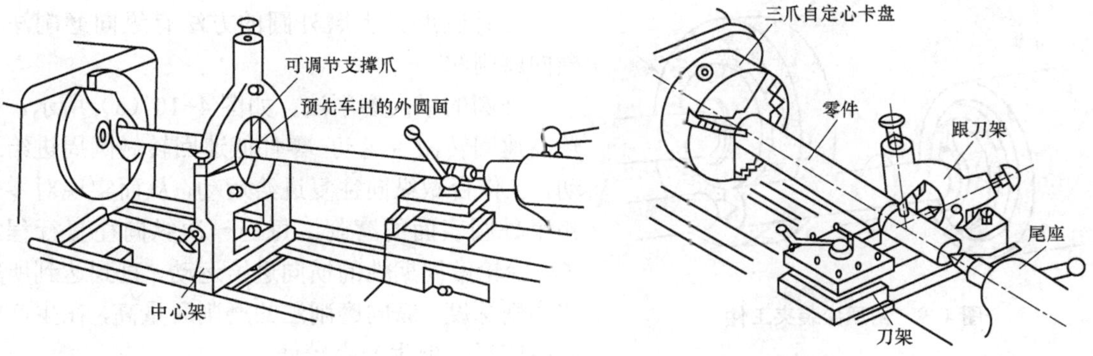

(a) 中心架的使用　　　　(b) 跟刀架的使用

图 4–7　中心架和跟刀架的使用

4.1.2　磨削加工

外圆柱面的磨削是在外圆磨床上用砂轮对零件进行加工，其主运动是砂轮的旋转。磨削精度可达 IT6～IT4，表面粗糙度 *Ra* 可达 0.4～0.8 μm，甚至可达 0.025～0.1 μm。

如图 4–8 所示，这是一种常用万能外圆磨床的外形图。磨外圆时零件常用的装夹方法有两顶尖装夹、三爪自定心卡盘装夹和四爪单动卡盘装夹。两顶尖装夹零件的方法如图 4–9 所示。由于磨床所用的前、后顶尖都是固定不动的，尾座顶尖又是依靠弹簧顶紧零件，使零件和顶尖始终保持适当的松紧程度，可以避免磨削时因顶尖摆动而影响零件的加工精度。所以，两顶尖装夹零件的方法，使用方便、定位精度高，应用最为广泛。

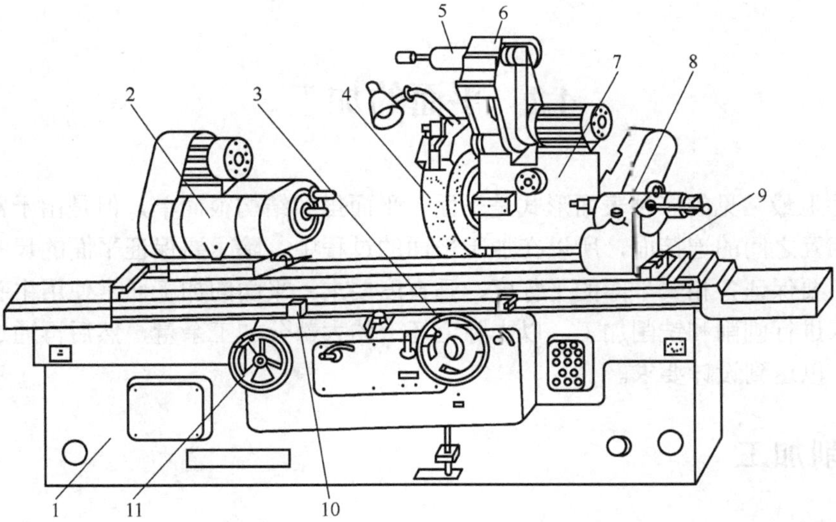

1—床身；2—头架；3—横向进给手轮；4—砂轮；5—内圆磨具；6—内圆磨头；7—砂轮架；
8—尾座；9—工作台；10—挡块；11—纵向进给手轮

图 4–8　M1432B 万能外圆磨床

图 4-9 两顶尖装夹工件

在外圆磨床上磨外圆的方法有纵向磨削法和横向磨削法。

外圆的纵向磨削法，如图 4-10（a）所示，砂轮高速回转做主运动，零件低速回转做圆周进给运动，工作台做纵向往复进给运动，从而实现对零件整个外圆表面的磨削。每当一次纵向往复行程终了，砂轮做周期性的横向进给运动，直到达到所需的磨削深度。纵向磨削法的磨削质量高，在生产中应用广泛，但生产率较低。

外圆的横向磨削法，如图 4-10（b）所示，磨削时由于砂轮厚度大于零件被磨削外圆的长度，零件无纵向进给运动。砂轮高速回转做主运动，同时砂轮以很慢的速度连续或间断地向零件横向进给切入磨削，直到磨去全部余量。横向磨削法的生产率较高，但加工精度较低，一般只适用于磨削长度较短的外圆表面，以及不能用纵向进给的场合，如磨削有台阶的轴颈。

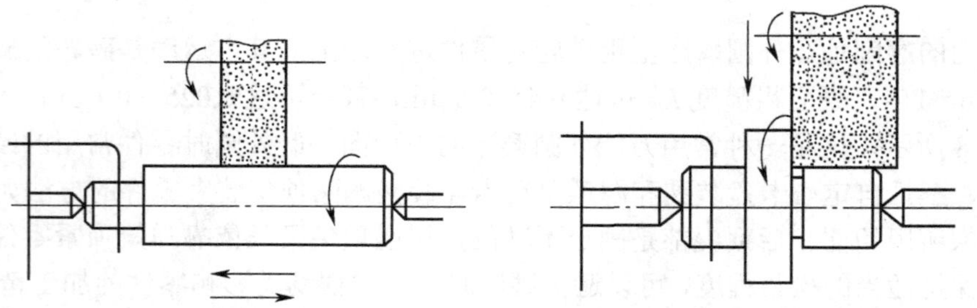

（a）外圆的纵向磨削法　　（b）外圆的横向磨削法

图 4-10 外圆纵向磨削法和横向磨削法

4.2 平面的加工

视频讲解

模具零件上最常见的一种表面形式是平面。平面虽然结构很简单，但是由于常常用作基准面或零件相互之间的连接面，所以在加工平面的过程中，除了要保证平面的尺寸精度和平面度以外，还要保证各相关平面的平行度、垂直度要求。平面的加工通常使用牛头刨床、龙门刨床和铣床进行刨削和铣削加工，以去除毛坯上的大部分加工余量，然后再通过平面磨削进行精加工，以达到设计要求。

4.2.1 铣削加工

中、小型平面一般采用铣床铣削加工。铣削的加工精度一般可达 IT8～IT7，表面粗糙度 *Ra* 为 6.3～1.6 μm。

1. 铣床和铣刀

铣床的种类主要包括卧式升降台铣床、立式升降台铣床、龙门铣床、工具铣床及各种专门铣床等。如图 4–11 所示，这是常用万能卧式升降台铣床的外形图。

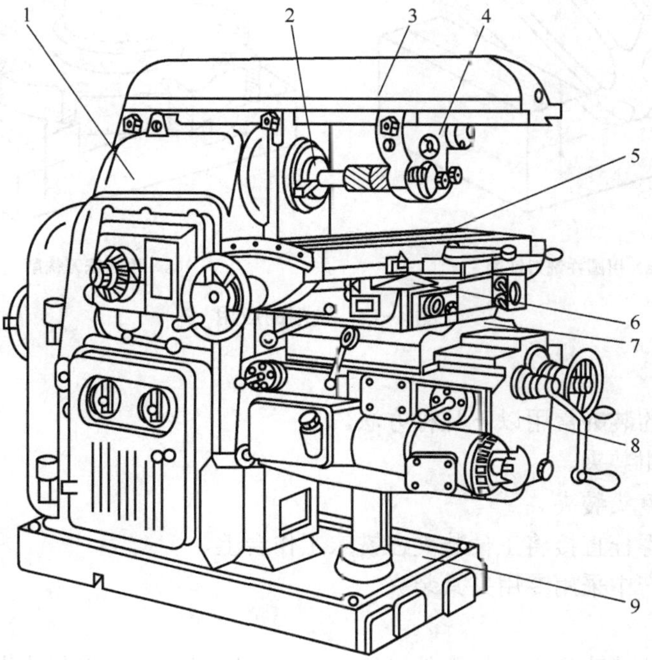

1—床身；2—主轴；3—横梁；4—挂架；5—工作台；6—转台；7—横向溜板；8—升降台；9—底座

图 4–11　X6132 万能卧式升降台铣床

铣刀是一种多刃回转刀具，铣削时同时参加切削的切削刃较长，且无空行程，铣削速度也较高，因此生产率较高。加工平面的铣刀包括以下几种。

（1）圆柱形铣刀。如图 4–12（a）和图 4–12（b）所示，其一般用于加工较窄的平面，分为粗齿和细齿两种，分别用于粗加工和精加工。

（2）端铣刀。分为整体式、镶齿式和可转位式三种，如图 4–12（c）所示，其用于粗、精铣各种平面加工。

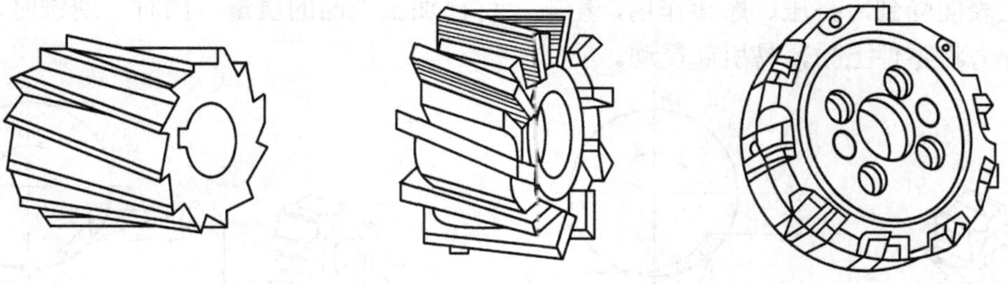

（a）整体式圆柱形铣刀　（b）镶齿式圆柱形铣刀　（c）可转位硬质合金刀片端铣刀

图 4–12　加工平面的铣刀

平面铣削可以采用圆柱形铣刀对零件进行周铣或者采用端铣刀对零件进行端铣，如图 4–13 所示。

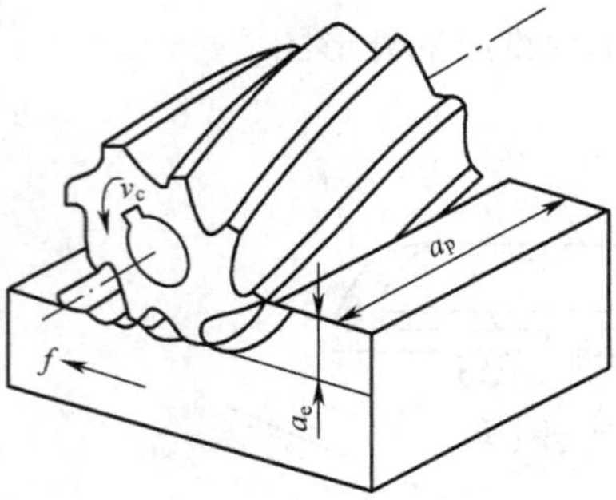

（a）用圆柱铣刀铣削

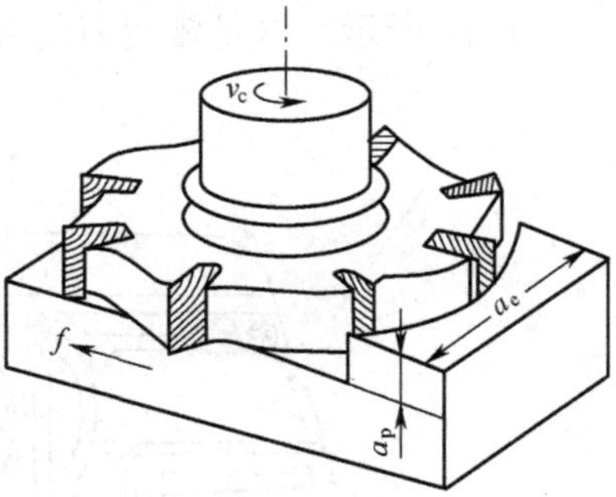

（b）用端铣刀铣削

图 4–13　铣削的应用

2. 零件的装夹

零件在铣床上的装夹常用以下几种方法。

（1）用平口虎钳装夹。

（2）用万能分度头装夹。

（3）用压板、螺栓直接将工件装夹在铣床工作台上。

（4）在成批生产中采用专用夹具装夹。

3. 铣削方式

根据铣削时主运动速度方向与零件进给方向的相同或相反，铣削分为顺铣和逆铣。

（1）顺铣。铣刀的旋转方向和零件的进给方向相同的铣削方式称为顺铣，如图 4–14（a）所示。顺铣时，铣削力的水平分力与零件的进给方向相同，工件台进给丝杠与固定螺母之间一般有间隙存在，因此切削力容易引起零件和工作台一起向前窜动，使进给量突然增大，引起打刀。在铣削铸件或锻件等表面有硬皮的零件时，顺铣时刀齿首先接触零件硬皮，加剧了铣刀的磨损。但是顺铣时，铣刀切入零件是从切削厚处切到薄处，因此铣刀后刀面与零件已加工表面的挤压、摩擦小，零件加工表面质量较高。

（2）逆铣。铣刀的旋转方向和零件的进给方向相反的铣削方式称为逆铣，如图 4–14（b）所示。逆铣可以避免顺铣时发生的窜动现象。逆铣时，切削厚度从零开始逐渐增大，因而刀刃开始经历了一个在切削硬化的已加工表面上挤压滑行的阶段，加速了刀具的磨损，并使零件已加工表面受到冷挤压、摩擦作用，影响零件已加工表面的质量。同时，逆铣时，铣削力的垂直分力将零件上抬，易引起震动。

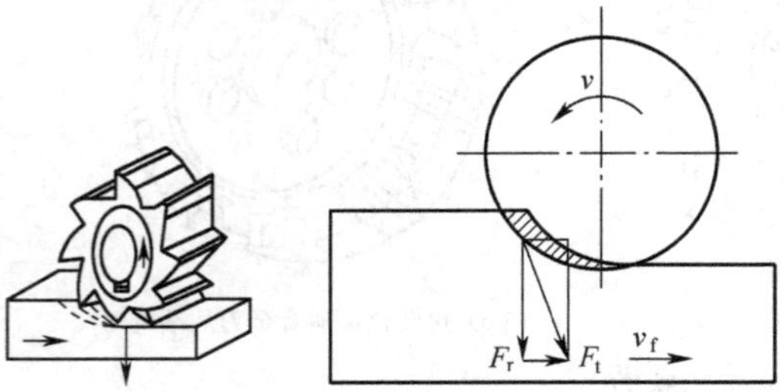

（a）顺铣

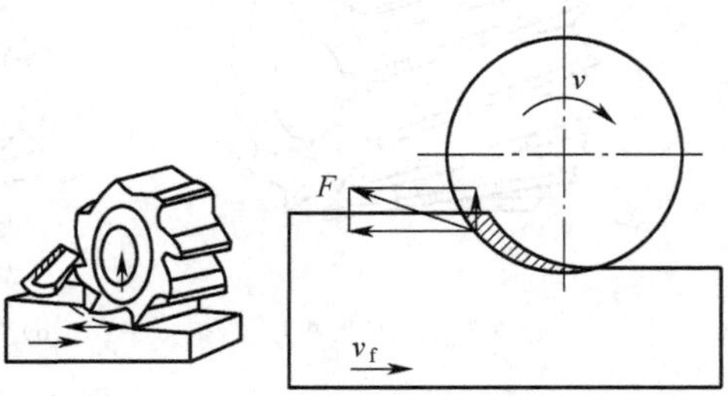

（b）逆铣

图 4–14　铣削方式

一般而言，在铣床上进行圆周铣削时，通常采用逆铣。只有当把丝杠的轴向间隙调整到很小，或者当水平分力小于工作台导轨间的摩擦力时，才选用顺铣。

4.2.2　刨削加工

1. 刨床和刨刀

刨床主要包括牛头刨床和龙门刨床两种。牛头刨床的外形如图 4–15 所示。刨削加工中，中、小型平面多采用牛头刨床刨削加工，大型平面多采用龙门刨床刨削加工。

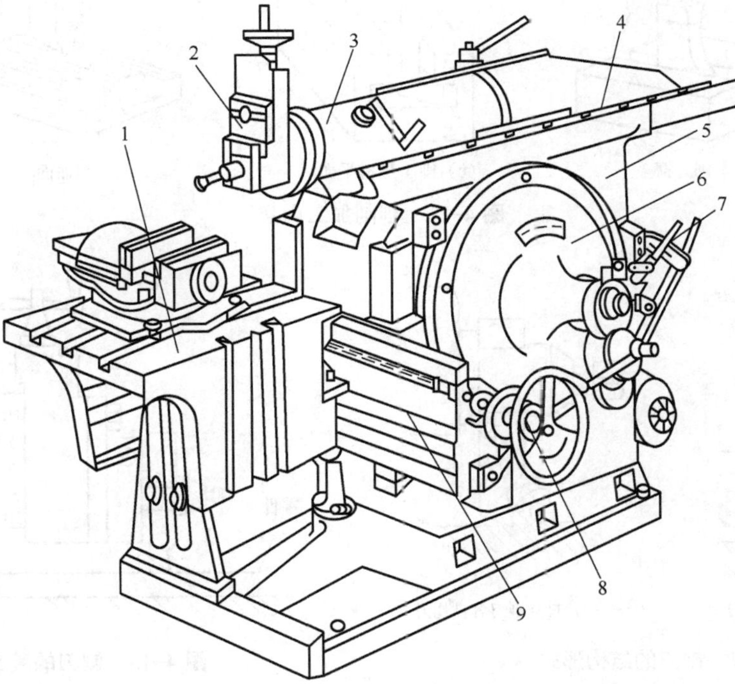

1—工作台；2—刀架；3—滑枕；4—压板；5—床身；6—摆杆机构；7—变速机构；8—进刀机构；9—横梁

图 4–15　牛头刨床

在刨床上不仅可以加工各种平面（水平面、垂直面和斜面），还可以加工各种沟槽（直槽、T 形槽、燕尾槽、V 形槽等），如图 4–16 所示。

刨削时，刀具的往复直线运动为切削主运动。因此，刨削速度不可能太快，生产率较低。刨削比铣削平稳，其加工精度一般可达 IT9～IT7，表面粗糙度 *Ra* 为 12.5～3.2 μm。

刨刀属于单刃刀具，其几何形状与车刀大致相同。刨刀在切入工件时受到较大的冲击力，导致刀杆的截面积一般比较大。刨刀有弯颈和直杆两种形式，如图 4–17 所示。采用弯颈刨刀，可以避免刨削时产生“扎刀”现象（即刨刀在受到较大的切削力弯曲时，刀尖不能从加工面上提起来）。

2. 刨刀和零件的装夹

（1）刨刀的装夹。

刨刀的装夹如图 4–18 所示。装夹位置要正，刀头伸出长度应尽可能短，装夹要牢固。

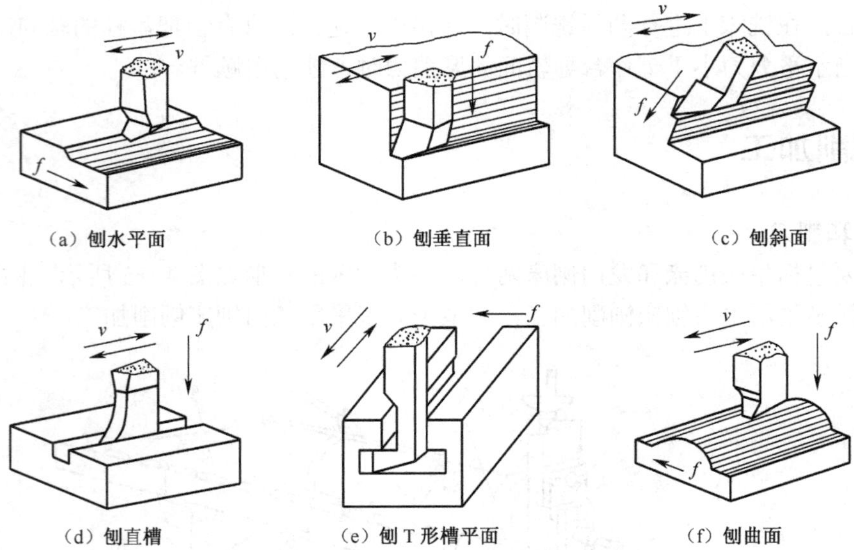

（a）刨水平面　（b）刨垂直面　（c）刨斜面

（d）刨直槽　（e）刨 T 形槽平面　（f）刨曲面

图 4–16　刨削加工内容

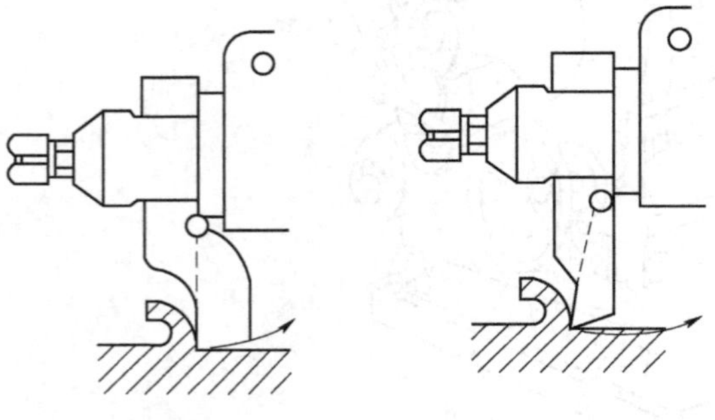

(a) 弯颈刨刀不易扎刀　(b) 直杆刨刀容易扎刀

图 4–17　刨刀的结构形式

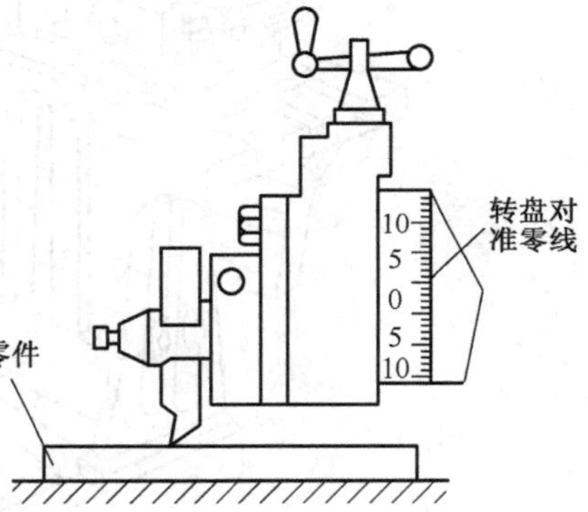

图 4–18　刨刀的装夹

（2）零件的装夹。

较小的零件可用固定在工作台上的平口虎钳装夹，如图 4–19 所示。平口虎钳在工作台上位置应正确，必要时应用百分表找正。装夹零件时应注意工件高出钳口或伸出钳口两端不宜太多，以保证装夹可靠。

较大的零件可置于工作台上，用压板、螺栓、挡块等直接装夹，如图 4–20 所示。

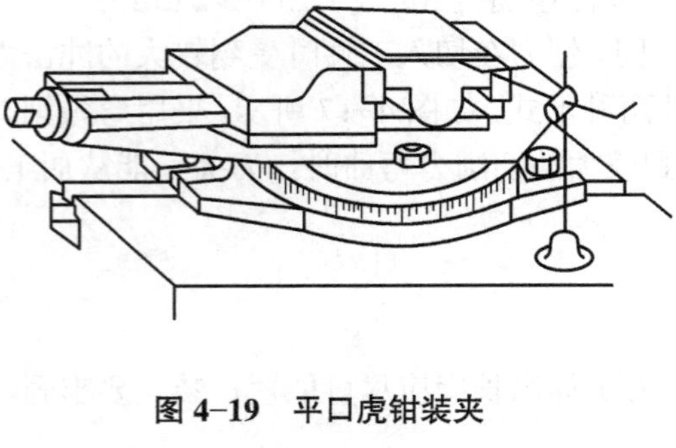

图 4–19　平口虎钳装夹

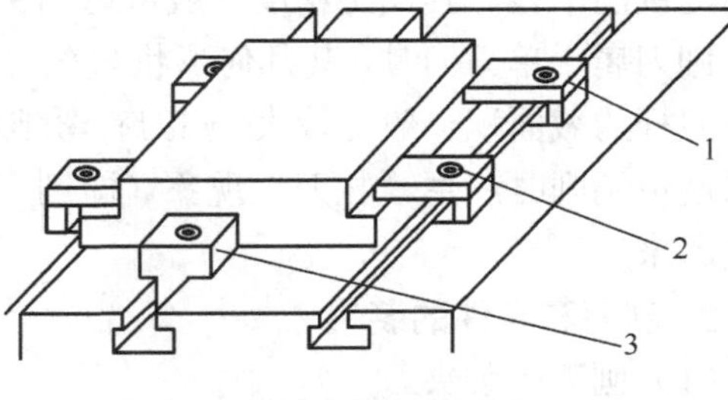

1—压板；2—螺栓；3—挡块

图 4–20　压板装夹

4.2.3 平面磨削加工

1. 平面磨床

平面磨削是在平面磨床上进行的。平面磨床根据其砂轮轴线的位置和工作台的结构特点，可分为卧轴矩台平面磨床、立轴矩台平面磨床、卧轴圆台平面磨床、立轴圆台平面磨床等几种类型，如图 4–21 所示。其中卧轴矩台平面磨床的应用最为广泛。平面磨削的加工精度一般可达 IT6～IT5，表面粗糙度 *Ra* 为 0.4～0.2 μm。

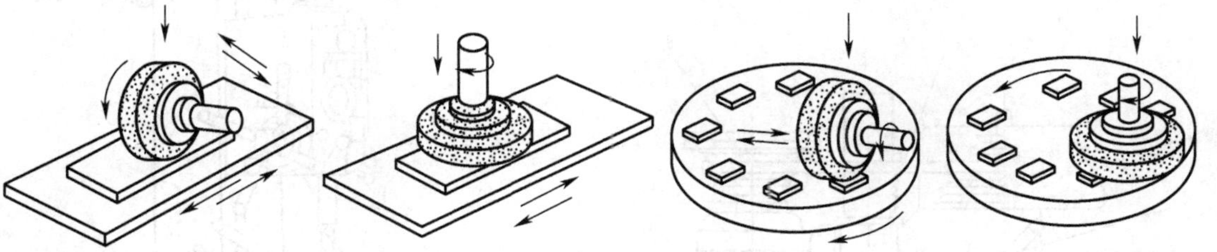

（a）卧轴矩台平面磨床　（b）立轴矩台平面磨床　（c）卧轴圆台平面磨床　（d）立轴圆台平面磨床

图 4–21　平面磨床的几种类型

2. 平面磨削方式

根据磨削时砂轮工作面的不同，平面磨削可分为周磨法和端磨法。

（1）周磨法。

周磨法如图 4–21（a）和图 4–21（c）所示。它是用砂轮的圆周面磨削零件平面，砂轮与零件的接触面很小，排屑和冷却条件均较好，所以零件不易产生热变形。砂轮圆周表面的磨粒磨损均匀，因此加工质量较高，适用于精磨。

（2）端磨法。

端磨法如图 4–21（b）和图 4–21（d）所示。砂轮的端面用于磨削零件平面，砂轮与零件的接触面较大，因此冷却液不易注入磨削区内，导致零件热变形大。此外，由于砂轮端面各点的圆周速度不同，端面磨损不均匀，因此加工质量较差。然而，其磨削效率高，适用于粗磨。

4.3 孔和孔系的加工

视频讲解

模具零件中孔的加工占整个模具零件加工的很大比重。模具零件中孔的种类有圆形、方形、多边形及不规则形状的异形孔。异形孔的加工大多采用电火花、电火花线切割等特种加工方法。本小节仅讨论圆形孔的加工方法。

4.3.1 一般孔的加工方法

1. 钻孔

钻孔是指在钻床上，用钻头旋转钻削孔。钻床可以分为台式钻床、立式钻床和摇臂钻床。台式钻床是一种小型钻床，如图 4-22 所示，它结构简单，常安装在台桌上，只能手动进给，用来加工直径小于 12 mm 的孔。如图 4-23 所示，立式钻床适用于中、小型零件的单件、小批量生产。如图 4-24 所示，摇臂钻床适用于加工一些大而重的零件上的孔（零件不动，移动主轴）。

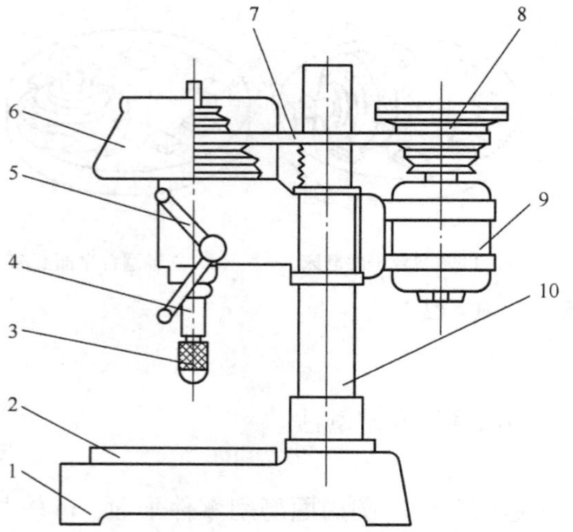

1—底座；2—工作台；3—钻夹头；4—主轴；5—进给手柄；6—罩；7—带；8—带轮；9—电动机；10—立柱

图 4-22　台式钻床

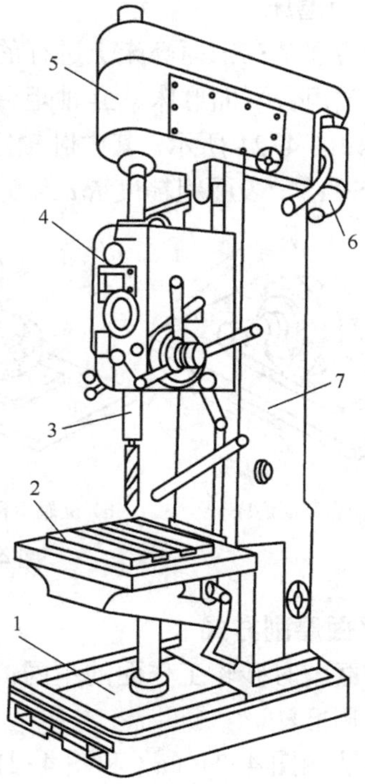

1—底座；2—工作台；3—主轴；4—进给箱；5—主轴箱；6—电动机；7—立柱

图 4-23　立式钻床

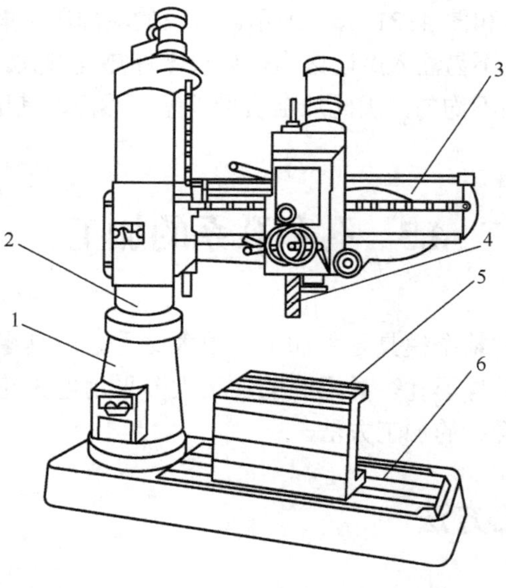

1—立柱座；2—立柱；3—摇臂；4—主轴；5—工作台；6—底座

图 4-24　摇臂钻床

在钻床上除了进行钻孔以外，还可以进行扩孔、铰孔、锪孔、攻螺纹、刮平面等加工，如图 4–25 所示。

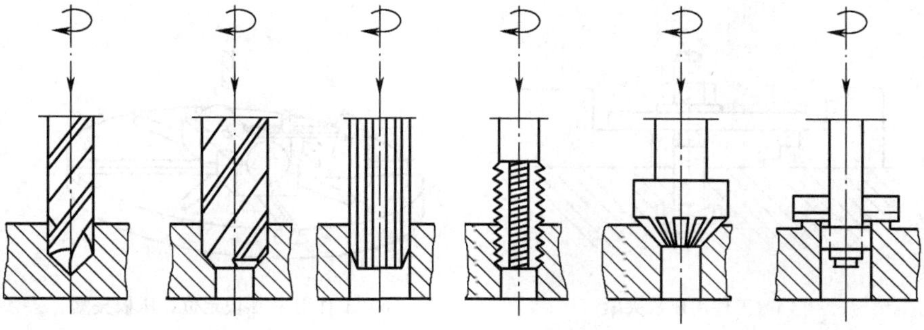

图 4–25 钻削的主要内容

麻花钻是钻孔的常用刀具，一般由高速钢制成，其结构分为柄部、颈部和工作部分，如图 4–26 所示。柄部是麻花钻的夹持部分，切削时用来传递转矩。颈部是麻花钻刀体和柄部之间的过渡部分，在麻花钻制造的磨削过程中起退刀槽作用。工作部分包括切削部分和导向部分，导向部分有两条对称的棱边和螺旋槽，其中较窄的棱边起到导向和修光孔壁的作用，较深的螺旋槽用来排屑和输送切削液。切削部分担任主要的切削工作。

钻头的装夹方式根据其柄部的不同而不同。钻头的柄部分为直柄和锥柄两种，直柄钻头需用带锥柄的钻夹头夹紧，再将钻夹头的锥柄插入钻床主轴的锥孔中。如果钻夹头的锥柄不够大，可套上过渡用钻套再插入主轴锥孔。如果锥柄钻头的锥柄规格与主轴锥孔规格相符，则可以将钻头锥柄直接插入主轴锥孔；如果不相符，也可以使用钻套来解决。钻夹头和钻套的外形如图 4–27 所示。

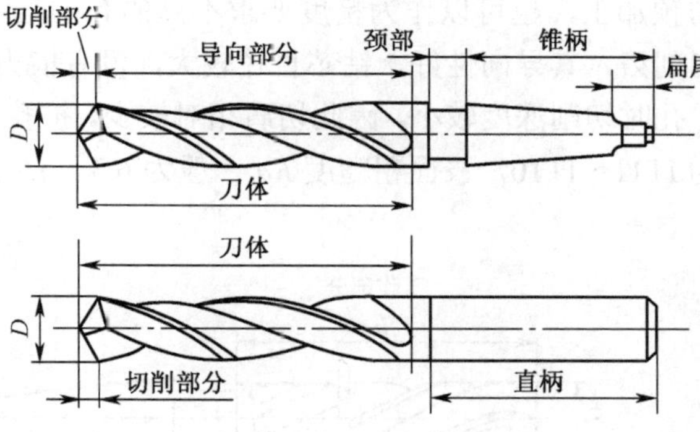

图 4–26 麻花钻的结构

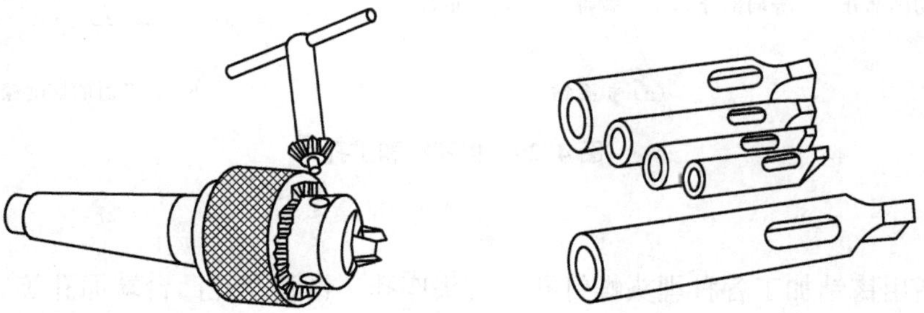

图 4–27 钻夹头和钻套的外形

对于孔径较小的小型零件，可以采用平口钳装夹进行钻削。对于孔径较大的零件，由于钻削时转矩较大，为了保证装夹可靠和操作安全，可以采用压板、V 形块、螺栓等装夹，如图 4–28 所示。

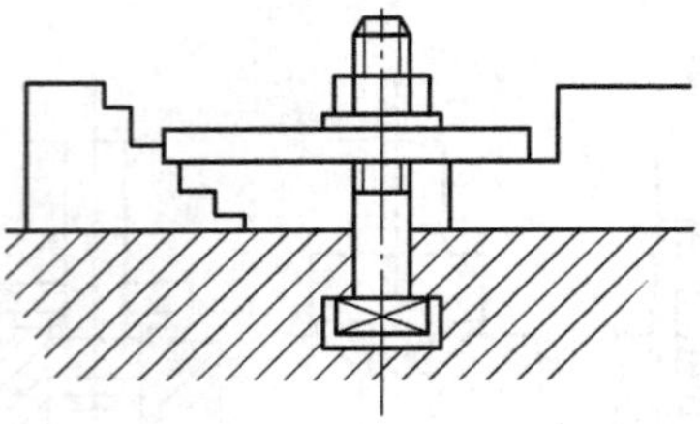

（a）工件用压板夹紧

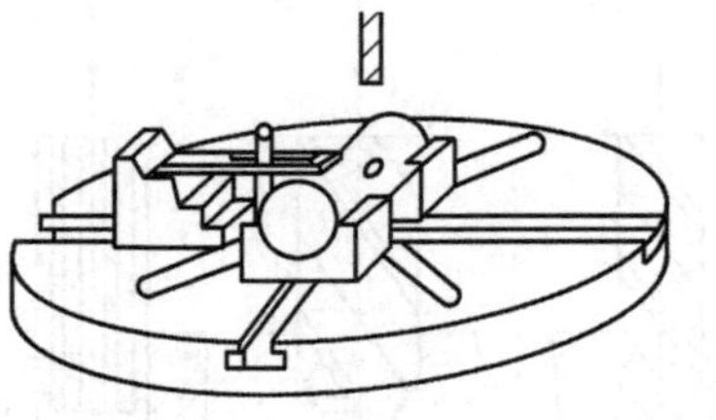

（b）工件用 V 形块定位、压板夹紧

图 4–28　工件的装夹

钻孔为粗加工，加工范围为ϕ0.1～80 mm，ϕ30 mm 以下时最常用。加工精度较低，一般为 IT13～IT11，表面粗糙度 *Ra* 一般为 50～12.5 μm。一般用作要求不高的孔（如螺栓通过孔、润滑油通道孔等）的加工或高精度孔的预加工。

2. 扩孔

扩孔是指采用扩孔钻对已经钻出的孔进一步扩大的加工方法。扩孔可采用较大的走刀量，加工精度比钻孔高，而且还能纠正被加工孔轴线的歪斜，因此扩孔常用作铰孔、镗孔、磨孔前的预加工，也可以作为精度要求不高的孔的最终加工。扩孔钻与麻花钻相似，但有 3～4 个切削刃，其导向性好，钻芯直径较大，没有横刃，刀体刚度和强度高，因此切削稳定。由于扩孔时切削深度较小，因此切屑相对较少。扩孔钻和扩孔如图 4–29 所示。扩孔加工精度一般为 IT11～IT10，表面粗糙度 *Ra* 一般为 6.3～3.2 μm。

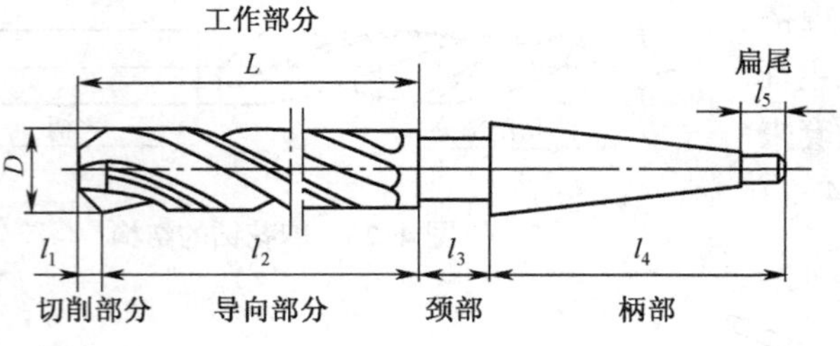

（a）扩孔钻

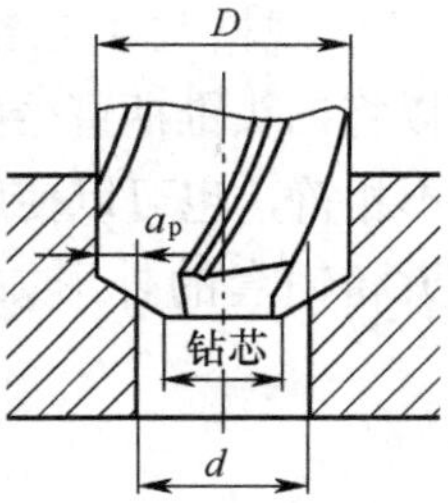

（b）扩孔时的切削深度

图 4–29　扩孔钻和扩孔

3. 锪孔

锪孔是指用锪钻加工各种埋头螺钉孔、沉头座孔、锥孔及孔凸台端面孔等。常用的几种锪钻的外形及加工方法如图 4–30 所示，其中图（a）所示为锪圆柱形沉头孔，图（b）、图（c）所示为锪圆锥形沉头孔（锥角有 60°、90°、120° 三种），图（d）所示为锪孔端面的凸台平面。锪钻上带有定位导柱 d_1，用来保证被锪孔或端面与原来孔的同轴度或垂直度。

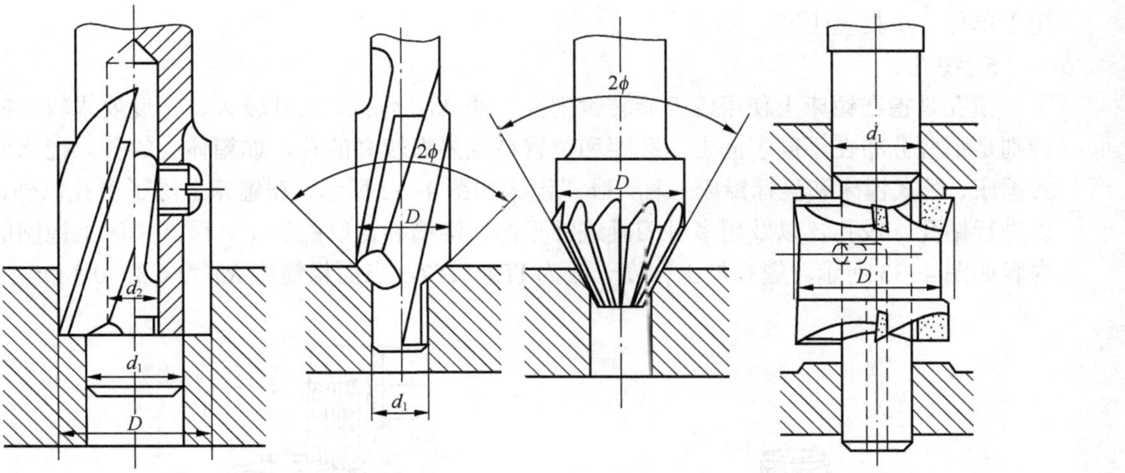

（a）锪圆柱形沉头孔 （b）锪圆锥形沉头孔Ⅰ （c）锪圆锥形沉头孔Ⅱ （d）锪孔端面

图 4-30 锪钻及其应用

4. 铰孔

铰孔是指用铰刀对中小直径的未淬硬孔进行半精加工和精加工的方法。铰孔的加工余量小，切削厚度薄，加工精度可达 IT8～IT6，表面粗糙度 Ra 可达 1.6～0.4 μm。模具制造中常需要铰孔的有销钉孔，安装圆形凸模、型芯或顶杆的孔，冲裁模刃口锥孔等。

铰刀是多刃刀具，通常有 6～12 条刀齿，如图 4-31 所示。铰刀的工作部分由引导部分 l_1、切削部分 l_3、修光部分 l_2 组成。引导部分是铰刀进入孔时的导向部分。切削部分承担主要的切削工作，其切削半锥角较小，一般为φ=1～15°，因此铰削时定心好、切屑薄。修光部分对孔壁起修光作用。

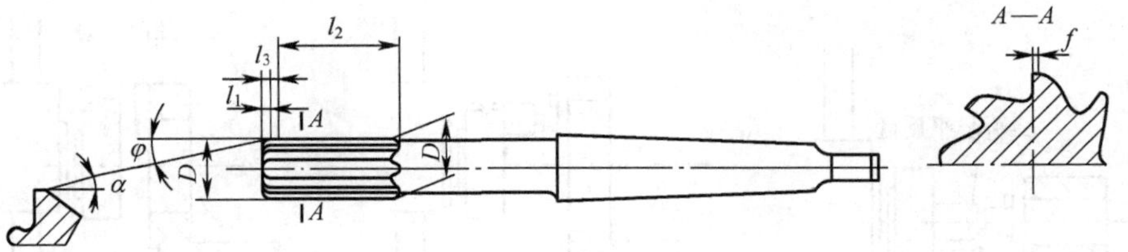

（a）机用铰刀

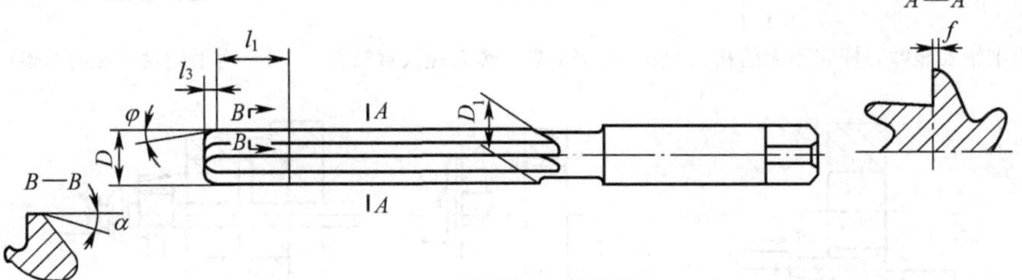

（b）手用铰刀

图 4-31 铰刀

铰刀分为机用铰刀和手用铰刀两种。机用铰刀用于成批生产，装在钻床、车床、铣床、镗床等机床上进行铰孔，有锥柄和直柄两种类型。手用铰刀的切削部分较长，导向作用好，用于单件、小批量生产。

5. 镗孔

镗孔是指在镗床上使用镗刀旋转镗削孔，通常用于加工尺寸较大、精度要求较高的孔，特别是那些分布在不同表面上，孔距和位置精度要求较高的孔，如箱体上的孔。镗床分为立式镗床、卧式镗床和坐标镗床三种。卧式镗床如图 4-32 所示。在镗床上除了镗孔以外，还可以进行钻孔、铰孔，以及用多种刀具进行平面、沟槽和螺纹的加工。卧式镗床上镗削的主要内容如图 4-33 所示。镗孔加工精度一般为 IT9～IT7，表面粗糙度 Ra 为 6.3～0.8 μm。

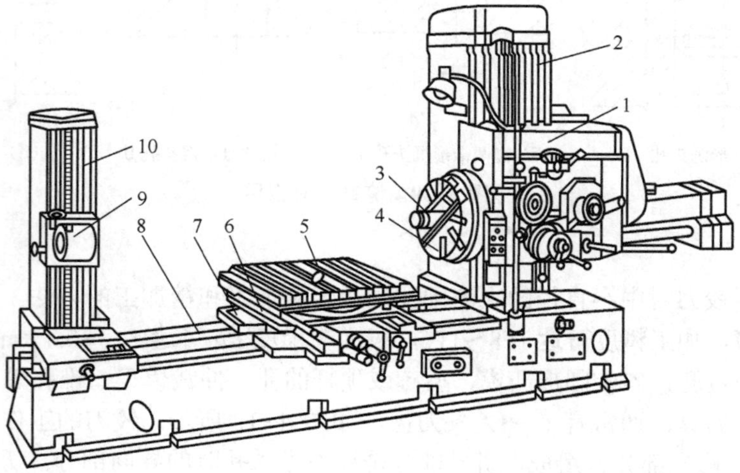

1—主轴箱；2—立柱；3—主轴；4—平旋盘；5—工作台；6—上滑座；7—下滑座；8—床身；9—后支架；10—后立柱

图 4-32 卧式镗床

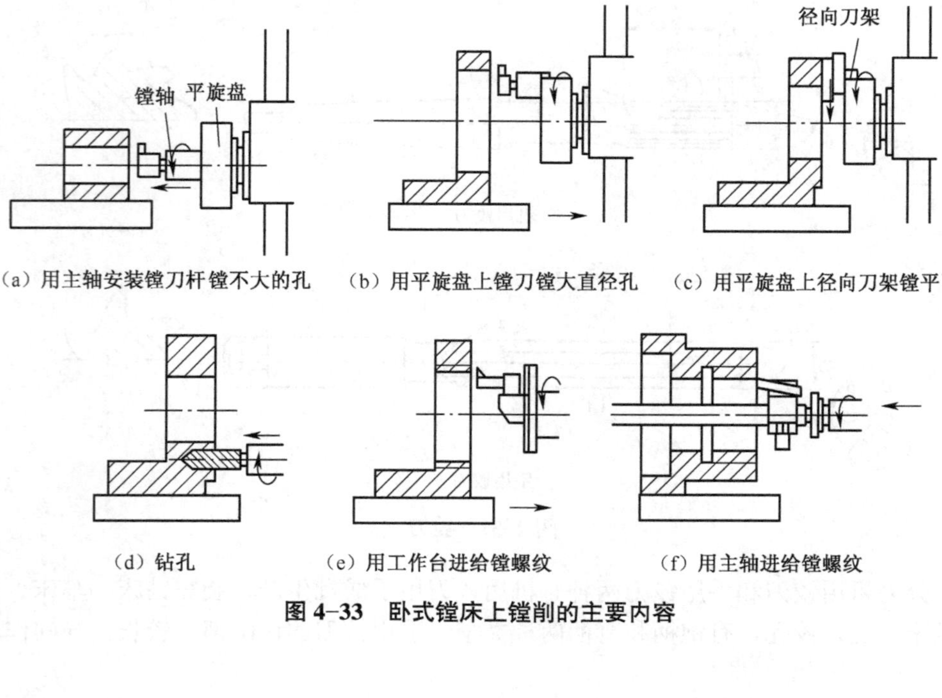

（a）用主轴安装镗刀杆镗不大的孔　（b）用平旋盘上镗刀镗大直径孔　（c）用平旋盘上径向刀架镗平面

（d）钻孔　（e）用工作台进给镗螺纹　（f）用主轴进给镗螺纹

图 4-33 卧式镗床上镗削的主要内容

按照切削刃的数量，镗刀可以分为单刃镗刀和双刃镗刀。单刃镗刀适用于孔的粗、精加工，但切削效率低，对工人的操作技术要求高。加工小直径孔的镗刀通常被设计成整体式，而加工大直径孔的镗刀则可被设计成机夹式。镗床上使用的机夹式单刃镗刀如图 4–34 所示。

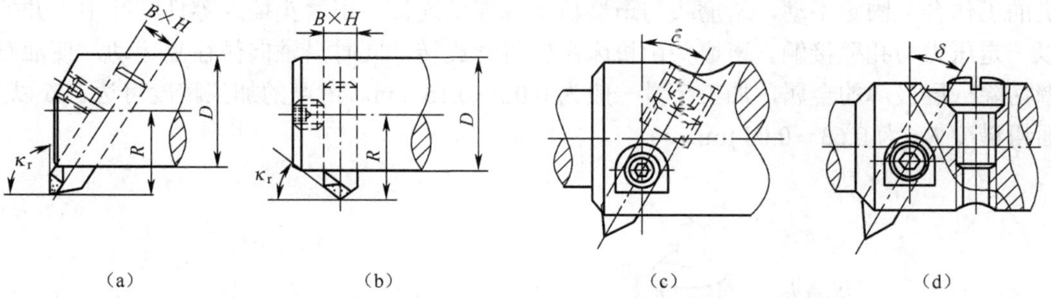

图 4–34　镗床上使用的机夹式单刃镗刀

双刃镗刀的两端都有切削刃，工作时可消除径向力对镗杆的影响，工件的孔径尺寸和精度由镗刀径向尺寸保证。多采用浮动连接结构，可以减少镗刀块安装误差及镗杆径向跳动所引起的加工误差。

在镗床上主要是加工箱体类零件上的孔或孔系。同轴、相互平行或垂直的若干个孔称为孔系。如果被加工的孔的轴线与其底面平行时，应在镗削前的工序中将该平面加工好，镗削时用作定位基准，直接将零件用压板、螺栓固定在工作台上；如果孔与底平面垂直，则可以在工作台上用弯板（角铁）装夹工件，如图 4–35 所示。

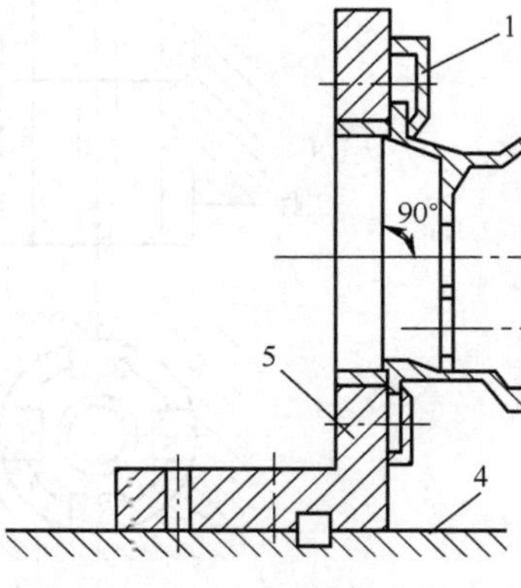

1—压板；2—工件；3—被加工孔；4—工作台；5—弯板

图 4–35　工件在弯板上装夹

在成批生产中，对孔系的镗削常将零件装夹在镗床夹具内加工，以保证孔系的位置精度及提高生产效率，此时镗杆与主轴常采用浮动连接。

6. 内圆磨削

模具零件中要求很高的孔（如型孔、导向孔等），一般采用内圆磨削进行精加工。内圆磨削可在内圆磨床或万能外圆磨床上进行。图 4–36 是在万能外圆磨床上磨削内孔的两种方法：纵向磨削法和横向磨削法，与外圆的磨削方法相同。

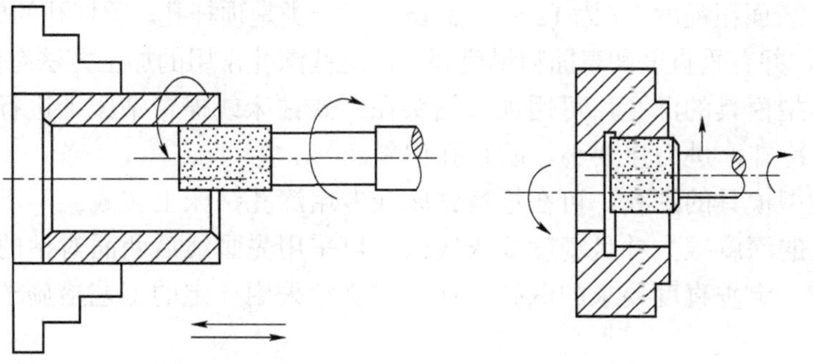

（a）内圆纵向磨削法　　（b）内圆横向磨削法

图 4–36　万能外圆磨床上磨削内孔的两种方法

7. 珩磨

为了进一步提高孔的表面质量，可以增加珩磨工序。珩磨是指使用具有几条油石（砂条）的珩磨头，对预先磨过或精镗过的孔进行精密加工。珩磨加工如图 4–37 所示。零件安装在珩磨机的工作台上固定不动，珩磨头与珩磨机主轴浮动连接，珩磨头插入零件的孔中，并使油石以一定压力与孔壁接触。珩磨头由机床主轴带动旋转，同时沿轴向做往复运动，使油石从孔壁切除一层极薄的金属，加工余量一般为 0.02～0.15 mm。珩磨的加工精度可达 IT6 以上，表面粗糙度 *Ra* 为 0.63～0.04 μm。

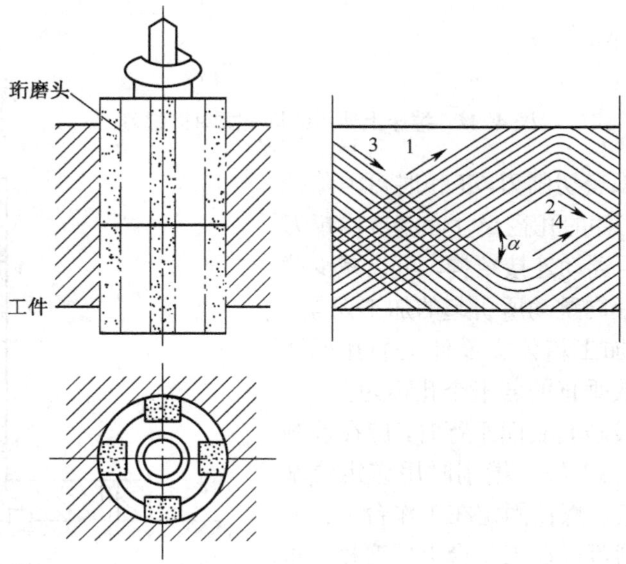

图 4–37　珩磨加工示意图

4.3.2　深孔加工

模具零件中的深孔主要有两类。一类是冷却水道孔和加热器孔。冷却水道孔的精度要求不高，但不能偏斜；加热器孔为了保证热传导效率，孔径和表面粗糙度有一定要求，孔径一般比加热棒大 0.1～0.3 mm，表面粗糙度 *Ra* 为 12.5～6.3 μm。另一类是顶杆孔。顶杆孔的要求较高，孔径精度一般为 IT8 级，并有垂直度和表面粗糙度要求。这些深孔常用的加工方法有以下几种。

（1）中、小型模具的深孔，可用加长钻头在立式钻床或摇臂钻床上进行，加工时应注意及时排屑并进行冷却，进刀量要小，防止孔偏斜。

（2）中、大型模具的深孔，可在摇臂钻床或专用深孔钻床上完成。

（3）如果孔的深度很大并且精度要求较低，可采用先画线后两面对钻的加工方法。

（4）对于有一定垂直度要求的深孔，加工时必须采用一定的工艺措施予以导向，如采用钻模等。

（5）对于直径小于 ϕ20 mm 且长径比大于 100∶1 的深孔，多采用枪钻加工。枪钻的工作部分由高速钢或硬质合金与无缝钢管压制成形的钻杆对焊而成。加工时零件旋转，枪钻进给，同时高压切削液由钻杆尾部注入，冷却切削后沿钻杆凹槽将切屑冲刷出来。零件旋转的加工方式如图 4–38（a）所示。也可以采用枪钻旋转、零件进给的加工方式，如图 4–38（b）所示。

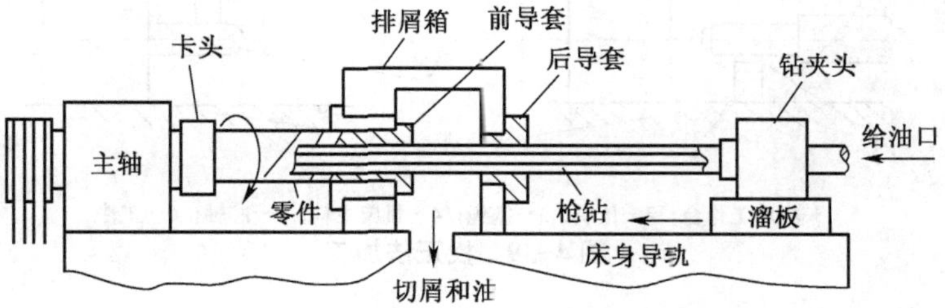

（a）零件旋转的加工方式

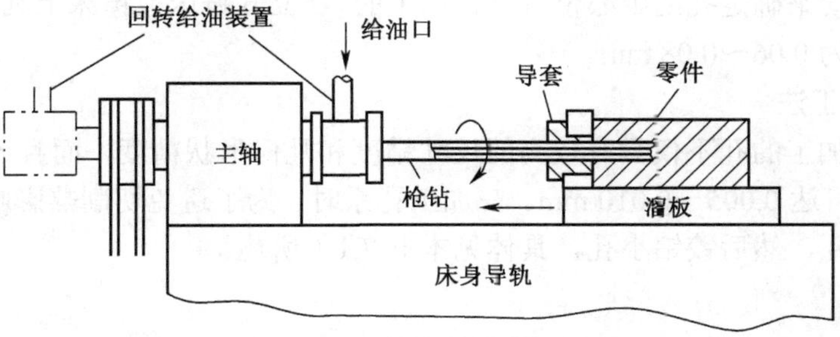

（b）枪钻旋转的加工方式

图 4–38　枪钻加工深孔示意图

4.3.3　孔系的加工

在模具零件中，经常有一系列圆孔，如凸模、凹模固定板，上、下模座等，这一系列圆孔的尺寸和相互位置有较高的精度要求，构成孔系。加工孔系时，为了保证各孔的相互位置精度要求，一般是先加工好基准平面，然后再加工所有的孔。

对于同一零件的孔系，常用以下几种加工方法。

1. 画线法

这种方法是在零件表面先画出各孔的中心位置，再用中心冲在各孔的中心处冲出中心孔，然后在车床、钻床或镗床上按照画线逐个找正并加工出孔。画线法的误差较大，因此孔的精度也较低，一般为 0.25～0.50 mm。这种方法只适用于相互位置精度要求不高的孔系。

2. 找正法

这种方法是指在普通镗床等通用机床上，借助一些辅助装置来找正各孔的中心位置。如图 4–39 所示，这是用精密芯轴和量块来找正各孔的中心位置。将芯轴分别插入机床主轴孔和零件已加工的孔内，用量块来找正主轴。找正法加工的设备简单，但生产率低，孔的中心距精度一般为 0.15 mm。

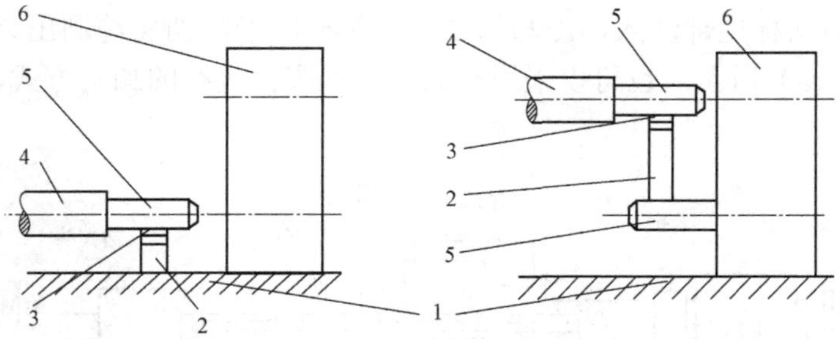

1—机床工作台；2—量块；3—塞规；4—机床主轴；5—芯轴；6—工件

图 4-39　找正法加工

3. 通用机床坐标加工法

这种方法是将被加工各孔之间的距离尺寸换算成互相垂直的坐标尺寸，然后通过机床纵、横向进给机构的移动来确定孔的中心位置进行加工的。在立式铣床或镗床上利用坐标法加工，孔的位置精度一般为 0.06～0.08 mm。

4. 坐标镗床加工法

在坐标镗床上加工的孔不仅具有较高的尺寸精度和几何形状精度，而且还具有较高的孔距精度，孔距精度可达 0.005～0.010 mm。在加工孔系时，为了避免切削热影响孔距精度，应先钻孔距较近的大孔，然后铰钻小孔，具体见本书 7.1.1 所述。

4.4　模具数控加工

视频讲解

数控加工是指在数控机床上进行机械零件加工的一种自动加工技术，它是以数字化的信息处理来实现机床的自动控制与自动运转的。数控加工的加工精度高、生产效率高、自动化程度高，在机械加工中的应用日益广泛。

4.4.1　数控机床的工作原理

数控机床的工作过程如图 4-40 所示。加工时，首先将被加工零件的形状、尺寸、工艺条件等信息，按规定的格式和指令记录在输入介质上，然后输入数控装置中，数控装置将这些数字信息转换成电脉冲信号，再通过伺服系统将这些电脉冲放大，驱动电机运动，以带动机床的工作台或刀架运动，并配以其他必要的动作，使机床能够按照要求的形状和尺寸进行加工。

数控机床主要由四部分组成，即输入介质、数控装置、伺服系统和机床本体。

（1）输入介质。

输入介质也称为信息载体，其上可以记录加工信息。数控加工时，通过输入介质将加工信息传递给数控装置。常用的输入介质有穿孔纸带、磁带、磁盘等，目前磁盘使用最广泛。有时加工信息直接输入数控装置，存储在数控装置的硬盘上；有时加工信息存储在其他计算机中，加工时用在线传输方式对数控机床进行控制。

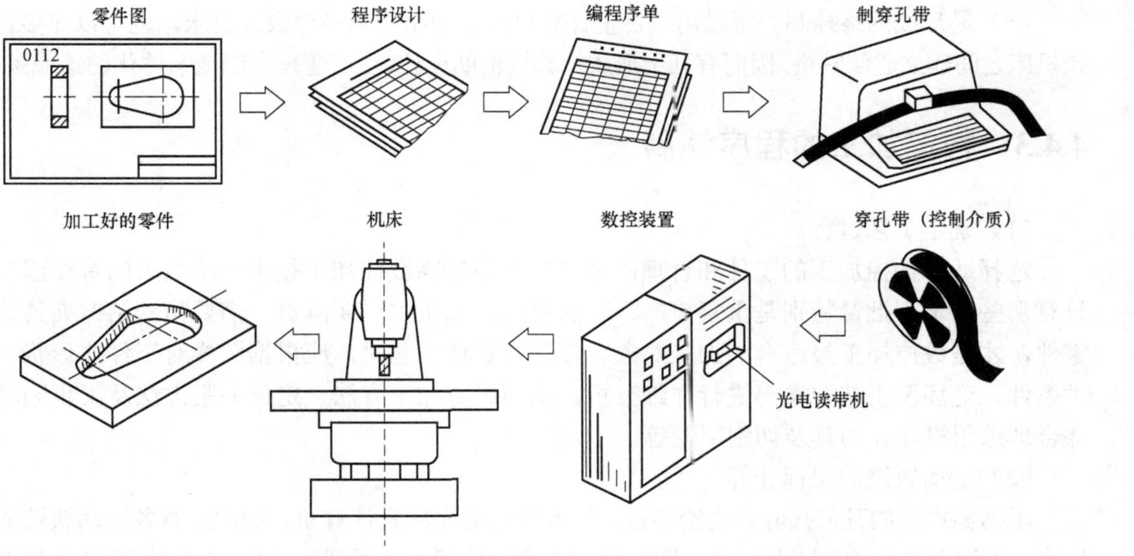

图 4-40　数控机床加工过程

（2）数控装置。

加工信息是按照规定的格式和代码编写的，需要进行转换。数控装置接收加工信息，经过处理、计算，转换成可代表真实运动的电脉冲发给伺服系统。

（3）伺服系统。

伺服系统包括伺服驱动机构和机床的运动部件，其作用是把数控装置的脉冲信号转换成机械运动部件的机械位置移动，用于实现数控机床的主轴和工作台的控制。

（4）机床本体。

机床本体包括床身、主轴部分、刀库和自动换刀装置等。数控机床是高精度和高生产率的自动化机床，要求机床本体比普通机床有更好的刚性、抗震性、精度，以及传动副更小的摩擦系数，因而常用滚珠丝杠、塑料导轨、铸铁床身等。

4.4.2　数控加工的优点

（1）自动化程度高。自动完成的，操作者只需要按动操作按钮并观察加工过程是否正常。

（2）适应性强。数控机床的加工过程是程序控制的，当要加工某一零件时，先要按零件图上的尺寸、外形和技术要求编写出加工程序，然后送入数控系统的计算机中，当被加工对象发生变化时，除了更换刀具和夹具外，只需按照新对象的要求编写新的加工程序即能实现加工。因此，数控机床的加工范围广，能节约很多的专用夹具，特别适用于单件小批量加工。

（3）加工质量稳定、精度高。数控机床大多采用高性能的主轴、伺服传动系统，以及高效、高精度的传动部件和具有较高动态刚度的机床机构，并采用了提高机床耐磨性和减小热变形的措施，能保持较高的几何精度和定位精度。同时，数控机床采用自动加工，减少了人为的操作误差，因此，具有较高的加工精度和尺寸一致性。

（4）生产效率高。由于数控机床的自动化程度高，在加工过程中省去了划线、夹具设计制造、多次装夹定位、检测等工作，因此，数控加工的生产效率较高。

（5）易形成网络控制。可以用一台主计算机通过网络控制多台数控机床，也可以在多台数控机床之间建立通信网络，因而有利于形成计算机辅助设计、生产管理和制造一体化的集成系统。

4.4.3 数控加工的程序编制

（1）确定工艺过程。

选择适合数控加工的工件和合理的加工工艺是提高数控加工技术经济效果的首要因素。只有那些属于小批量特别是重复投产、表面复杂、加工中需要测量、需要精密钻镗夹具等类零件，才是数控加工最适合的加工对象。在制订零件工艺时，应根据图样对工件的形状、技术条件、毛坯及工艺方案等进行详细分析，从而确定加工方法。定位夹紧方法及工步顺序，并合理选用机床、刀具及切削用量等。

（2）运动轨迹的坐标计算。

根据零件图的几何尺寸、进给路径，以及设定的坐标系计算粗、精加工时各运动轨迹的坐标值，如运动轨迹的起点与终点、圆弧的圆心等坐标尺寸。对圆形刀具，有时还需要计算刀心运动轨迹的坐标；对非圆曲线，还要计算逼近线段的交点坐标值，并限制在误差范围以内。

（3）编写加工程序单。

根据计算出的运动轨迹坐标值和已确定的运动顺序、刀号、切削参数及辅助动作等，按照数控装置规定使用的功能指令代码及程序段格式，逐段编号加工程序单。此外，还应附上必要的加工示意图、刀具布置图、机床调整卡、工序卡，以及必要的说明（如零件名称与图号、零件程序号、机床型号及日期等）。

（4）制备控制介质。

程序单只是程序设计完成后的文字记录，还需将其制成控制介质，才能对数控机床进行控制。

（5）程序校验和首件试切。

程序单和所制备的控制介质要经过校验和试切削后才能正式使用。一般的方法是将控制介质上的内容直接输入到 CNC 装置，进行机床的空转检查，即在机床上用笔代替刀具，用坐标纸代替工件进行空运转画图，检查机床运动轨迹的正确性。在具有 CRT 屏幕图形显示的数控机床上，用图形模拟刀具相对工件的运动则更为方便，但这些方法只能检查运动是否正确，不能检查出由于刀具调整不当或程序计算不准而造成的工件误差。所以，还须用首件试切的方法进行实际切削检查。它不仅可以查出程序单和控制介质的错误，还可以知道加工精度是否符合要求。当发现尺寸有误差时，应分析错误的性质，或者修改程序单或者进行尺寸补偿。

（6）编程方法主要有计算机零件编程和手工编程。

计算机零件编程称为自动编程。在自动编程过程中，编程人员只需根据零件图纸上的资料和工艺要求，使用规定的数控语言编写出一个较简短的零件加工源程序，并将其输入到计算机中，由计算机自动处理，计算出刀具的运动轨迹，编出零件加工程序并自动地按照所用控制系统的程序格式制作控制介质。同时计算机可自动绘出零件图形和走刀轨迹，供编程人员及时检查和修改程序，并最终获得正确的零件加工程序。计算机辅助编程可显著减轻劳动强度和缩短编程时间，使用也十分方便，零件表面越是复杂，工艺过程越是多样烦琐，其技术经济效果也就越高。因此，目前自动编程技术已经被广泛应用。

手工编程就是从确定工艺过程、运动轨迹的坐标计算、编写加工程序单、制备控制介质到程序校验，全部或主要由人工完成。对于几何形状不太复杂的简单零件，所需的加工程序不多，坐标计算也较简单，穿孔带不长，出错的概率小，这时用手工编程就显得经济且及时。手工编程主要用于简单的点位加工及直线与圆弧组成的轮廓加工中。

4.4.4　数控加工的种类

数控机床可分为数控钻床、数控车床、数控铣床、数控镗床、加工中心、数控磨床和数控齿轮加工机床，还有数控压床、数控冲床、数控弯管机、数控电火花、数控火焰切割机等。

加工中心是一种带有刀库和自动换刀装置的数控机床，可以在一台机床上实现多种加工。工件一次装夹，多个表面加工一次完成，既节省了辅助工时，又提高了加工精度。

1. 数控车削加工

1）数控车床的特点

数控车床主要用于加工回转类表面，根据其结构形式可分为卧式和立式两大类，卧式又分为水平导轨和倾斜导轨。倾斜导轨使机床具有更大的刚性，易于排屑，通常用于高档次数控车床。另外，数控车床还有两根主轴的数控车床，称为双轴卧式数控车床或双轴立式数控车床。数控车床的机床本体和普通车床相似，即由床身、主轴箱刀架、进给系统、液压系统冷却和润滑等部分组成，所不同的是普通车床的进给系统是通过进给箱的齿轮转换来控制进给速度，而数控车床是直接用伺服电机通过滚珠丝杠驱动溜板和刀架实现进给运动，因而进给系统大为简化，可以实现无级变速。图 4–41 为一种卧式数控车床的结构图。

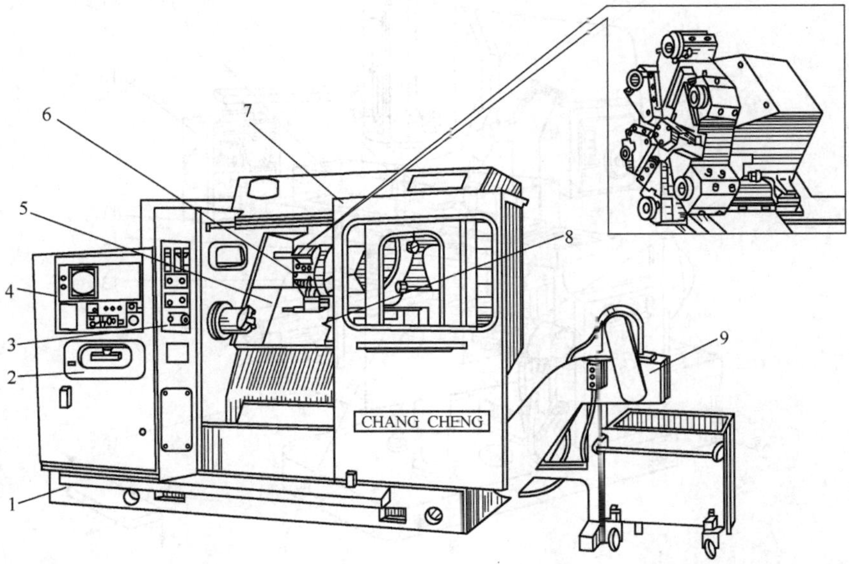

1—机床本体；2—光电读带机；3—机床操作台；4—数控系统操作面板；5—倾斜导轨；6—刀盘；7—防护门；8—尾座；9—排屑装置

图 4–41　CK7815 数控车床的结构

2）数控车床加工的主要对象

数控车床具备刀具运动轨迹的自动控制和恒转速等功能，使数控车床加工范围比普通车床宽，加工精度比普通车床高。但数控机床加工成本比较高，因此采用数控加工时，要合理地选择加工对象。与普通车床相比，适合于数控车床加工的零件有以下几种。

① 精度要求高的回转体零件。数控车床具有良好的刚度，制造和对刀精度高，运动和定位精度高，以及刀具补偿、主轴恒转速等功能。其尺寸精度可达 0.001 mm 以上，表面粗糙度 *Ra* 可小于 0.02 μm，可以实现等精度加工，甚至在某些场合可以以车代磨。

② 轮廓形状复杂的零件。数控车床具有直线和圆弧插补功能，可以加工任意直线和平面曲线组成轮廓的回转体零件，包括公式曲线和列表曲线。

③ 带有特殊螺纹的回转体零件。普通车床所能切削的螺纹相当有限，它只能切削直、锥面的公、英制螺纹，而且只能加工若干种节距的螺纹。数控车床不但能加工普通车床加工的螺纹，而且能加工增节距、减节距等各种节距变化的螺纹。数控车床还具有精密螺纹切削功能，同时一般采用硬质合金成型刀片，并且可以使用较高的转速。因此，车削出来的螺纹的精度高，表面粗糙度值低。

2. 数控铣削加工

1）数控铣床的特点

数控铣床是在普通铣床基础上发展起来的一种数控机床，两者加工工艺基本相同，机床结构也有些相似。但数控铣床是靠程序控制的自动加工机床，它除了能铣削普通铣床所能加工的各种零件表面外，还能铣削各种复杂的平面类、变斜角类和曲面类零件，如凸轮、叶片、螺旋桨等。数控铣床至少有三个控制轴，即 *X*、*Y*、*Z* 轴，通过两轴联动可以加工零件的平面轮廓，通过两轴半、三轴或多轴联动可以加工零件的空间曲面。同时，数控铣床还可以用作数控钻床或数控镗床，完成镗、钻、扩、铰等工艺内容。数控铣床有立式、卧式、立卧两用和龙门式数控铣床。图 4–42 为一种立式数控铣床的结构图。

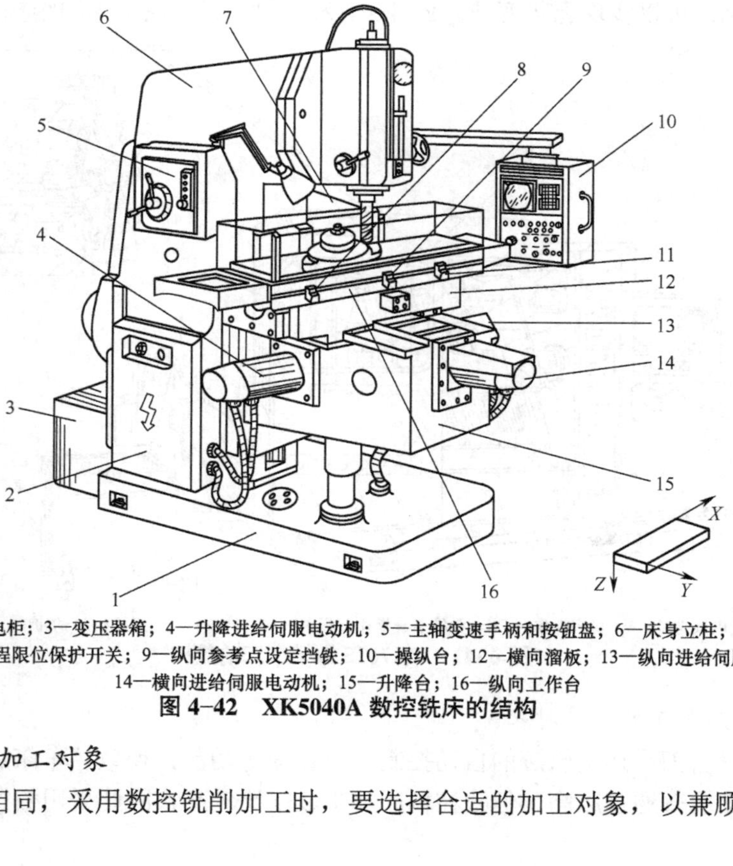

1—底座；2—强电柜；3—变压器箱；4—升降进给伺服电动机；5—主轴变速手柄和按钮盘；6—床身立柱；7—数控柜；8、11—纵向行程限位保护开关；9—纵向参考点设定挡铁；10—操纵台；12—横向溜板；13—纵向进给伺服电动机；14—横向进给伺服电动机；15—升降台；16—纵向工作台

图 4–42　XK5040A 数控铣床的结构

2）数控铣床加工对象

和数控车床相同，采用数控铣削加工时，要选择合适的加工对象，以兼顾加工质量、效

率和成本。适合于数控铣削加工的零件有以下几类。

（1）平面类零件。

平面类零件的特点是各个加工表面是平面或可以展开为平面，目前在数控铣床上加工的绝大多数零件属于平面类零件。平面类零件是数控铣削加工对象中最简单的一类，只需要用三轴数控铣床的两轴联动（即两轴半坐标加工）就可以进行加工，如图 4-43 所示。

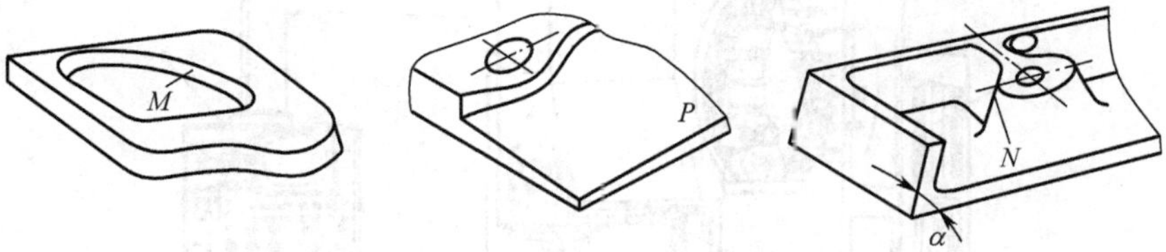

图 4-43　平面类零件

（2）变斜角类零件。

变斜角类零件是指加工面与水平面的夹角成连续变化的零件，如图 4-44 所示。加工变斜角类零件最好采用四轴或五轴数控铣床进行摆角加工，若没有上述机床，也可在三轴数控铣床上采用两轴半控制的行切法进行近似加工，但精度稍差。

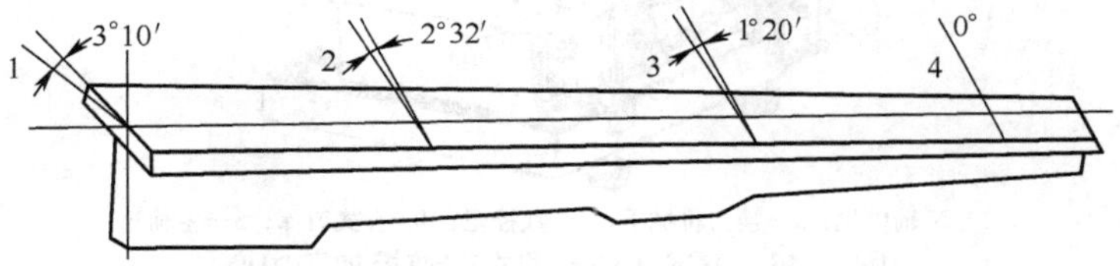

图 4-44　变斜角类零件

（3）曲面类（立体类）零件。

曲面类零件即加工面为空间曲面的零件，加工需采用球头刀，加工面与铣刀始终为点接触，一般采用三轴联动数控铣床加工，常用的加工方法主要有下列两种。

① 采用两轴半联动行切法加工。行切法是在加工时只有两个坐标联动，另一个坐标按一定行距周期进给。这种方法常用于不太复杂的空间曲面的加工。

② 采用三轴联动方法加工。所用的铣床必须具有 *X*、*Y*、*Z* 三轴联动加工功能，才能进行空间直线插补。这种方法常用于较复杂空间曲面的加工。

3. 数控加工中心加工

1）数控加工中心的特点

数控加工中心是由机械设备与数控系统组成的、适用于加工复杂零件的高效率自动化机床。数控加工中心是目前世界上产量最高、应用最广泛的数控机床之一。数控加工中心是一种功能较为齐全的数控加工机床。它把铣削、镗削、钻削、攻螺纹和切削螺纹等功能集中在一台设备上，使其具有多种工艺手段。加工中心设置有刀库，刀库中存放着不同数量的各种刀具或检具，在加工过程中由程序自动选用和更换。这是它与数控铣床、数控镗床的主要区别。特别是对于必须采用工装和专机设备来保证产品质量和效率的工件，数控加工中心更加适用。这会为新产品的研制和改型换代节省大量的时间和费用，从而使企业具有较强的竞争能力。

数控加工中心的综合加工能力较强，工件一次装夹后能完成较多的加工内容，加工精度较高。就中等加工难度的批量工件而言，其效率是普通设备的 5～10 倍，特别是它能完成许多普通设备不能完成的加工，对形状较复杂、精度要求高的单件加工或中小批量多品种生产更为适用。图 4–45 为一种立式数控加工中心的结构。

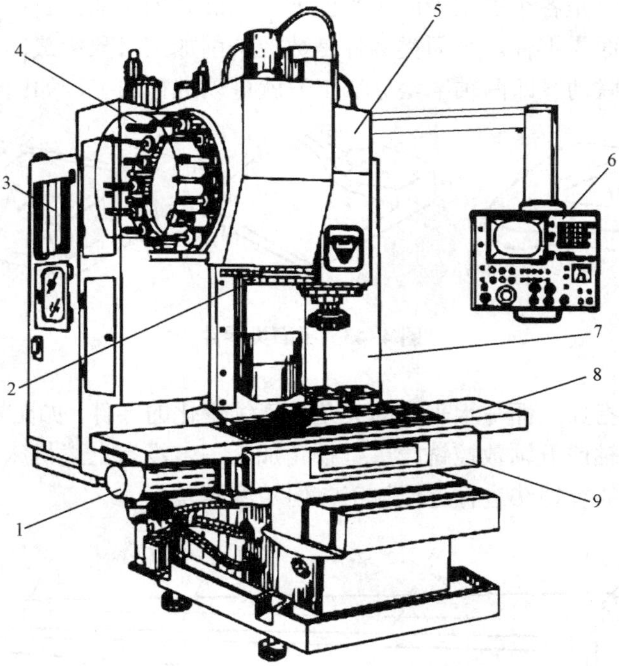

1—X 轴电机；2—换刀机械手；3—数控柜；4—盘式刀库；5—主轴箱

图 4–45　JCS–018A 型立式数控加工中心

2）*数控加工中心加工对象*

数控加工中心适用于加工形状复杂、工序多、精度要求高的工件。它需要多种类型的普通机床和多种刀具、工装，经过多次装夹和调整才能完成加工。其主要加工对象有以下几类。

（1）箱体类零件。

箱体类零件一般是指具有多个孔系，内部有型腔，在长、宽、高方向有一定比例的零件。这类零件在机床、汽车、飞机等行业应用较多。例如，汽车的发动机缸体，变速箱体，机床的床头箱、轴箱，柴油机缸体，齿轮泵壳体等。

箱体类零件一般都需要进行孔系、轮廓、平面的多工位加工，公差要求特别是形位公差要求较为严格。通常经过铣、锺、钻、扩、铰、刨、攻螺纹等工序，使用的刀具、工装较多，在普通机床上需多次装夹、找正，测量次数多，导致工艺复杂、加工周期长、成本高，更重要的是精度难以保证。这类零件在加工中心加工，一次装夹可以完成普通机床 60%～95%的工序内容，零件各项精度一致性好，质量稳定，同时可缩短生产周期，降低生产成本。

当加工工位较多，工作台需要多次旋转角度才能完成的零件时，一般选择卧式加工中心；当加工工位较少，且跨距不大时，可以选择立式加工中心，从一端进行加工。

（2）复杂曲面。

同数控铣床一样，加工中心也适合加工复杂曲面，如飞机、汽车零件型面及叶轮、螺旋桨、各种曲面成型模具等。

就加工的可能性而言，在不出现加工过切或加工盲区时，复杂内曲面一般可以采用球头铣刀进行三坐标联动加工，加工精度高，但效率较低。如果工件存在加工过切或加工盲区，如整体叶轮等，就必须考虑采用四坐标或五坐标联动的机床。

仅仅加工复杂曲面时并不能充分发挥加工中心自动换刀的优势，因为复杂曲面的加工通常需要经过粗铣、（半）精铣、清根等步骤，所用的刀具较少，特别是对于像模具一类的单件加工来说。

（3）异形件。

异形件是指外形不规则的零件，通常需要进行点、线、面多工位混合加工，如支架、基座、样板、靠模、支架等。异形件的刚性差，夹压及切削变形难以控制，加工精度也难以保证。这时可以充分发挥加工中心工序集中的特点，采用合理的工艺措施，一次或两次装夹，完成多道工序或全部的加工内容。经验表明，加工异形件时，形状越复杂、精度要求越高，使用加工中心就越能显示其优势。

（4）盘、套、板类零件。

带有键槽或径向孔，或端面有分布的孔系，以及有曲面的盘套或轴类零件，如带有法兰的轴套、带有键槽或方头的轴类零件等，还有具有较多孔加工的板类零件，如各种电动机盖等。

思考题

1. 模具的外圆柱面通常采用什么方式加工？
2. 车削加工时，零件装夹方法有哪些？
3. 在外圆磨床上磨削外圆的方法有哪两种？它们各有什么特点？
4. 模具的平面通常采用什么方式加工？
5. 根据铣削时主运动速度方向与零件进给方向之间的关系，铣削可以分为哪两种方式？它们各有什么特点？
6. 刨削加工时，刨刀和零件的装夹应该注意哪些问题？
7. 根据磨削时砂轮工作面的不同，平面磨削可以分为哪两种方式？它们各有什么特点？
8. 钻孔时，钻头和零件应该如何装夹？
9. 扩孔、锪孔和铰孔的作用分别是什么？
10. 镗孔时，零件应该如何装夹？
11. 珩磨的作用和工作原理分别是什么？
12. 常用的深孔加工方法有哪些？
13. 什么是孔系？同一零件的孔系常用的加工方法有哪些？
14. 数控机床主要由哪几部分组成？
15. 模具数控加工的优点有哪些？
16. 试述数控机床的种类和各自的特点。

课后习题

第 5 章
模具典型零件的加工工艺

知识目标

- 掌握冲压模具和塑料模具的模架各组成零件的技术要求和主要加工方法。
- 掌握冲裁凸模和凹模的加工工艺特点和主要加工方法。
- 掌握塑料模型腔的主要加工方法。
- 熟悉对塑料模型腔进行抛光处理的作用和主要方法。

在模具的制造生产中，对模具典型零件制订合理的加工工艺非常重要，必须充分考虑这些零件的材料、形状结构、尺寸、精度和使用寿命等方面的不同要求，从而采用合理的加工方法和工艺路线，尽可能通过加工设备来保证模具典型零件的加工质量，提高生产效率和降低成本。

本章主要介绍冲压模具和塑料模具的模架、冲裁凸模和凹模、塑料模型腔等典型零件的加工工艺。

5.1　模架的加工

视频讲解

5.1.1　冲压模模架的加工

模架的主要作用是安装模具的工作零件和其他结构零件，并保证模具的工作部分在工作时间内具有正确的相对位置。模架一般由上模座、下模座和导向装置（最常用的是导柱、导套）等零件组成。模架的上模座通过模柄与压力机滑块相连，下模座用螺钉、压板固定在压力机的工作台上。模具的上模部分和下模部分之间依靠模架的导向装置来保持精确位置，保证冲压过程中凸、凹模的间隙均匀。

目前冲压模模架大都为标准件。根据导向装置，标准模架可以分为滑动导向模架和滚动导向模架。根据导柱在模座上的固定位置，滑动导向模架又可分为对角导柱模架、中间导柱模架、后侧导柱模架和四角导柱模架，如图 5-1 所示。

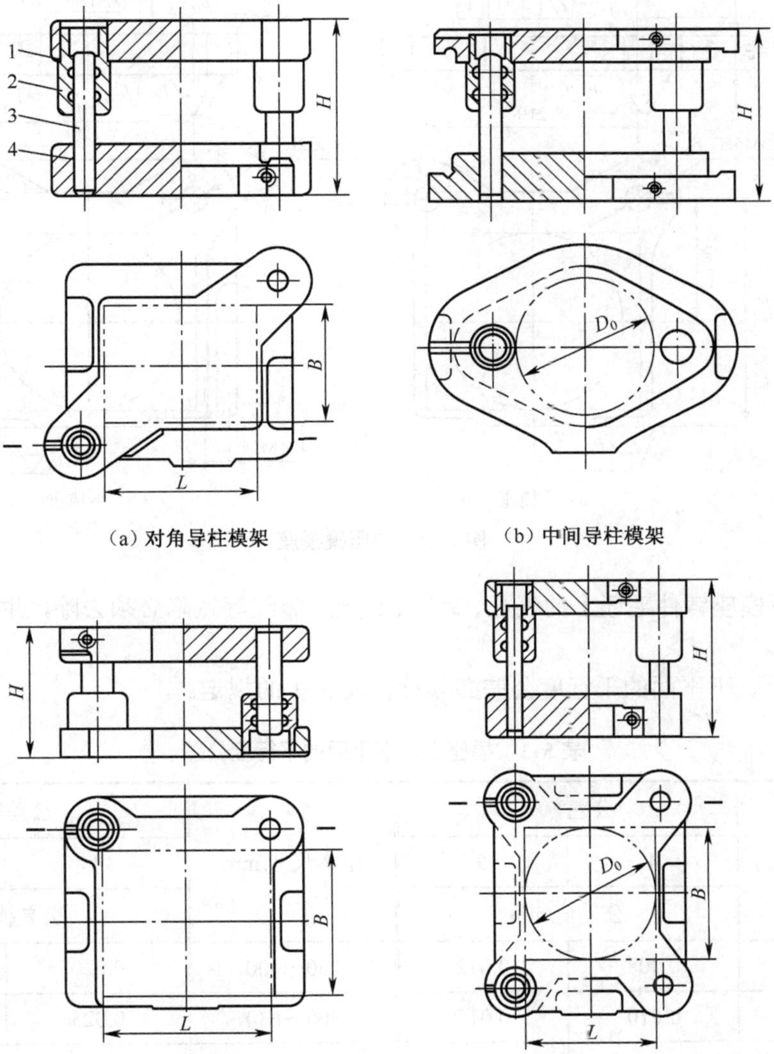

(a) 对角导柱模架　(b) 中间导柱模架　(c) 后侧导柱模架　(d) 四角导柱模架

1—上模座；2—导套；3—导柱；4—下模座

图 5-1　冷冲模模架

1. 上、下模座的加工

冲压模的上、下模座用来安装导柱、导套，连接凸、凹模固定板等零件，其结构、尺寸已标准化。上、下模座在工作时应具有足够承受冲击载荷的性能，同时下模座还必须具备良好的抗弯曲性能。

(1) 上、下模座的技术要求

上、下模座一般用灰铸铁（HT200）或铸钢（ZG310–570）制作，工艺过程主要是平面加工和孔加工。

图 5-2 是后侧导柱模架的标准模座，为了保证模架在工作时，上模座沿着导柱滑动平稳，无滞阻现象，上、下模座在加工过程中必须满足以下技术要求。

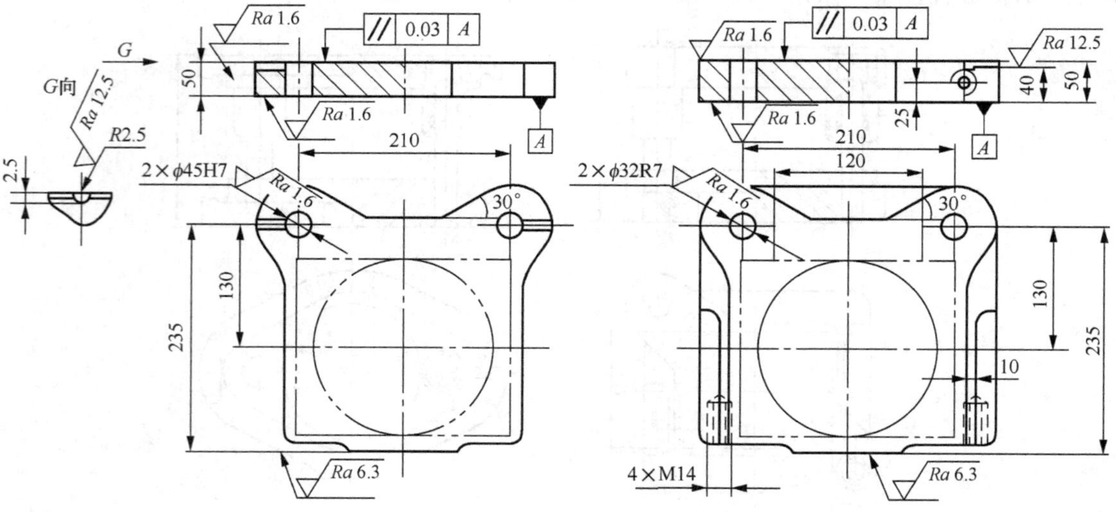

（a）上模座　　（b）下模座

图 5-2　冲压模模座

① 上、下模座铸件毛坯上的气孔、砂眼、缩孔、裂纹等缺陷必须去除，并进行时效处理，以消除内应力。

② 模座上、下平面的平行度公差必须符合表 5-1 的规定。

表 5-1　模座上、下平面的平行度公差

基本尺寸/mm	公差等级		基本尺寸/mm	公差等级	
	4	5		4	5
	公差值/mm			公差值/mm	
40～63	0.008	0.012	250～400	0.020	0.030
63～100	0.010	0.015	400～630	0.025	0.040
100～160	0.012	0.020	630～1 000	0.030	0.050
160～250	0.015	0.025	1 000～1 600	0.040	0.060

③ 上、下模座的导柱、导套安装孔的孔距应一致，导柱、导套安装孔的轴线与模座上、下平面的垂直度公差不超过 100∶0.01。

④ 模座上、下平面及导柱、导套安装孔的表面粗糙度 *Ra* 为 1.60～0.40 μm，其余面为 6.3～3.2 μm。

（2）上、下模座的加工工艺路线

上模座的加工工艺路线见表 5-2，下模座的加工工艺路线见表 5-3。

表 5-2　上模座的加工工艺路线

工序号	工序名称	工序内容及要求	设备
1	备料	铸造毛坯	
2	刨（铣）平面	刨（铣）上、下平面，保证尺寸 50.8 mm	牛头刨床
3	磨平面	磨上、下平面达尺寸 50 mm；保证平面度要求	平面磨床
4	钳工划线	划前部平面和导套安装孔线	
5	铣前部平面	按划线铣前部平面	立式铣床
6	钻孔	按划线钻导套安装孔至尺寸 ϕ43 mm	立式钻床
7	镗孔	和下模座重叠，一起镗孔至尺寸 ϕ45 H7，保证垂直度	卧式镗床
8	铣槽	铣 R2.5 mm 圆弧槽	卧式铣床
9	检验		

表 5-3　下模座的加工工艺路线

工序号	工序名称	工序内容及要求	设备
1	备料	铸造毛坯	
2	刨（铣）平面	刨（铣）上、下平面，保证尺寸 50.8 mm	牛头刨床
3	磨平面	磨上、下平面达尺寸 50 mm；保证平面度要求	平面磨床
4	钳工划线	划前部平面、导柱孔线及螺纹孔线	
5	铣床加工	按划线铣前部平面，铣两侧压紧面达尺寸	立式铣床
6	钻床加工	钻导柱孔至尺寸 ϕ30 mm，钻螺纹底孔，攻螺纹	立式钻床
7	镗孔	和上模座重叠，一起镗孔至尺寸 ϕ32 R7，保证垂直度	卧式镗床
8	检验		

在上述工艺路线中，模座毛坯经过刨（或铣）削加工后，为了保证模座上、下表面的平面度和表面粗糙度，必须在平面磨床上磨削模座上、下平面。以磨好的平面为基准，进行导柱、导套安装孔的加工，这样才能保证孔与模座上、下平面的垂直度。

根据加工条件和生产条件，上、下模座的镗孔工序可以在专用镗床、坐标镗床、双轴镗床上进行。为了保证上、下模座的导柱、导套孔距一致，在镗孔时可以将上、下模座重叠在一起，一次装夹，同时镗出导柱、导套的安装孔。

2. 导柱、导套的加工

导柱和导套在模具中起导向作用。导柱安装在下模座上，导套安装在上模座上，导柱和导套滑动配合，以保证凸模和凹模在工作时具有正确的相对位置。图 5-3 为冷冲模的标准导柱和导套。

1）导柱、导套的技术要求

导柱和导套的基本表面都是圆柱体表面，可以根据图示的结构尺寸，直接选用适当尺寸的热轧圆钢做毛坯，渗碳淬火后，再磨削。导柱的心部要求韧性好，材料一般选用 20 号低碳钢；导套一般选用 20 号圆钢做毛坯。导柱和导套的技术要求如下。

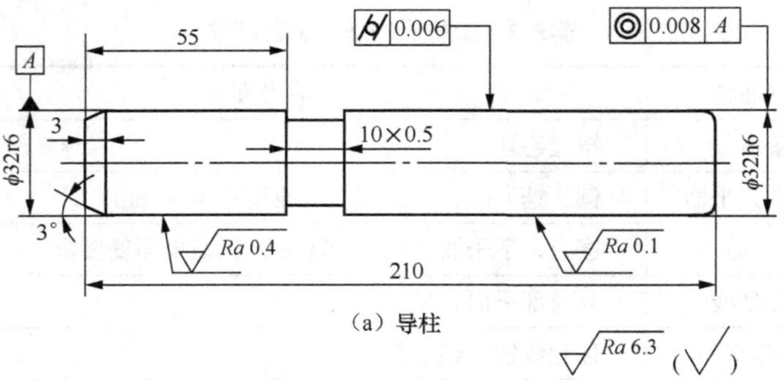

（a）导柱

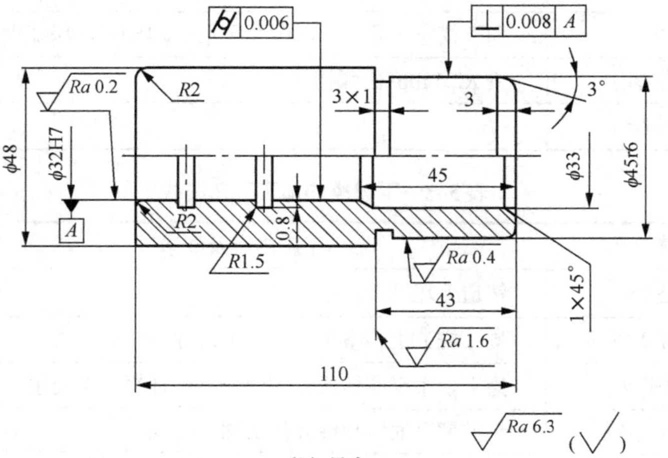

（b）导套

图 5–3　导柱和导套

（1）为了保证良好的导向作用，导柱和导套的配合间隙应小于凸、凹模之间的间隙，导柱和导套的配合间隙一般采用 H7/h6，而当精度要求很高时为 H6/h5。导柱与下模座孔、导套与上模座孔采用 H7/r6 的过盈配合。

（2）导柱和导套工作部分的圆度公差应满足：当直径 d≤30 mm 时，圆度公差不大于 0.003 mm；当直径 d 为 30～60 mm 时，圆度公差不大于 0.005 mm；当直径 d≥60 mm 时，圆度公差不大于 0.008 mm。

2）导柱的加工

（1）导柱的加工工艺路线。对于图 5–3（a）所示的导柱，采用如表 5–4 所示的加工工艺路线。

表 5–4　导柱的加工工艺路线

工序号	工序名称	工序内容	设备
1	下料	按尺寸 ϕ35 mm×215 mm 切断	锯床
2	车端面钻中心孔	车端面保证长度 212.5 mm 钻中心孔 调头车端面保证 210 mm 钻中心孔	卧式车床

续表

工序号	工序名称	工序内容	设备
3	车外圆	车外圆至 ϕ32.4 mm 切 10 mm×0.5 mm 槽到规定尺寸 车端部 调头车外圆至 ϕ32.4 mm 车端部	卧式车床
4	检验		
5	热处理	按热处理工艺进行，保证渗碳层深度 0.8～1.2 mm，表面硬度 58～62 HRC	
6	研中心孔	研中心孔，调头研另一端中心孔	卧式车床
7	磨外圆	磨 ϕ32 h6 外圆，留研磨量 0.01 mm 调头磨 ϕ32 r6 外圆至规定尺寸	外圆磨床
8	研磨	研磨外圆 ϕ32 h6 达到要求 抛光圆角	卧式车床
9	检验		

（2）导柱加工过程中的定位。在导柱加工过程中，为了保证各外圆柱面之间的位置精度和均匀的磨削余量，外圆柱面的车削和磨削一般均采用以两端的中心孔定位，使设计基准与工艺基准重合。因此在车削和磨削之前需要先加工出中心孔，以便为后续工序提供可靠的定位基准。中心孔的形状精度和同轴度，直接影响到导柱的加工质量。此外，保证中心孔和顶尖之间的良好配合也是非常重要的。因此，导柱在热处理后需要修正中心孔，以消除中心孔在热处理过程中可能产生的变形和其他缺陷，确保中心孔与顶尖之间的接触良好，从而保证外圆柱面的形状精度和位置精度要求。

修正中心孔可采用磨削、研磨和挤压等方法，可以在车床、钻床和专用机床上进行。

① 车床用磨削方法修正中心孔。如图 5-4 所示，在被磨削的中心孔处加入少量的煤油或机油，手持工件进行磨削。用这种方法修正中心孔效率高，质量较好，但砂轮磨损快，需要经常修整。

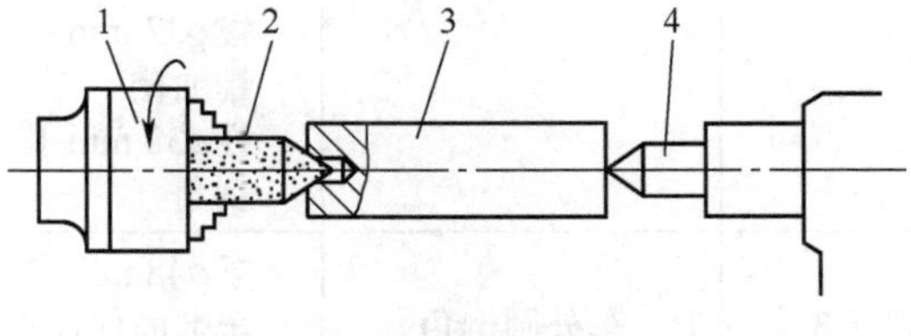

1—三爪自定心卡盘；2—砂轮；3—工件；4—后顶尖

图 5-4　磨中心孔

② 用研磨法修正中心孔。这种方法是用锥形的铸铁研磨头代替锥形砂轮，在被研磨的中心孔表面加研磨剂进行研磨的。如果用一个与磨削外圆的磨床顶尖相同的铸铁顶尖作研磨工具，将铸铁顶尖与磨床顶尖一起磨出 60° 锥角后研磨出中心孔，则可以保证中心孔和磨床顶尖达到良好配合，能磨削出圆度和同轴度误差不超过 0.002 mm 的外圆柱面。

③ 用硬质合金多棱顶尖挤压中心孔。硬质合金多棱顶尖如图 5-5 所示。将硬质合金多棱顶尖装在车床主轴的锥孔内，工件装夹在多棱顶尖和尾架顶尖之间，利用车床的尾架顶尖将工件压向多棱顶尖，通过多棱顶尖的挤压作用来修正中心孔的几何误差。这种方法只需几秒钟，生产率极高，但质量稍差。一般用于大批量生产，且精度要求不高的中心孔修正。

（3）导柱的研磨。导柱的研磨加工，目的在于进一步提高外圆柱表面的质量。当生产量较大时，可以在专用研磨机床上进行研磨；对于单件小批量生产，可以使用简单的研磨工具，如图 5–6 所示，在普通车床上进行研磨。研磨时将导柱安装在车床上，由主轴带动旋转，在导柱表面均匀涂上一层研磨剂，然后套上研磨工具，手持研磨工具做直线往复运动。

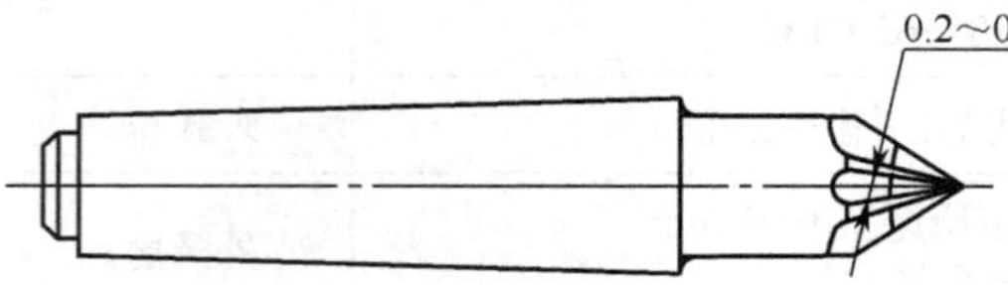

图 5–5　多棱顶尖

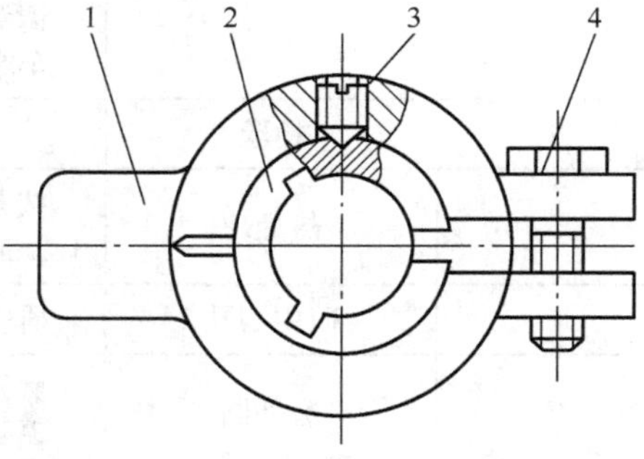

1—研磨架；2—研磨套；3—限动螺钉；4—调整螺钉

图 5–6　导柱研磨工具

3）导套的加工

（1）导套的加工工艺路线。对于图 5–3（b）所示的导套，采用如表 5–5 所示的加工工艺路线。

表 5–5　导套的加工工艺路线

工序号	工序名称	工序内容	设备
1	下料	按尺寸 ϕ52 mm×115 mm 切断	锯床
2	车外圆及内孔	车端面保证长度 113 mm 钻 ϕ32 mm 孔至 ϕ30 mm 车 ϕ45 mm 外圆至 ϕ45.4 mm 倒角 车 3 mm×1 mm 退刀槽至规定尺寸 镗 ϕ32 mm 孔至 ϕ31.6 mm 镗油槽 镗 ϕ32 mm 孔至规定尺寸 倒角	卧式车床
3	车外圆倒角	车 ϕ48 mm 外圆至规定尺寸 车端面保证长度 110 mm 倒内外圆角	卧式车床
4	检验		
5	热处理	按热处理工艺进行，保证渗碳层深度 0.8～1.2 mm，硬度 58～62 HRC	
6	磨内、外圆	磨 45 mm 外圆达到图样要求 磨 32 mm 内孔，留研磨量 0.01 mm	万能外圆磨床
7	研磨内孔	研磨 ϕ32 mm 孔达到图样要求 研磨圆弧	卧式车床
8	检验		

（2）磨削导套的方法。导套在磨削加工时必须正确选择定位基准，以保证内、外圆柱面的同轴度要求。热处理后磨削导套时可采用以下方法。

① 单件生产。在万能外圆磨床上，利用三爪卡盘夹持ϕ48 mm 的外圆柱面，一次装夹后磨出ϕ32H7 和ϕ45r6 的内、外圆柱面。这种方法可以避免由于多次装夹带来的误差，但是每磨一件需要重新调整机床。

② 批量生产。可以先磨内孔，再把导套装在专门设计的锥度心轴上，这种心轴的锥度在 1/1 000～1/5 000，硬度在 HRC60 以上。以心轴两端的中心孔定位，使定位基准和设计基准重合，借助心轴和导套间的摩擦力带动工件旋转，从而实现磨削外圆柱面的目的，如图 5-7 所示。这种方法由于定位基准和设计基准重合，所以能获得较高的同轴度，并且操作过程简化，生产率较高，但是需要制造专用的高精度心轴。

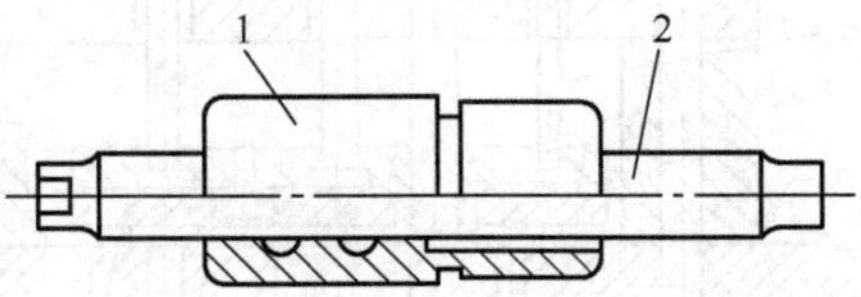

1—导套；2—心轴

图 5-7　用小锥度心轴安装导套

③ 导套的研磨。为了进一步提高被加工表面的质量，导套也需要研磨加工。当生产量较大时，可以在专用研磨机床上进行研磨；对于单件小批量生产，可以使用简单的研磨工具，如图 5-8 所示。研磨导套与研磨导柱类似，由车床主轴带动研磨工具旋转，手持套在研磨工具上的导套做直线往复运动。通过调整研磨工具上的螺钉和螺母，可以控制研磨套的直径，进而调节研磨量的大小。

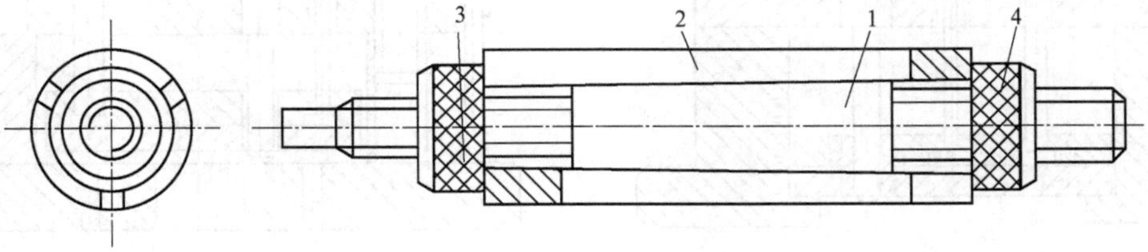

1—锥度心轴；2—研磨套；3、4—调整螺母

图 5-8　导套研磨工具

5.1.2　注射模模架的加工

注射模的结构取决于塑料的种类、制品的结构形状、制品的产量、注射的工艺条件、注射机的种类等多项因素，在结构上有很大差异，但是其基本结构组成有着许多共同的特点。

注射模模架也有一些标准结构可以选用，如大型注射模模架（GB/T 12555—1990）、中小型注射模模架（GB/T 12556—1990）。

1. 注射模的结构组成

由于注射机、注射工艺条件、塑料种类、制品数量的不同，注射模的结构也有多种形式，如图 5-9 所示。

根据注射模各组成零件与塑料的接触情况，可以将其分为成型零件和结构零件两大类。

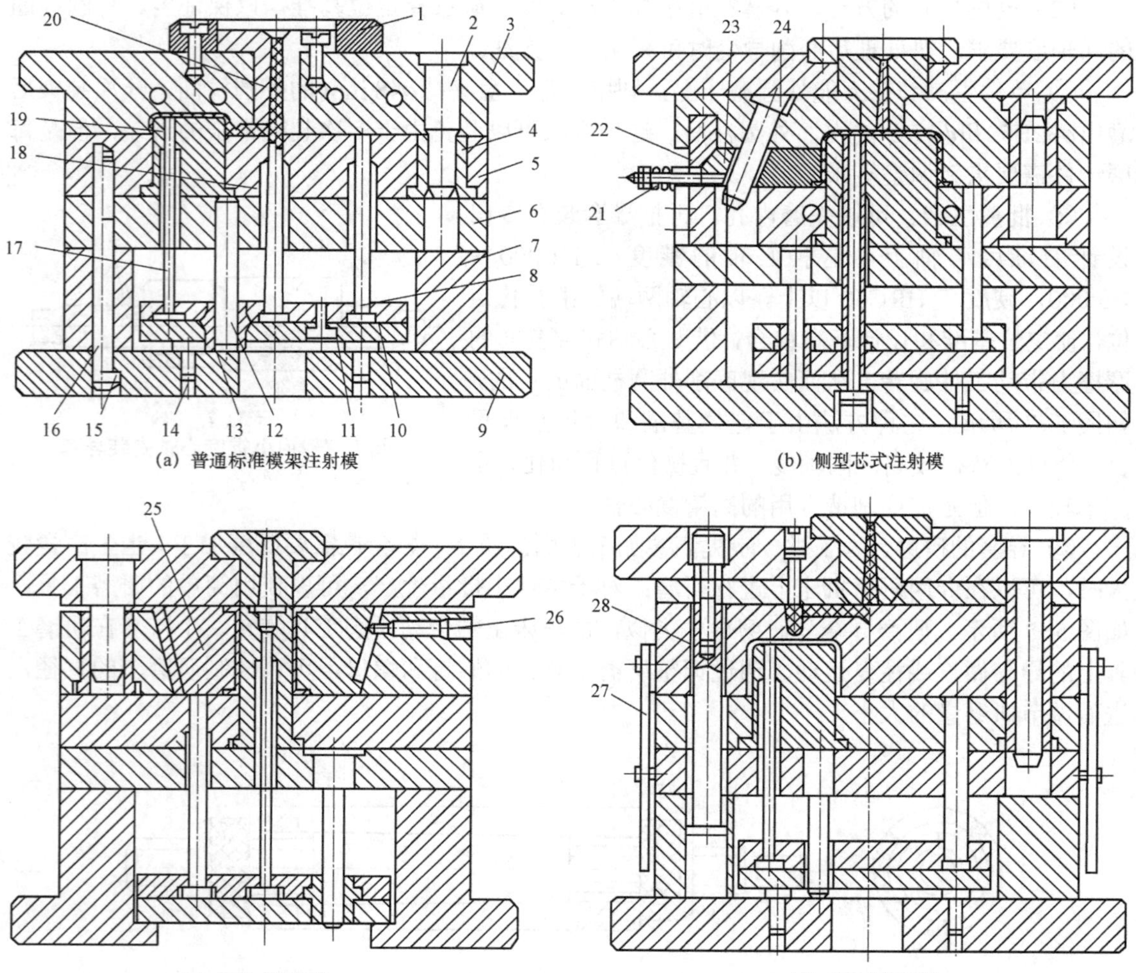

(a) 普通标准模架注射模　(b) 侧型芯式注射模　(c) 拼块式注射模　(d) 三板式注射模

1—定位圈；2—导柱；3—凹模；4—导套；5—型芯固定板；6—支承板；7—垫块；8—复位杆；9—动模座板；10—推杆固定板；11—推板；12—推杆导柱；13—推板导套；14—限位钉；15—螺钉；16—定位销；17—推杆；18—拉料杆；19—型芯；20—浇口套；21—弹簧；22—楔紧块；23—侧型芯滑块；24—斜导柱；25—斜滑块；26—限位螺钉；27—定距拉板；28—定距拉杆

图 5-9　不同结构形式的注射模

（1）成型零件。

成型零件是指与塑料接触并构成模腔的模具零件。成型零件决定着塑料制品的几何形状和尺寸，如凸模（型芯）形成制件的内形和凹模（型腔）形成制件的外形。

（2）结构零件。

结构零件是指除了成型零件以外的模具零件。这些零件具有多种功能，包括支承、导向、排气、顶出制品、侧向抽芯、侧向分型、温度调节、引导塑料熔体向模腔流动等。

在结构零件中，合模导向装置与支撑零部件的组合构成注射模模架，如图 5-10 所示。

2. 注射模模架的加工

（1）模架的技术要求。模架是用来安装或支撑成型零件和其他结构零件的基础，同时还要保证凸模和凹模上有关零件的准确对合，并避免模具零件之间的干涉。因此，模架组合后其安装基准面应保持平行，其平行度公差等级见表 5-6。

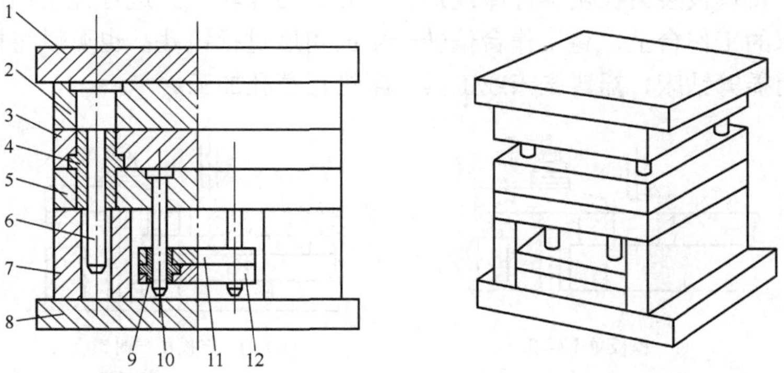

1—定模座板；2—定模板；3—动模板；4—导套；5—支撑板；6—导柱；7—垫块；
8—动模座板；9—推板导套；10—导柱；11—推杆固定板；12—推板

图 5-10　注射模模架

表 5-6　中小型注射模模架公差等级分级指标

项目序号	检查项目	主参数/mm		精度分级 I	精度分级 Ⅱ	精度分级 Ⅲ
				公差等级		
1	定模座板的上平面对动模座板的下平面的平行度	周界	≤400	5	6	7
			400～900	6	7	8
2	模板导柱孔的垂直度	厚度	≤200	4	5	6

导柱、导套和复位杆等零件装配后要运动灵活，无阻滞现象。

模具主要分型面闭合时的贴合间隙值应符合模架精度要求：Ⅰ级精度模架为 0.02 mm，Ⅱ级精度模架为 0.03 mm，Ⅲ级精度模架为 0.04 mm。

（2）模架零件的加工。模架的基本组成零件有导柱、导套和各种模板。

导柱、导套的加工主要是内、外圆柱面加工。其与冲压模模架的导柱、导套的加工类似，这里不再赘述。

各种模板都是平板状零件，起支撑作用，它们的工艺过程主要是平面加工和孔系加工。对模板进行平面加工时，应特别注意防止变形，保证装配时有关结合平面的平面度、平行度和垂直度要求。

动、定模板上导柱、导套的安装孔，当精度要求较高时，可采用坐标镗床、双轴镗床或数控坐标镗床进行加工；如果精度要求较低且无上述设备时，也可在卧式镗床或铣床上，将动、定模板重叠在一起，一次装夹，同时镗出导柱、导套的安装孔。对模板进行镗孔加工时，应在模板平面精加工后以模板的大平面及两相邻侧面作定位基准，将模板放置在机床工作台的等高垫铁上，使模板大致达到平行以后，轻轻夹住，然后用百分表找正后将其夹紧。模板用螺栓加压板紧固，压板着力点不应偏离等高垫铁，以免模板产生变形，如图 5-11 所示。

对于图 5-9（b）所示的带有斜导柱的侧型芯式注射模，模板上的斜导柱安装孔可以根据实际加工条件，将模板装夹在坐标镗床或加工中心的万能转台上进行镗削加工，或者将模板装夹在卧式镗床的工作台上，将工作台偏转一定的角度进行镗孔；也可以将模板装夹在自制的夹具上，利用摇臂钻床、摇臂铣床或工具铣床进行镗孔加工。

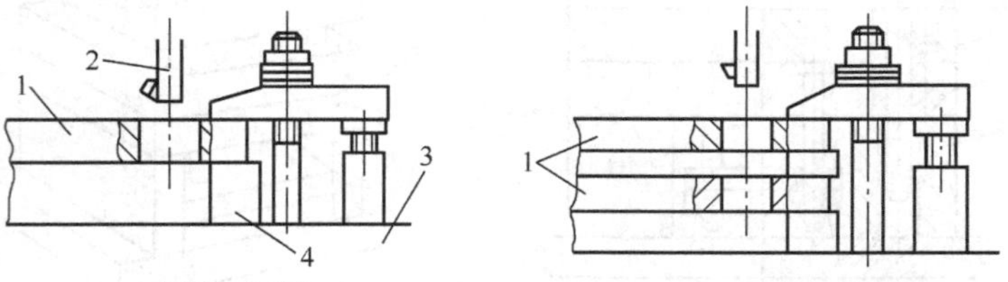

（a）模板单个镗孔　　（b）动、定模板同时镗孔

1—模板；2—镗杆；3—工作台；4—等高垫铁

图 5-11　模板的装夹

3. 其他结构零件的加工

（1）浇口套的加工。

由于在注射成型时浇口套要与高温塑料熔体和注射机喷嘴反复接触和碰撞，因此浇口套一般采用碳素工具钢 T8A 制造，局部热处理，硬度在 HRC57 左右。浇口套的结构类型常见的有两种：A 型和 B 型，如图 5-12 所示。

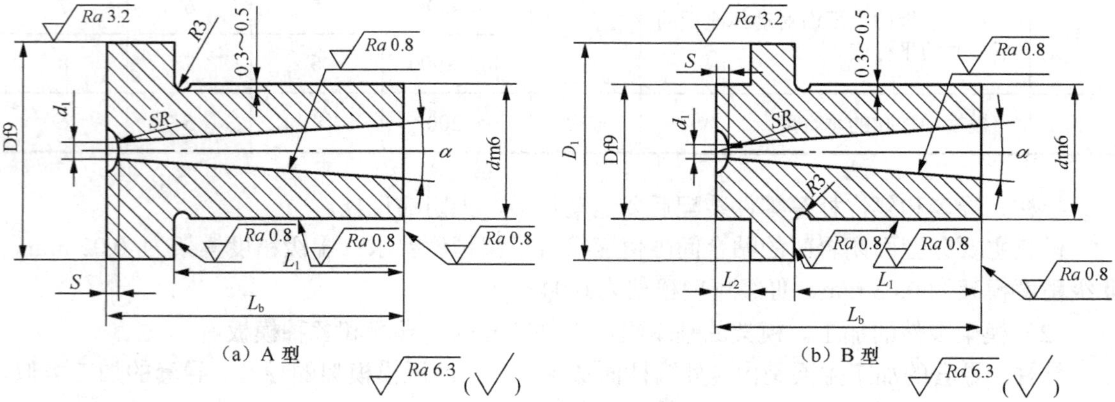

（a）A 型　　（b）B 型

图 5-12　浇口套

浇口套的锥孔较小，其小端直径一般为 3～8 mm，加工较困难。同时还应确保浇口套锥孔与外圆柱面同轴，以便在模具安装时使浇口套与注射机的喷嘴对准。

浇口套的加工工艺路线见表 5-7。

表 5-7　浇口套的加工工艺路线

工序号	工序名称	工艺说明
1	备料	按零件结构及尺寸大小选用热轧圆钢或锻件做毛坯 保证直径和长度方向上有足够的加工余量 如果浇口套凸肩部分长度不能可靠夹持，应适当加长毛坯长度

续表

工序号	工序名称	工艺说明
2	车削加工	车外圆 d 及端面，留磨削余量 车退刀槽达到设计要求 钻孔 加工锥孔达到设计要求 调头车 D_1 外圆达到设计要求 车外圆 D，留磨削余量 车端面保证尺寸 L_b 车球面凹坑达到设计要求
3	检验	
4	热处理	
5	磨削加工	以锥孔定位磨外圆 d 及 D 达设计要求
6	检验	

（2）侧向型芯滑块的加工。

当注射成型带有侧凹或侧孔的塑料制品时，模具必须带有侧向分型或侧向抽芯机构，如图 5-9（b）和图 5-9（c）所示。如图 5-13 所示，这是一种斜导柱抽芯机构的结构图，在侧型芯滑块上装有侧向型芯。

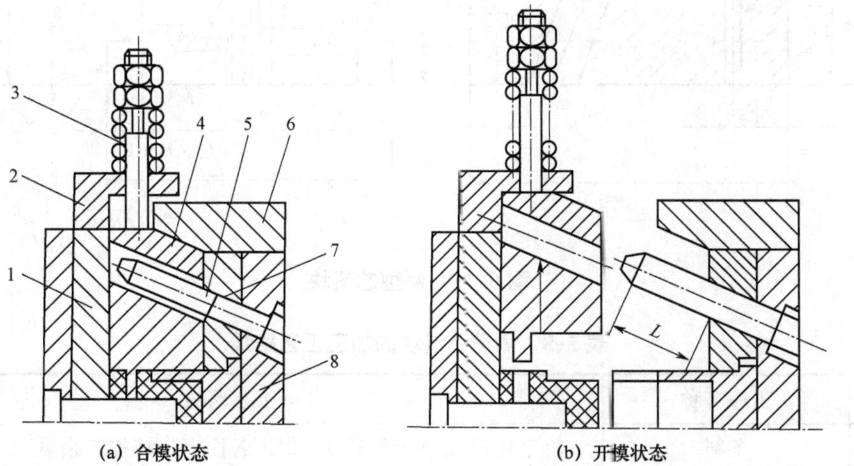

(a) 合模状态　　(b) 开模状态

1—动模板；2—限位块；3—弹簧；4—侧型芯滑块；5—斜导柱；6—楔紧块；7—凹模固定板；8—定模座板

图 5-13　斜导柱抽芯机构

侧型芯滑块的材料通常采用 45 钢或碳素工具钢，导滑部分可以进行局部或全部淬硬，硬度为 40～45 HRC。

侧型芯滑块与滑槽可以采用不同的结构组合，常见结构如图 5-14 所示。滑块与滑槽的配合通常选用 H8/g7 或 H8/h8，配合面的表面粗糙度 Ra 为 1.25～0.63 μm。

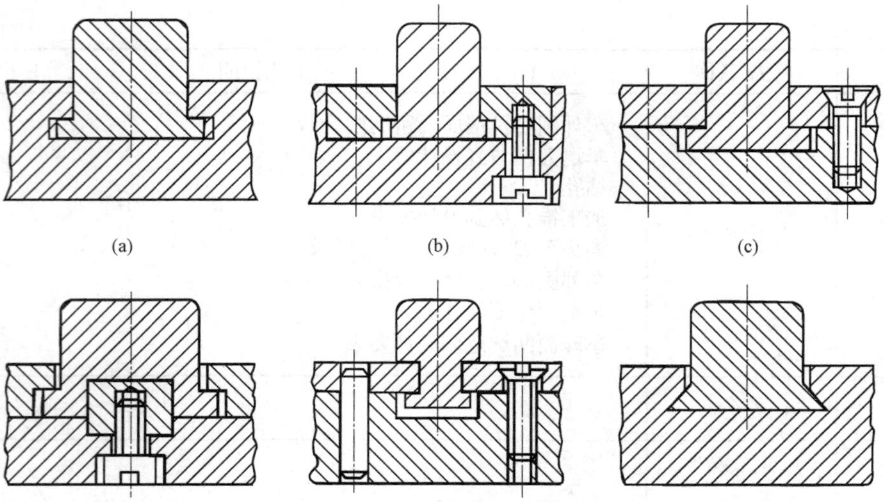

图 5-14　侧型芯滑块与滑槽组合的常见结构

侧型芯滑块的结构如图 5-15 所示，加工工艺路线见表 5-8。

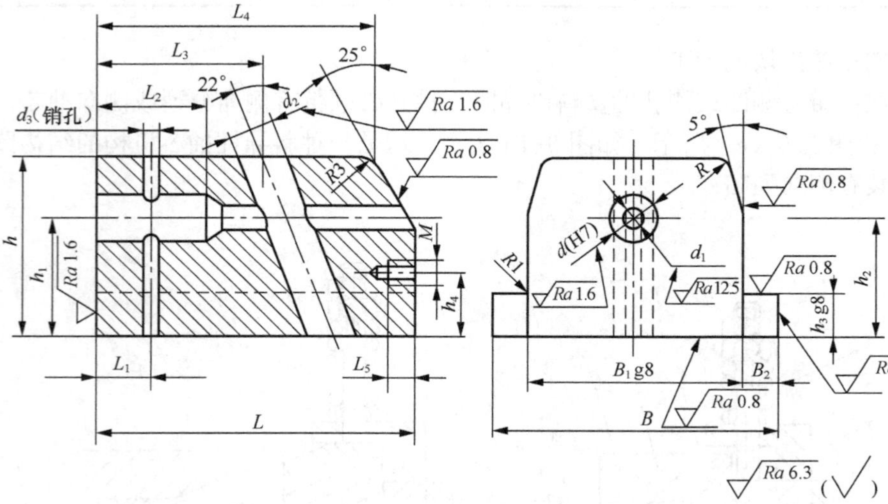

图 5-15　侧型芯滑块

表 5-8　侧型芯滑块的加工工艺路线

工序号	工序名称	工艺路线
1	备料	将毛坯锻成平行六面体，保证各面有足够加工余量
2	铣削加工	铣六个面
3	钳工划线	
4	铣削加工	铣导滑部，留磨削余量 铣各斜面达到设计要求
5	钳工划线	去毛刺、倒钝锐边 加工螺纹孔

续表

工序号	工序名称	工艺路线
6	热处理	
7	磨削加工	磨滑块导滑面运到设计要求
8	镗型芯固定孔	将滑块装入滑槽内 按型腔上侧型芯孔的位置确定侧滑块上型芯固定孔的位置尺寸 按上述位置尺寸镗滑块上的型芯固定孔
9	镗斜导柱孔	动模板、定模板组合，楔紧块将侧型芯滑块锁紧 将组成的动、定模板装夹在卧式镗床的工作台上 按斜导柱孔的斜角偏转工作台，镗孔

5.2　冲裁凸模和凹模的加工

视频讲解

凸模和凹模是冲裁模的主要工作零件，对于凸模的刃口轮廓和凹模的型孔有着较高的加工要求。

5.2.1　冲裁凸模的加工

冲裁凸模的加工工艺要点有两个：一是工作表面的加工精度和表面质量要求高；二是应考虑热处理变形对加工精度的影响。因此，必须选择合理的加工方法和安排合理的热处理工序。

1. 圆形凸模的加工

圆形凸模结构比较简单，其典型结构如图 5-16 所示。考虑到加工和装配时的强度和刚度，凸模各段台阶过渡处均采用小圆弧过渡，而未采用退刀槽结构。

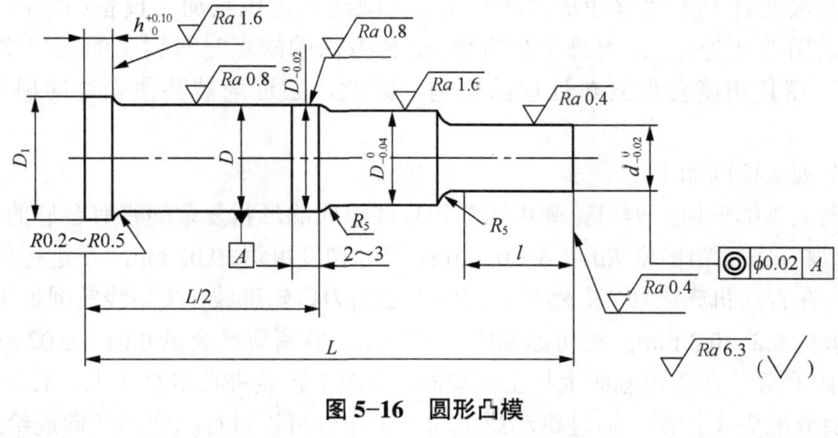

图 5-16　圆形凸模

圆形凸模的加工比较简单，其工艺路线一般为：毛坯—车削加工（留磨削余量）—热处理—磨削。

2. 非圆形凸模的加工

非圆形凸模的加工比较复杂，生产中常用的加工方法有压印锉修、仿形刨削、电火花线切割和成型磨削等。

（1）压印锉修。

压印锉修是一种钳工加工方法。如图 5–17 所示的凸模，压印前，根据非圆形凸模的形状和尺寸准备坯料，在车床或刨床上预加工凸模毛坯各表面，在端面上按照刃口轮廓划线，然后在铣床上按照划线粗加工凸模工作表面，并留有压印后的锉修余量 0.15～0.25 mm（单面）。压印时，在压力机上将粗加工后的凸模毛坯垂直压入已淬硬的凹模型孔内，如图 5–18 所示。通过凹模型孔的挤压和切削作用，凸模毛坯上多余的金属被挤出，并在凸模毛坯上留下了凹模的印痕，钳工按照印痕锉去毛坯上多余的金属，然后再压印，再锉修，反复进行，直到凸模刃口尺寸达到图样要求为止。

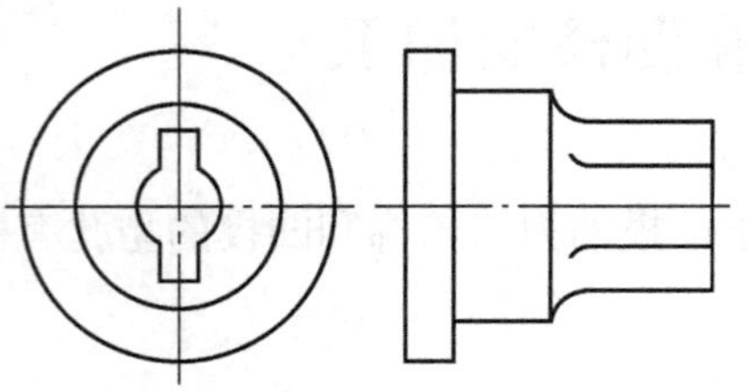

图 5–17　凸模

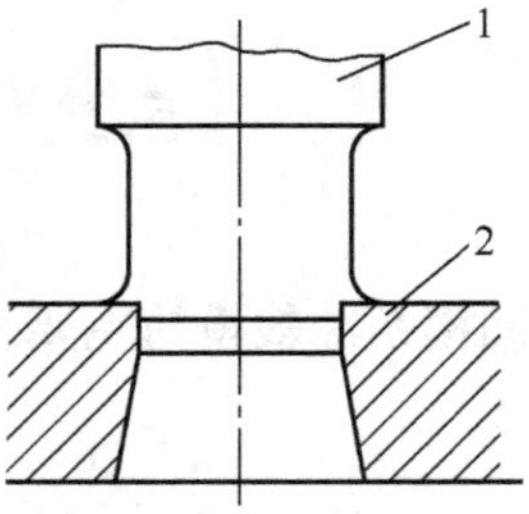

1—凸模；2—凹模

图 5–18　用凹模压印

压印结束后，再按照图样要求的间隙值锉小凸模，并留有 0.01～0.02 mm（双面）的钳工研磨余量，热处理后，钳工研磨凸模工作表面，直到间隙合适。

压印深度直接影响凸模表面的粗糙度，为了确保压印工作的顺利进行和保证压印表面的粗糙度，首次压印深度应为 0.2～0.5 mm，以后各次压印深度可以适当增加。为了改善压印表面的粗糙度，可以用油石将锋利的凹模刃口磨出 0.1 mm 左右的圆角，并在凸模表面上涂一层硫酸铜溶液，以减少摩擦。

这种方法最适合于无间隙冲裁模的加工，在缺乏先进模具加工设备的情况下，它是模具钳工经常采用的一种方法，而且十分有效。这种方法的缺点是对钳工的操作水平要求高，生产效率低，模具精度会受到热处理的影响。因此，它逐渐被其他先进的模具加工方法取代。

（2）仿形刨床切削加工。

仿形刨床主要用于加工刃口轮廓由圆弧和直线组成的形状复杂的带有台肩的凸模和型腔冷挤压冲头。加工表面粗糙度 Ra=1.6～0.8 μm，尺寸精度可达±0.02 mm。在进行仿形刨削前，毛坯各表面先在普通机床上加工，然后在端面上划出刃口轮廓线，按划线铣削加工凸模轮廓，留单边刨削余量 0.2～0.3 mm，在仿形刨床上精加工，并留研磨余量 0.01～0.02 mm。

如图 5–19 所示，在仿形刨床上加工凸模时，凸模 1 被装夹在卡盘 3 上，工作台上的卡盘旋转的角度由分度头 4 控制。通过机动或手动，工作台可以进行纵向和横向进给运动。同时借助刨刀 2 的垂直向下运动以及工作台的纵向、横向进给和卡盘的旋转运动，仿形刨削可以加工出各种形状复杂的凸模，如图 5–20 所示。

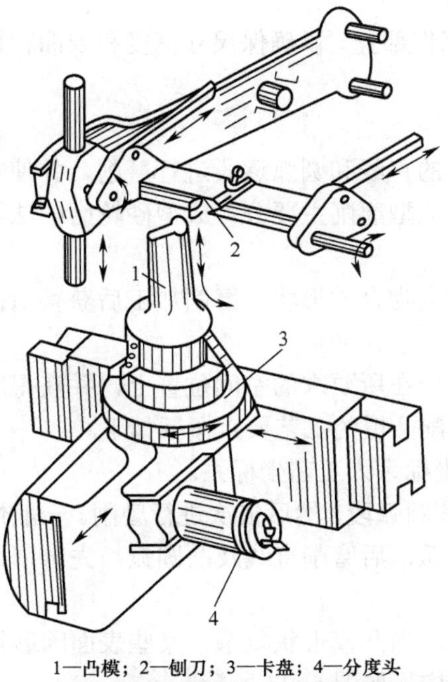

1—凸模；2—刨刀；3—卡盘；4—分度头

图 5-19　在仿形刨床上加工凸模示意图

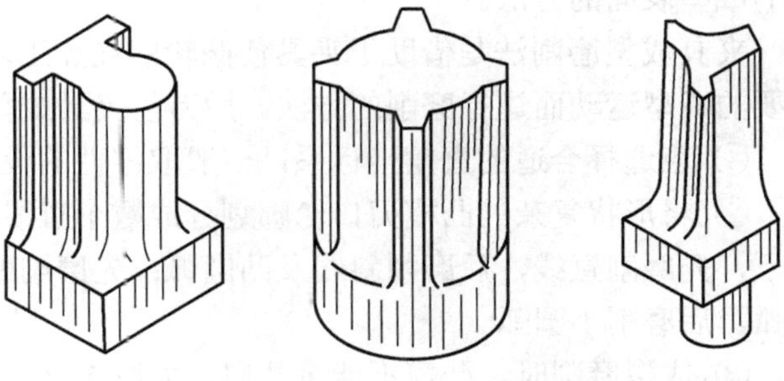

图 5-20　在仿形刨床上加工的形状复杂的凸模

仿形刨削加工凸模的生产效率低，对工人的操作水平要求高。由于仿形刨削是在凸模热处理之前进行，加工后的热处理变形将会引起凸模变形，因此它也逐渐被电火花线切割加工和成型磨削代替。

（3）电火花线切割加工。

采用电火花线切割方法加工凸模时，凸模形状应设计成直通形式，而且其长度尺寸不应超过线切割机床的加工范围。

对凸模进行电火花线切割加工之前，应将毛坯锻造成六面体，并用机械加工方法去除其中多余的余量，使切割轮廓线与毛坯之间的余量小于 5 mm，并注意留出线切割时的装夹部位。

电火花线切割加工是在凸模热处理之后进行的，加工的尺寸精度高、质量好、制造周期短，但被加工工件的尺寸受机床的限制，而且加工出的工作表面呈条纹状的加工痕迹较明显，最后需要由钳工研磨减小表面粗糙度值。

如图 5-21 所示，凸模的电火花线切割工艺过程如下。

① 准备毛坯，将圆形棒料锻造成六面体，并进行退火处理。

② 在刨床或铣床上加工六面体的六个面。

③ 钻穿丝孔。在线切割加工的起点（图 5-21 中的 O 点）处钻出直径为 2～3 mm 的电极丝穿丝孔。

④ 钻孔，攻螺纹，加工出固定凸模用的两个螺钉孔。

⑤ 将工件进行淬火、回火处理，要求表面硬度达到 58～62 HRC。

⑥ 磨削上、下两平面，表面粗糙度 Ra＜0.8 μm。

⑦ 去除穿丝孔内杂质，并进行退磁处理。

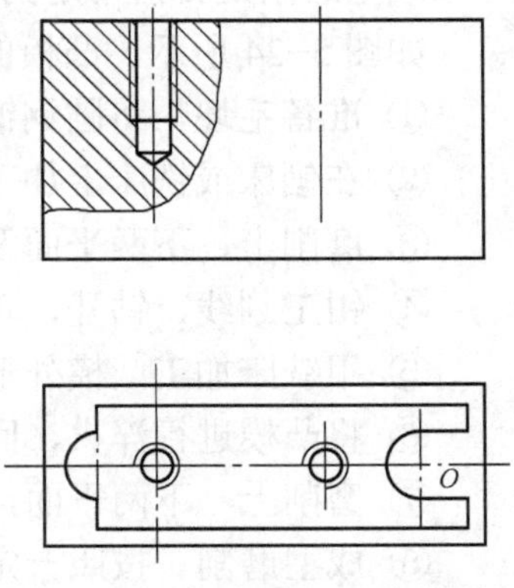

图 5-21　线切割加工凸模

⑧ 线切割加工凸模。

⑨ 研磨。经过线切割加工后，钳工需要研磨凸模工作部分，以确保尺寸精度和表面粗糙度达到设计要求。

（4）成型磨削。

成型磨削是将成型磨削工件按磨削轮廓划分成单一的直线和圆弧逐段进行磨削，并使它们在衔接处平整光滑而达到设计要求的一种加工方法。成型磨削主要分为成型砂轮磨削法和夹具成型磨削法两种。

成型砂轮磨削法是将砂轮修整成与凸轮工作表面完全吻合的形状，磨削加工后获得所需要的成型表面的方法。

夹具成型磨削法是借助于夹具使凸轮的被加工表面处在所要求的空间位置上，并获得所需要的成型运动而进行磨削的方法。用万能夹具成型磨削凸模的工艺要点概括如下。

① 应选择合适的直角坐标系，一般取零件的设计坐标系为工艺坐标系。

② 将形状复杂的凸模刃口轮廓划分成数个直线段和圆弧段，然后依次进行磨削。一般情况下，先磨削直线，后磨削斜线及凸圆弧；先磨削凹圆弧，后磨削直线及凸圆弧；先磨削大圆弧，后磨削小圆弧。

③ 成型磨削时，凸模不能带凸肩，如图 5-22 所示。当凸模形状复杂，某些表面因砂轮不能进入而无法直接磨削时，可考虑将凸模改成镶拼结构，如图 5-23 所示。

④ 选择回转中心，依次调整回转中心与夹具中心重合。

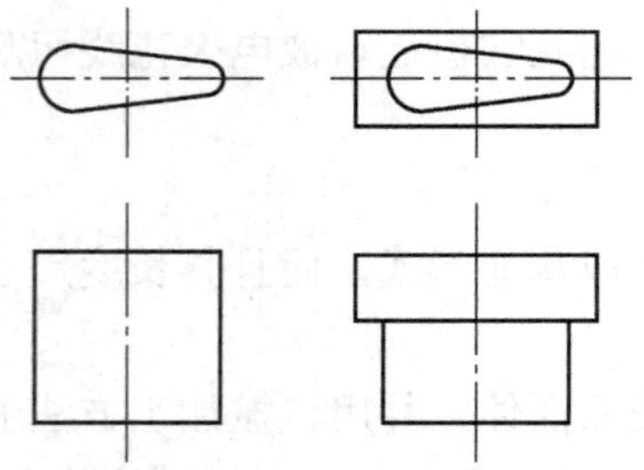

（a）无凸肩的凸模　（b）带凸肩的凸模

图 5-22　凸模结构

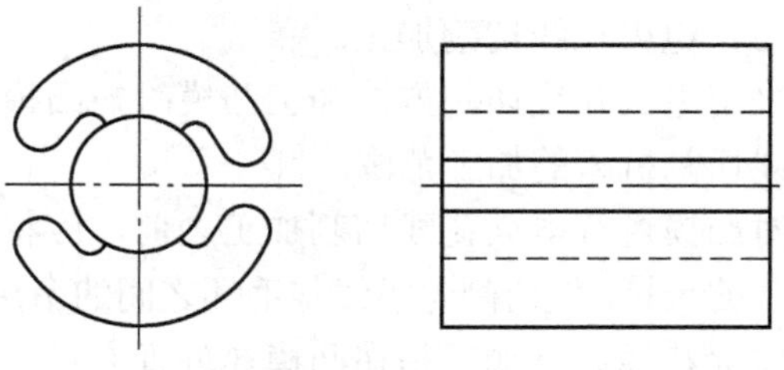

图 5-23　镶拼式凸模

成型磨削是目前常用的加工凸模的最有效方法，具有高精度、高效率等优点。

如图 5-24 所示，凸模的成型磨削工艺过程如下。

① 准备毛坯，将圆钢锻造成六面体，并进行退火处理。

② 在刨床或铣床上加工六面体的六个面。

③ 磨削上、下两平面及基准面。

④ 钳工划线，钻孔，攻螺纹。

⑤ 用铣床加工凸模外形，并留磨削余量。

⑥ 将凸模进行淬火、回火处理，要求表面硬度达到 58～62 HRC。

⑦ 磨削上、下两平面，表面粗糙度 Ra＜0.8 μm。

⑧ 成型磨削。按照一定的磨削程序磨削凸模外形。

⑨ 精修。

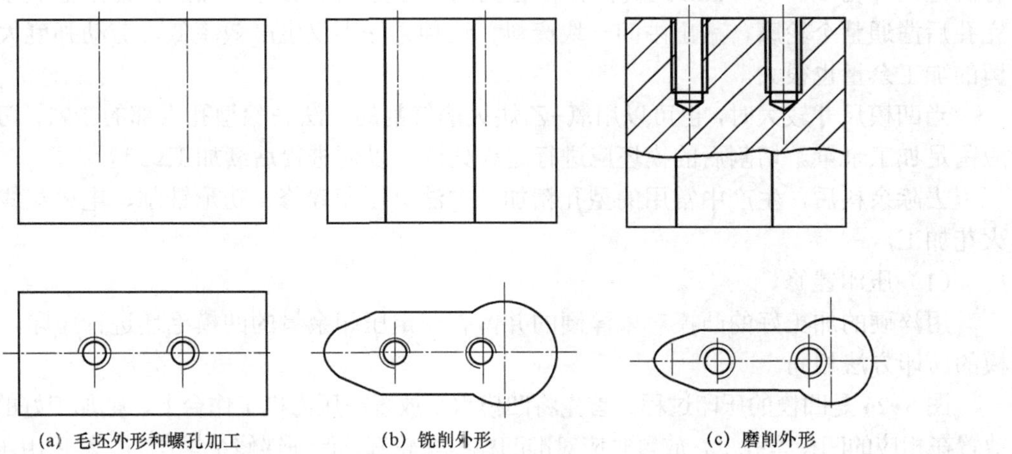

图 5-24　成型磨削凸模

5.2.2　冲裁凹模的加工

冲裁凹模的加工主要表现为型孔的加工。而型孔属于内表面，所以其加工工艺独特。

1. 冲裁凹模的工艺特点

冲裁凹模的加工工艺具有以下特点。

（1）在多孔冲裁模或级进模中，凹模上孔系的位置精度通常要求在±（0.01～0.02）mm 以上，加工较困难。

（2）凹模在镗孔时，孔与外形有一定的位置精度要求，加工时要求准确确定孔的中心位置，这给加工带来很大难度。

（3）凹模型孔加工的尺寸往往直接取决于刀具的尺寸，因此刀具的尺寸精度、刚度及磨损将直接影响内孔的加工精度。

（4）凹模型孔加工时，切削区在工件内部，排屑、散热条件差，加工精度和表面质量不容易控制。

2. 冲裁凹模的加工方法

凹模型孔为单个圆孔或一系列圆孔（孔系）时，加工方法在本书第 2 章已经叙述，这里不再重复。下面主要介绍凹模非圆形型孔的加工方法。

非圆形型孔的加工比较复杂，首先要去除非圆形型孔中心的废料，然后进行精加工。非圆形型孔的凹模通常是将毛坯锻造成矩形，加工各平面后进行划线，再将型孔中心的余料去除而成的。图 5-25 是沿型孔轮廓线内侧顺序钻孔后，将孔两边的连接部凿断，去除废料的方法。具体要求是：先在凹模上划出型孔轮廓线，然后在轮廓线内划出与型孔轮廓线相似的钻孔中心轮廓线，两线之间的间距为$\frac{d}{2}$＋（0.2～0.5）mm。以钻孔中心轮廓线上的点为圆心，划出一系列直径为 d 的圆，

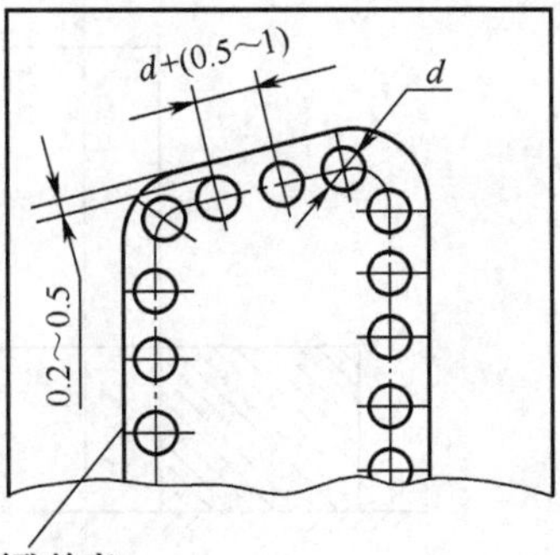

图 5-25　沿型孔轮廓线钻孔

各圆之间保留 0.5～1.0 mm 距离，并在各圆的中心处钻中心孔，然后在钻床上顺序钻孔。钻完孔后凿通整个轮廓，敲出中间一块废料。这种方法不仅生产效率低，劳动强度大，而且残留的加工余量也很大。

当凹模尺寸较大时，也可以用氧–乙炔火焰气割的方法去除型孔内部的废料，切割时型孔应留足加工余量。切割后的模坯应进行退火处理，以便进行后续加工。

去除余料后，生产中常用的型孔精加工方法有压印锉修、仿形铣削、电火花线切割和电火花加工。

（1）压印锉修。

用淬硬的加工好的凸模对未淬硬的并留有一定压印余量的凹模毛坯进行压印，方法与凸模的压印方法相同。

图 5–26 是凹模的压印过程。首先将凹模水平放置在压力机工作台上，把加工好的凸模垂直放置在相应的凹模型孔上，放置时应对准凹模型孔轮廓，保证锉修余量均匀，然后用压力机对凸模施以压力。通过凸模的挤压和切削作用，在凹模上产生印痕，钳工按照印痕锉去型孔多余的金属后再压印，再锉修型孔，反复进行。第一次压印深度应为 0.2～0.5 mm，以后各次的压印深度可以大一些。每次压印后都要锉去多余的金属，直到凹模型孔尺寸达到图样要求为止。

凹模在压印锉修后，可用油石精细加工。在缺乏专用凹模加工设备的情况下，模具钳工通常采用这种方法加工凹模型孔。这种方法加工的凹模型孔尺寸精度高、表面粗糙度小，最适合于无间隙冲裁模工作零件的加工。与凸模的压印锉修一样，这种方法也存在着对钳工的操作水平要求高、生产效率低、模具精度会受到热处理影响的缺点。

（2）仿形铣床切削加工。

在仿形铣床上采用平面轮廓仿形，对型孔进行半精加工或精加工，加工精度可达 0.05 mm，表面粗糙度 Ra 为 2.5～1.5 μm。

仿形铣削加工凹模型孔如图 5–27 所示，应先进行粗加工，然后将靠模、垫板和凹模一起紧固在铣床工作台上，在铣刀和刀柄上装有一个钢制且淬硬的滚轮。加工时，工人用手操作铣床工作台台面纵向和横向移动，使滚轮始终与靠模接触并且沿着靠模的轮廓运动，最终加工出凹模型孔。

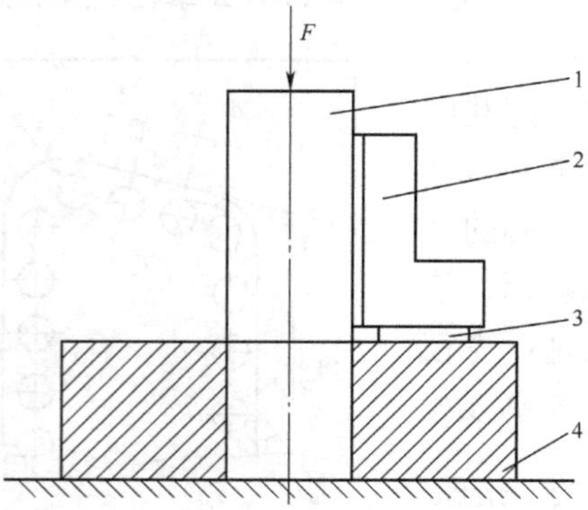

1—凸模；2—角尺；3—垫块；4—凹模

图 5–26　用凸模压印

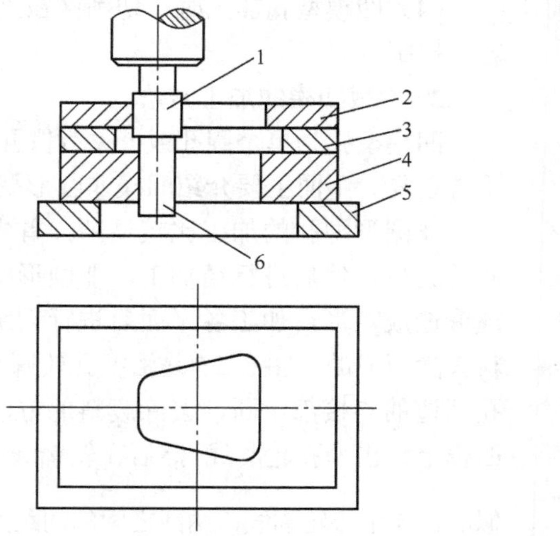

1—滚轮；2—靠模；3、5—垫板；4—凹模；6—铣刀

图 5–27　仿形铣削加工凹模型孔

仿形铣削加工容易获得形状复杂的型孔，可以减轻工人的劳动强度，但需要制造靠模，使生产周期增长。靠模通常都是使用易加工的木材制造，但受温度、湿度的影响靠模极易变形，从而会影响加工精度。

（3）电火花线切割加工。

当凹模形状复杂，带有尖角、窄缝时，常采用电火花线切割方法加工凹模型孔，型孔的加工精度高，质量好。线切割以后，选用钳工研磨型孔，以确保凸、凹模之间的间隙均匀。凹模的电火花线切割加工应安排在热处理之后进行。凹模型孔的电火花线切割加工如图 5-28 所示，其工艺过程如下。

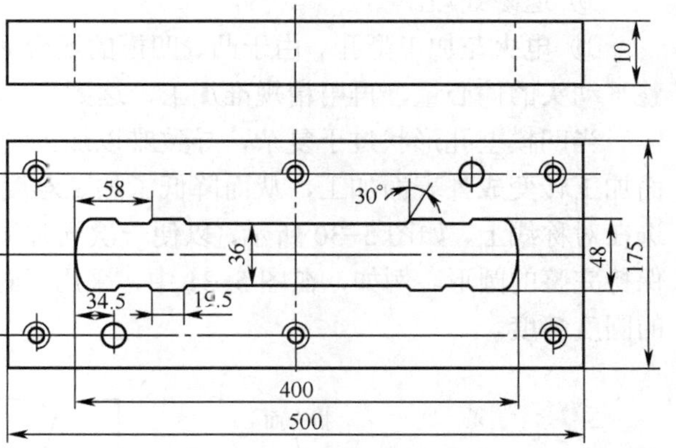

图 5-28 凹模型孔的电火花线切割加工

① 准备毛坯，将圆形棒料锻造成六面体，并进行退火处理。

② 在刨床上加工六面体的六个面。

③ 平磨上、下两平面及角尺面。

④ 钳工划线，加工销孔和螺钉孔。

⑤ 去除型孔内部废料。沿型孔轮廓线划出一系列孔，然后在钻床上按顺序钻孔后，凿通整个轮廓，敲出中间废料。

⑥ 将工件进行淬火、回火处理，要求表面硬度达到 58～62 HRC。

⑦ 平磨上、下两平面及角尺面。

⑧ 线切割加工型孔。

⑨ 将线切割加工好的凹模进行稳定回火。

⑩ 钳工研磨销孔及凹模刃口，使型孔达到规定的技术要求。

（4）电火花加工。

当凹模形状复杂时，采用电火花加工，制模周期短、生产效率高。与电火花线切割相比，电火花加工需要制作成形电极，不仅成本比较高，而且加工过程中的电极损耗也会影响加工精度。电火花加工特别适用于小孔和小异形孔的加工。电火花加工型孔也应该安排在凹模热处理之后进行。

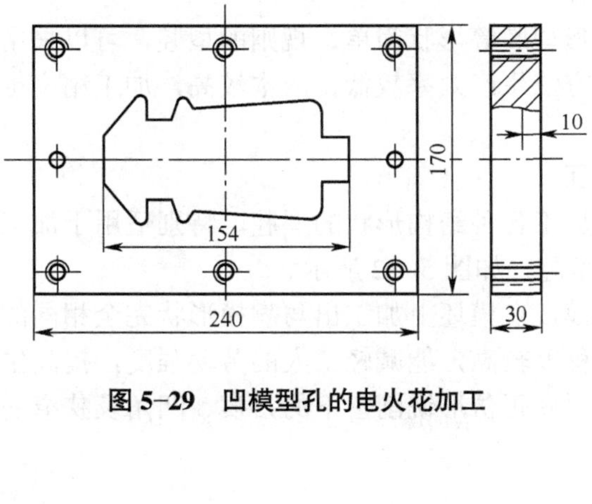

图 5-29 凹模型孔的电火花加工

凹模型孔的电火花加工如图 5-29 所示，要求凸、凹模的单边配合间隙为 0.05～0.10 mm。其加工工艺过程如下。

① 准备毛坯，将圆形棒料锻造成六面体，并进行退火处理。

② 在刨床上加工六面体的六个面。

③ 平磨上、下两平面及角尺面。

④ 钳工划线，划出型孔轮廓线和销孔、螺钉孔位置。

⑤ 去除型孔内部废料。

⑥ 加工销孔和螺钉孔。

⑦ 将工件进行淬火、回火处理，要求表面硬度达到58～62 HRC。

⑧ 平磨上、下两平面及角尺面。

⑨ 退磁处理。

⑩ 电火花加工型孔。由于凸、凹模的配合间隙较大，所以需要先用粗规准加工，然后调整平动头的偏心量，再用精规准加工，达到凸、凹模的配合间隙要求。

当凹模型孔形状过于复杂，导致难以加工时，凹模可以采用镶拼结构，这样可以将内表面加工转变成外表面加工，从而降低了加工难度。凹模采用镶拼结构时，应尽可能将拼合面选在对称线上，如图5-30所示，以便一次同时加工几个镶块；凹模的圆形刃口部位应尽可能保持完整的圆形。例如，在图5-31中，采用（a）图所示的拼合方式比（b）图更容易获得高的圆度精度。

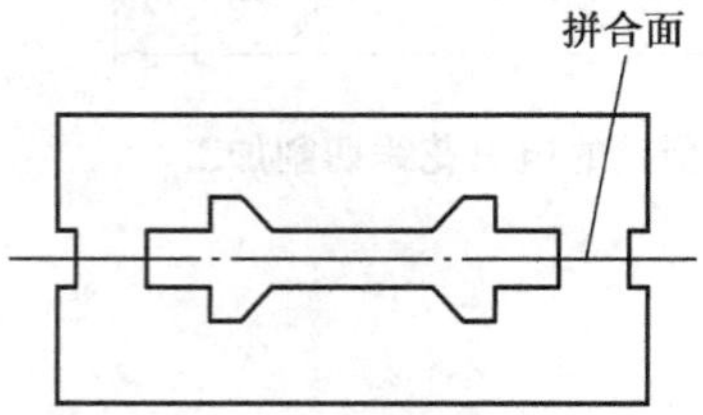

图5-30 拼合面在对称线上

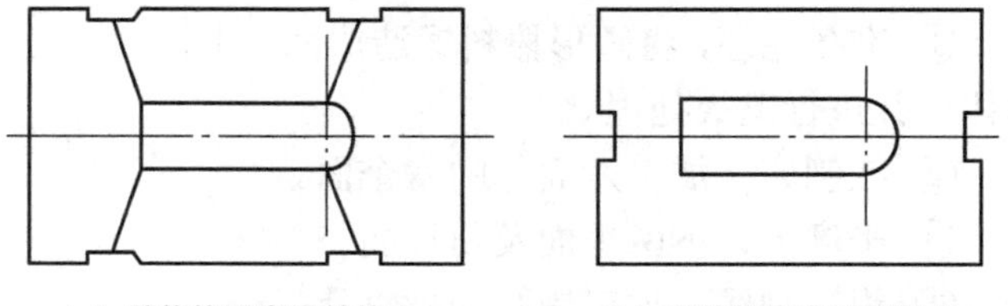

（a）零件的圆度误差较小　（b）零件的圆度误差较大

图5-31 圆形刃口的拼合

5.3 塑料模型腔的加工

视频讲解

塑料模型腔的作用是形成制件外形表面，要求尺寸精度高、表面粗糙度小，而且一般形状也比较复杂，因此型腔的加工是模具制造的难点。

5.3.1 型腔的加工

型腔的加工方法有以下六种。

1. 采用通用机床加工

对于圆形型腔、方形型腔等形状简单、规则的型腔，可以采用通用机床加工。但是此方法生产效率较低，成本较高，加工精度也难以保证。

2. 采用仿形铣床加工

使用仿形铣床可以加工各种结构形状的型腔，特别适用于加工具有曲面结构的大尺寸型腔，如图5-32所示。

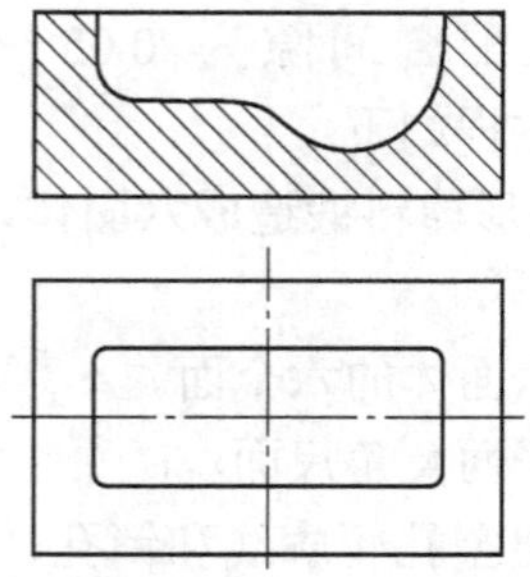

图5-32 曲面结构的型腔

按照预先制好的靠模，在模坯上加工出与靠模形状完全相同的型腔。这种方法自动化程度较高，能减轻工人的劳动强度，提高生产率。但加工后一般需要修正仿形铣削留下的刀痕、凹角及狭窄的沟槽等部位。

3. 采用电火花加工

电火花加工可以加工切削困难的小孔、窄缝或带有文字花纹的部位，加工精度高。但是电火花加工后的表面呈粒状麻点，需要手工抛光或机械抛光。由于表面为硬化层，手工抛光较费时。

4. 采用电火花线切割加工

电火花线切割适用于加工镶拼结构的型腔。但是如果线切割加工后的表面粗糙度达不到要求，还需要抛光型腔。

5. 采用冷挤压法加工

冷挤压法加工型腔是在常温下，利用安装在压力机上的成型凸模（也称为工艺凸模），在一定的压力和速度下挤压模具坯料，使之产生塑性变形而形成与凸模工作表面吻合的型腔表面。型腔冷挤压是利用金属塑性变形的原理实现的，属于无屑加工方法。

型腔冷挤压的方法有两种：开式挤压和闭式挤压。

（1）开式挤压。

开式挤压是将模具的模坯置于挤压凸模下面加压，如图 5–33 所示。在挤压凸模的作用下金属向四周自由流动，挤压凸模压入毛坯形成型腔。但是毛坯上表面出现内陷，挤压后需要机械加工。

开式挤压主要适用于型腔较浅、形状简单、精度要求不高，且外形还需要加工的凹模型腔。应注意开式挤压时需要有安全措施。

（2）闭式挤压。

闭式挤压是将模具的模坯放入凹模内进行挤压加工，如图 5–34 所示。坯料在挤压凸模的作用下由于受到凹模壁的限制，迫使金属与挤压凸模紧密贴合，型腔轮廓清晰，提高了型腔的成型精度，但也造成了挤压力增大。这种方法适用于加工精度要求较高、深度较大的型腔。

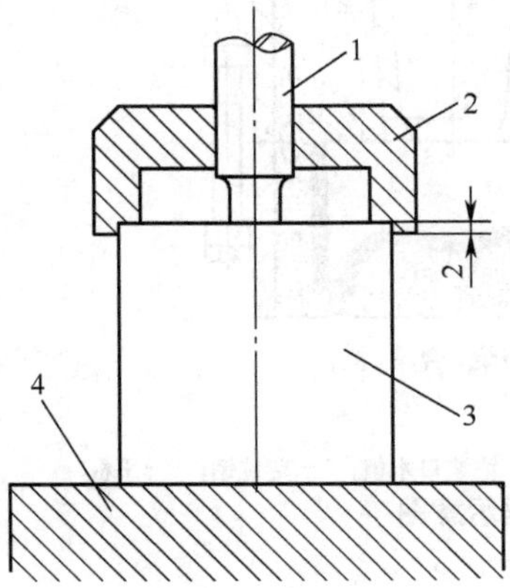

1—挤压凸模；2—导套；3—毛坯；4—压力机工作台

图 5–33　开式挤压

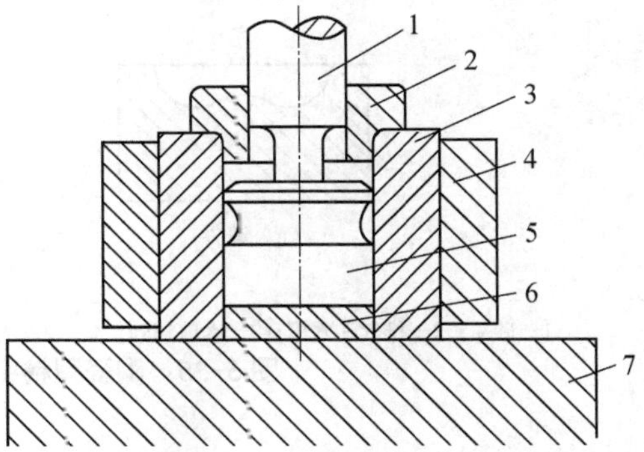

1—挤压凸模；2—导套；3—凹模；4—加强圈；
5—毛坯；6—垫块；7—压力机工作台

图 5–34　闭式挤压

6. 精密铸造法

精密铸造方法很多，生产中最为常用的是陶瓷型铸造。

陶瓷型铸造是在砂型铸造和熔模铸造的基础上发展起来的铸造工艺。陶瓷铸造是把由颗粒状耐火材料和黏结剂等配制而成的陶瓷材料浇注到母模上，在催化剂的作用下，陶瓷浆结胶硬化而形成陶瓷层，然后再进行拔模、喷烧和焙烧等工序，就形成了耐火度、尺寸精度以及表面质量都很高的精密铸型，再经过合箱、浇注等操作，就可以获得铸件。陶瓷型精密铸造工艺过程如图 5-35 所示。

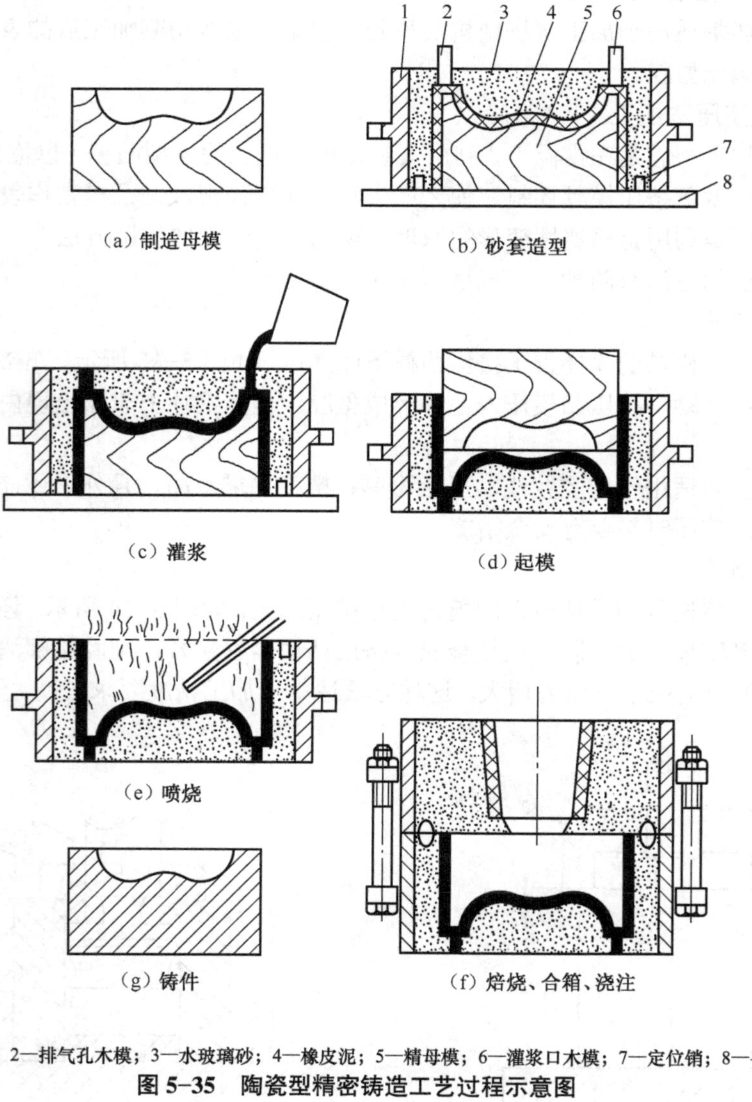

1—砂箱；2—排气孔木模；3—水玻璃砂；4—橡皮泥；5—精母模；6—灌浆口木模；7—定位销；8—平板

图 5-35　陶瓷型精密铸造工艺过程示意图

5.3.2　型腔的抛光

模具型腔在机械加工后表面会留下刀痕，或经过电火花加工后表面会留下一层硬化层。型腔表面的刀痕或硬化层需要抛光去除。抛光加工的质量不仅影响模具的使用寿命，而且影响制件表面光泽、尺寸精度。

抛光可以由钳工手工操作完成，也可以使用抛光机进行。随着现代技术的发展，电解、超声波等技术在型腔的抛光中得到了广泛的运用。

思考题

1. 冲压模模架的作用是什么？其一般由哪些零件组成？
2. 冲压模的上、下模座的作用是什么？
3. 为了保证上、下模座的孔位一致，应该如何加工？
4. 导柱和导套的作用是什么？
5. 导柱和导套的材料是如何选用的？对导柱、导套有哪些技术要求？
6. 在导柱加工过程中，为什么采用中心孔作为定位基准？导柱在热处理后为什么要修正中心孔？有哪些修正方法？
7. 磨削导套的方法有哪两种？
8. 在导套加工时，如何保证内、外圆柱面的位置精度要求？
9. 注射模的组成零件可分为哪两类？它们各有什么作用？
10. 注射模模架的作用是什么？其一般由哪些零件组成？
11. 注射模的浇口套和侧型芯滑块一般采用什么材料？热处理后的硬度是多少？
12. 冲裁模的凸模和凹模的加工工艺各有哪些特点？
13. 圆形凸模各段台阶过渡处为什么采用小圆弧过渡？
14. 非圆形冲裁凸模的加工有哪些方法？各有什么特点？
15. 冲裁凹模非圆形型孔中心的废料是用什么方法去除的？
16. 冲裁凹模非圆形型孔的加工有哪些方法？各有什么特点？
17. 塑料模型腔的作用是什么？加工方法有哪些？
18. 塑料模型腔抛光的目的是什么？

课后习题

第6章 模具零件的特种加工

知识目标

- 掌握电火花成形加工的工作原理、特点及应用。
- 掌握电火花线切割加工的工作原理、特点及应用。
- 熟悉电铸成形加工的工作原理、特点及应用。
- 熟悉电解磨削加工的工作原理、特点及应用。
- 熟悉超声波加工的工作原理、特点及应用。

20世纪50年代以来，随着工业生产的发展和科学技术的进步，具有高硬度、高强度、高韧性、高脆性、耐高温等特殊性能的材料不断出现，零件的形状也越来越复杂，精度要求更高，表面粗糙度要求更低。这样的零件有时仅仅依靠常规的切削加工方法很难甚至根本无法完成。例如，在模具制造中，对于形状复杂的型腔、凸模和凹模型孔等采用传统的切削方法往往难以加工。

经过研究和探索，人们相继开发了一系列的特种加工方法。特种加工方法是指直接利用电能、光能、热能、电化学能、化学能和声能等各种能量对工件材料进行加工的加工方法。特种加工与一般机械加工的区别表现在以下几个方面。

（1）切除材料的能量不单纯依靠机械能，还可以采用其他形式的能量。

（2）加工过程中可以有工具，但不要求工具材料的硬度高于工件材料的硬度，也可以无工具。

（3）在加工过程中，工具与工件之间不存在显著的机械切削力。

本章主要介绍目前在模具生产中应用较多的特种加工方法：电火花加工、电火花线切割加工、电化学加工（电铸加工、电解加工、电解磨削加工）和超声波加工。

视频讲解

6.1　模具零件的电火花成形加工

6.1.1　电火花成形加工的工作原理

电火花成形加工是在一定介质中，通过工具电极和工件电极之间脉冲火花放电时的电腐蚀现象来除去多余的材料，从而得到符合图纸规定的形状、尺寸和表面粗糙度要求的工件的加工方法。电火花成形加工的原理如图 6–1 所示。

工具电极 4 与工件 1 分别与脉冲电源 2 的两个输出端连接，并且都浸在工作液里，自动进给调节装置 3 使工具电极与工件之间保持一定的放电间隙（一般为 0.01～0.2 mm）。脉冲电源不断发出脉冲电压加在工具电极与工件之间，当脉冲电压增大到间隙中工作液的击穿电压时，将会发生火花放电，放电区的高温把该处的电极和工件材料熔化，甚至汽化，在电极和工件表面都被蚀除一小块材料，形成小的凹坑。随着脉冲电压的结束，一个放电过程完成。紧接着下一个放电过程又开始，周而复始，工具电极不断地向工件进给，工件表面形成无数小的凹坑，如图 6–2 所示。随着工件不断地被蚀除（工具电极材料尽管也会被蚀除，但其速度远小于工件材料），工具电极轮廓形状就能复制在工件上而达到加工的目的。

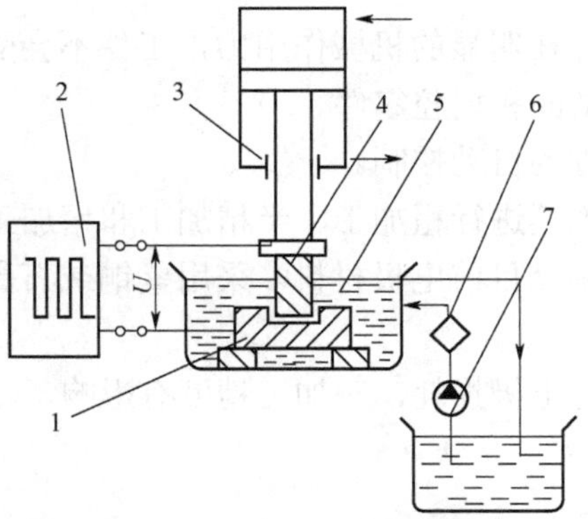

1—工件；2—脉冲电源；3—自动进给调节装置；
4—工具电极；5—工作液；6—过滤器；7—泵

图 6–1　电火花成形加工的原理图

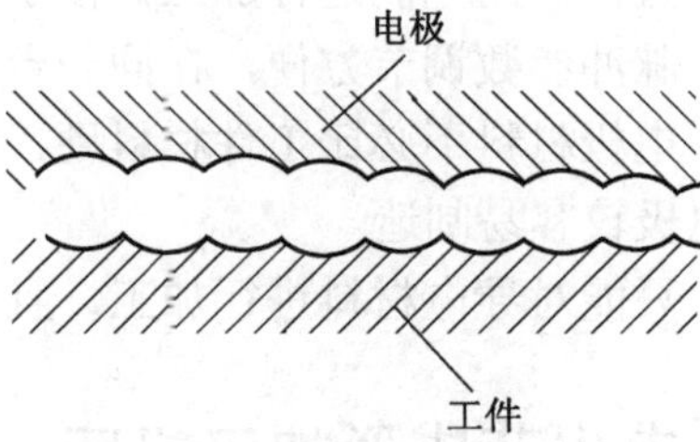

图 6–2　加工表面局部放大图

6.1.2　电火花成形加工必须具备的条件

电火花成形加工必须具备的条件包括以下几个方面。

（1）工件电极和工具电极之间必须经常保持一定的间隙，以便形成火花放电的条件。这一间隙与加工电压和加工量等因素有关，通常为 0.01～0.2 mm。如果间隙过大，工作电压不能击穿，电流为零；如果间隙过小，容易形成短路，极间电压接近于零。因此，在电火花加工过程中，必须使用工具电极的自动进给调节装置来保持这个间隙。

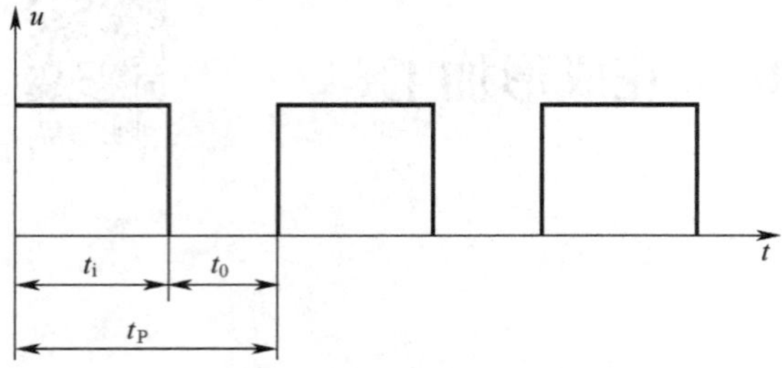

图 6-3 脉冲电源电压波形

（2）电火花放电必须是脉冲性和间歇性的，脉冲电源电压波形如图 6-3 所示。放电延续时间一般为 10^{-7}～10^{-4} s，这样才能使放电所产生的热量来不及传导扩散到其余部分，从而只在极小的范围内使金属局部熔化。放电之后，为了使放电介质有足够的时间恢复绝缘状态，以免引起持续电弧放电，烧伤加工表面，还要有一定的脉冲间隔时间。

（3）电火花放电必须在具有一定绝缘性能的液体介质中进行。液体介质没有一定绝缘性能，就不能击穿放电，形成火花通道。在放电完成以后，液体介质能够迅速熄灭火花，消除火花间隙中的电离。同时对电极表面进行较好的冷却，并能从工作间隙带走电蚀产物。常用的液体介质包括煤油、皂化液、去离子水等。

6.1.3 电火花成形加工的特点

电火花成形加工的特点包括以下几个方面。

（1）可以加工用一般机械加工方法难以加工或无法加工的材料。将电火花成形加工应用于模具制造，可以扩大模具材料的选用范围。

（2）工具电极和工件在加工过程中不接触，不存在明显的机械作用力，工件不会受力变形，便于加工小孔、深孔、薄壁、窄缝，以及各种型面和型腔零件。

（3）直接利用电能进行加工，便于实现加工过程的自动控制。

（4）脉冲参数调节方便，在同一台机床上可以连续进行粗加工、半精加工和精加工。

（5）电极材料不必比工件材料硬，可以以柔克刚。目前电极材料多采用紫铜或石墨，因此工具电极较容易制造。

（6）只能对导电材料进行加工，且加工过程中有电极损耗，对加工精度有影响。

6.1.4 电火花成形加工机床

电火花成形加工机床主要由主机、脉冲电源、自动进给调节系统、工作液净化及循环系统等几部分组成，如图 6-4 所示。

1. 主机

主机包括主轴头、床身、立柱、工作台、工作液槽等。主轴头由进给系统、导向机构、电极夹具及相应调节系统组成，它是电火花成形加工机床中最关键的部件。

主轴头是自动进给调节系统的执行机构，用来控制工件与工具电极之间的间隙。普通电火花

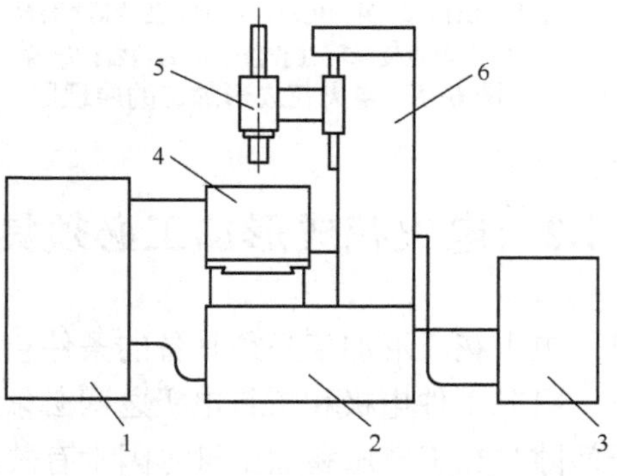

1—脉冲电源；2—床身；3—工作液循环过滤系统；
4—油箱；5—主轴头；6—立柱
图 6-4 电火花成形加工机床示意图

成形机床的主轴头多为液压式主轴头。

主轴头应具备以下特点：

（1）有一定的轴向和侧向刚度及精度。

（2）有足够的进给和回升速度。

（3）主轴运动具有良好的直线性和防扭转性能。

（4）灵敏度要高，无爬行现象。

（5）具备合理的承载电极质量的能力。

床身和立柱都属于基础部件，应该具有足够的刚度。同时，床身工作面与立柱导轨面之间应该有一定的垂直度要求。床身和立柱的刚度、精度和耐磨性直接影响着电火花加工质量。

工作台的作用是支撑和安装工件，工作液槽安装在工作台上。工作台通常可以进行纵向和横向移动，并配备坐标测量装置。目前常用的定位方法有靠手轮来调节工件的位置，也有采用光学读数装置和磁尺数显装置来调节工件的位置。近年来，由于工艺水平的提高和数控技术的发展，已逐步使用三坐标（X、Y、Z 轴）和五坐标（X、Y、Z 轴，另加 Z 轴回转及工作台回转）数控电火花成形机床，以满足模具加工的需要。

2. 脉冲电源

脉冲电源的作用是将工频交流电转换成一定频率的单向脉冲电流，以供给电极放电间隙所需要的能量来蚀除金属。其性能直接影响到加工速度、表面质量、加工稳定性，以及工具电极损耗等技术经济指标。常用的脉冲电源有张弛式、电子管式、闸流管式、脉冲发电机式、晶闸管式、集成元件等。

3. 自动进给调节系统

自动进给调节系统的作用是确保工件与工具电极之间在加工过程中始终保持一定的放电间隙，并且能自动补偿放电蚀除金属后间隙增大的部分。对自动进给调节系统的一般要求是应有较广的速度调节跟踪范围，应有足够的灵敏度和快速性，还应有必要的稳定性。自动进给调节系统的种类繁多，包括电动液压式、步进电动机式、力矩电动机式等，但它们的基本原理是相同的。

4. 工作液净化及循环系统

工作液净化及循环系统由储油箱、电动机、泵、过滤器、工作液槽、油杯、管道、阀门、压力表等组成，旨在排除电火花加工过程中不断产生的电蚀产物，提高电蚀过程的稳定性和加工速度，减少电极损耗，确保加工精度和表面质量。

6.1.5　电火花成形加工在模具制造中的应用

1. 凹模型孔加工

电火花成形加工在模具制造中，广泛应用于各种冲裁模的凹模型孔的加工。型孔越复杂，采用电火花成形加工的优越性就越明显。对于型孔形状复杂的凹模，采用电火花成形加工可以不采用镶拼结构，而采用整体结构。这样既简化了模具的结构，又提高了模具的寿命。

1）保证凸、凹模配合间隙的方法

冲裁模的凸、凹模配合间隙是一项非常重要的技术指标，在凹模型孔的电火花成形加工中，保证凸、凹模配合间隙的常用方法有以下几种。

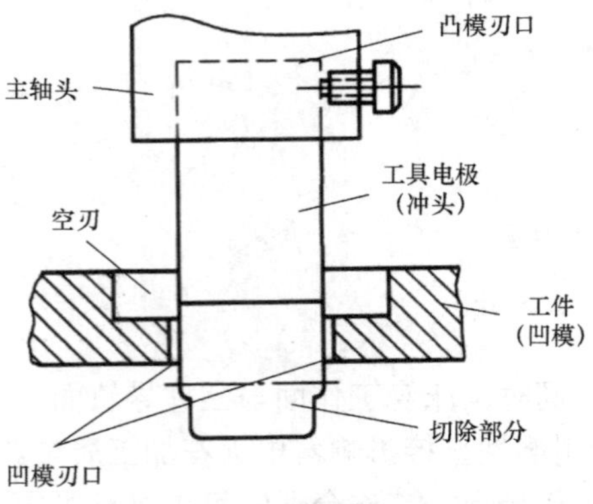

图 6-5　直接配合法示意图

（1）直接配合法。这种方法是直接用适当加长的钢凸模做电极加工凹模的型孔，加工后将凸模上的损耗部分去除，如图 6-5 所示。凸、凹模的配合间隙由控制脉冲放电间隙来保证。直接配合法的优点是可以获得均匀的配合间隙，模具质量高，电极制造方便，工艺简单；缺点是用钢凸模作电极，加工速度低，在电流的直流分量作用下易磁化，使电蚀产物被吸附在电极放电间隙的磁场中，形成不稳定的二次放电。直接配合法适用于加工形状复杂的凹模或多型孔凹模，如电机定子、转子硅钢片冲模等。

（2）混合法。混合法是将凸模的加长部分选用与凸模不同的材料，如铸铁等粘接或钎焊在凸模上，与凸模一起加工，以粘接或钎焊部分作为穿孔电极的工作部分。加工后，再将电极部分去除。这种方法的优点是电极材料可以选择，因此电加工性能比直接配合法好；电极与凸模连在一起加工，电极形状、尺寸与凸模一致；加工后凸、凹模的配合间隙均匀，是一种使用较广泛的方法。

直接配合法和混合法都是依靠调节脉冲放电间隙来保证凸、凹模的配合间隙的。当凸、凹模的配合间隙很小时，必须保证脉冲放电间隙也很小。然而，过小的放电间隙可能会导致加工困难。在这种情况下，可以将电极的工作部分用化学浸蚀法蚀除一层金属，使断面尺寸均匀缩小$\delta-Z/2$（Z为凸、凹模双边配合间隙，δ为单边放电间隙），以利于放电间隙的控制。相反，当凸、凹模的配合间隙较大时，可以使用电镀法将电极工作部分的断面尺寸均匀扩大$Z/2-\delta$，以满足加工时的间隙要求。

（3）修配凸模法。修配凸模法是将凸模和工具电极分别制造，在凸模上留一定的修配余量，按电火花加工好的凹模型孔修配凸模，达到所要求的凸、凹模的配合间隙，配合间隙不论大小，均可采用。这种方法的优点是电极可以选用电加工性能好的材料；缺点是增加了制造电极和钳工修配的工作量，而且不易得到均匀的配合间隙。因此，修配凸模法只适用于加工形状比较简单的冲模。

（4）二次电极法。二次电极法是利用一次电极制造出二次电极，再分别用一次和二次电极加工出凹模和凸模，并保证凸、凹模配合间隙。二次电极法分为两种情况：一是一次电极为凹型，适用于凸模制造困难者；二是一次电极为凸型，适用于凹模制造困难者。如图 6-6 所示，这是一次电极为凸型电极时的加工方法。其工艺过程为：根据模具尺寸要求设计并制造出一次凸型电极；用一次电极加工出凹模，见图 6-6（a）；用一次电极加工出凹型二次电极，见图 6-6（b）；用二次电极加工出凸模，见图 6-6（c）；凸、凹模配合保证配合间隙，见图 6-6（d）。图中δ_1、δ_2、δ_3分别是加工凹模、加工二次电极和加工凸模时的放电间隙。

用二次电极法加工，操作较为复杂，一般不常采用。但这种方法能够合理调整放电间隙δ_1、δ_2、δ_3，可以加工无间隙或间隙很小的精冲模。对于硬质合金模具，在没有成型磨削设备的情况下可以采用二次电极法加工凸、凹模。

由于电火花加工要产生加工斜度，型孔加工后其孔壁要产生倾斜。为了防止型孔的工作部分产生反向斜度而影响模具正常工作，加工型孔时应将凹模的底面朝上，如图 6-6（a）所示，装配时再将凹模的底面朝下，如图 6-6（d）所示。

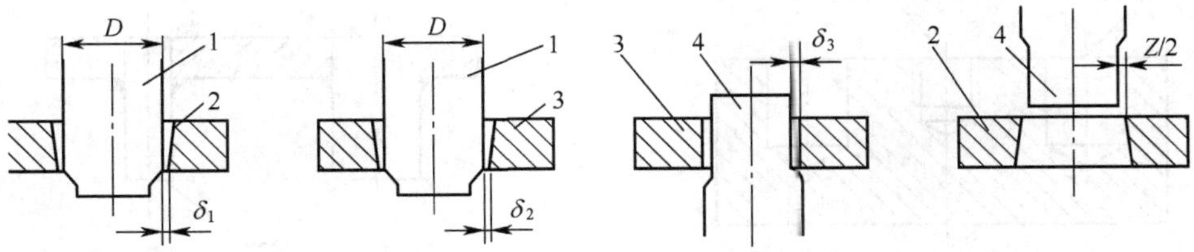

（a）加工凹模　（b）制造二次电极　（c）加工凸模　（d）凸、凹模配合

1—一次电极；2—凹模；3—二次电极；4—凸模

图 6-6　二次电极法

2）电极设计

电极是影响电火花型孔加工质量的重要因素。为了保证型孔加工精度，在设计电极时必须合理选择电极材料和确定电极尺寸，并且使电极在结构上便于制造和安装。

（1）电极材料。虽然从电火花加工的原理来看，任何导电材料都可以作为电极，但是由于电极材料对电火花加工的稳定性、生产率和模具质量都有很大的影响，因此应选择损耗小、加工过程稳定、生产率高、机械加工性能好和价格低的材料制作电极。常用电极材料的种类及性能见表 6-1。

表 6-1　常用电极材料的种类及性能

电极材料	电火花加工性能		机械加工性能	说明
	加工稳定性	电极损耗		
钢	较差	中等	好	在选择电参数时应注意加工的稳定性，可用凸模作电极
铸铁	一般	中等	好	—
石墨	较好	较小	较好	机械强度较差，容易崩角
黄铜	好	大	较好	电极损耗太大
紫铜	好	较小	较差	磨削困难
铜钨合金	好	小	较好	价格贵，多用于深孔、直壁孔、硬质合金穿孔
银钨合金	好	小	较好	价格昂贵，用于精密及有特殊要求的加工

（2）电极结构。电极的结构形式应根据型孔的大小和复杂程度、电极的结构工艺性等因素确定。常用的电极结构有以下三种。

① 整体式电极。整体式电极是用一整块材料加工而成的，是最常用的电极结构形式。对于横截面积及质量较大的电极，可以在电极上开减重孔以减轻电极质量，但孔不能开通，并且孔口向上。整体式电极如图 6-7 所示。

② 组合式电极。当同一凹模上有多个型孔时，在某些情况下可以把多个电极组合在一起，如图 6-8 所示，一次穿孔加工就可以制作完成各个型孔，这种电极称为组合式电极。采用组合式电极加工，生产效率较高，各型孔间的位置精度取决于各电极的位置精度。

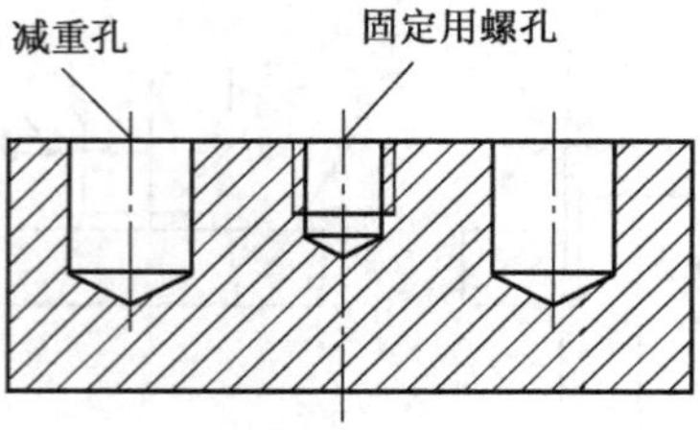

图 6-7　整体式电极

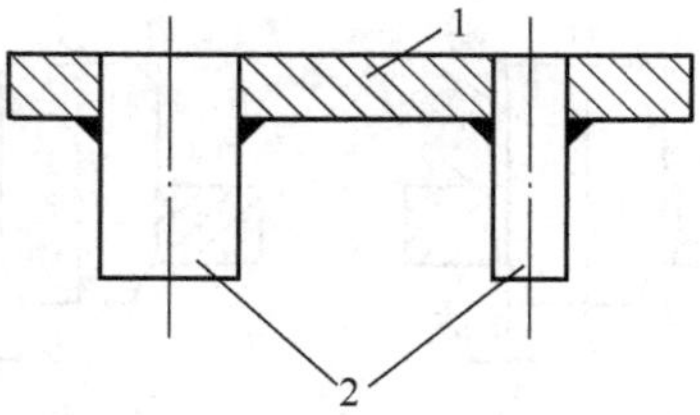

1—固定板；2—电极

图 6-8　组合式电极

③ 镶拼式电极。对于形状复杂的电极，为了便于加工，常将其分成几块，分别加工后再镶拼成整体，这种电极称为镶拼式电极，如图 6-9 所示。采用镶拼式电极既节省材料又便于机械加工。

（3）电极尺寸。电极尺寸包括长度尺寸和横截面尺寸。

① 电极的长度尺寸。如图 6-10 所示，电极的长度尺寸 L 可按照下式进行计算：

$$L=KH+H_1+H_2+(0.4\sim0.8)(n-1)KH$$

式中：H——凹模需要电火花加工的厚度，单位为 mm；

H_1——凹模模板挖穿后，电极需要加长的长度，单位为 mm；

H_2——夹持电极需要加长的长度，为 10～20 mm；

n——电极使用的次数；

K——与电极材料、加工方式、型孔复杂程度等因素有关的系数。K 值可以按经验数据选用：紫铜为 2～2.5，黄铜为 3～3.5，石墨为 1.7～2，铸铁为 2.5～3，钢为 3～3.5。当电极材料损耗小、型孔简单、电极轮廓无尖角时，K 值取小值，反之取大值。

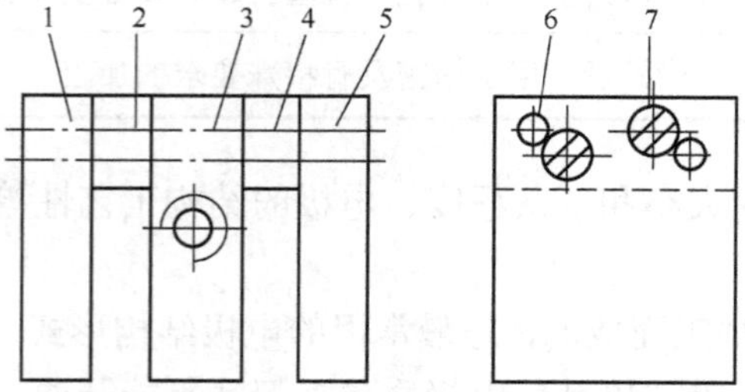

1、2、3、4、5—电极拼块；6—定位销；7—固定螺钉

图 6-9　镶拼式电极

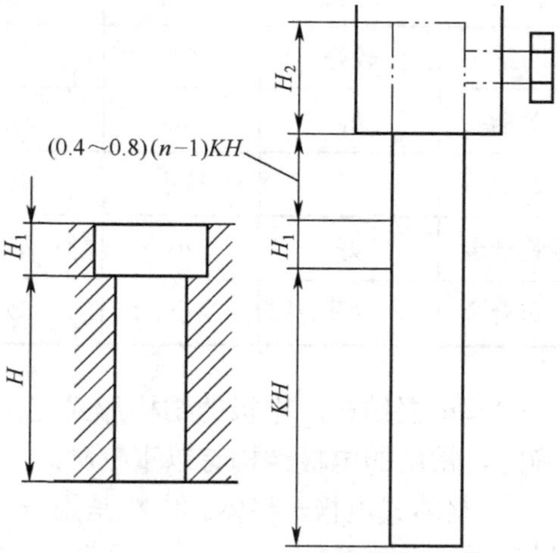

图 6-10　电极长度尺寸

加工硬质合金时，由于电极损耗较大，电极还应适当加长一些。

在生产中，为了提高加工速度等工艺指标，有时将电极适当加长，并将加长部分的横截面尺寸均匀减小，呈阶梯状，称为阶梯电极，如图 6-11 所示。阶梯部分的长度 L_1 一般取凹模加工厚度的 1.5 倍左右，阶梯部分的均匀缩小量 h_1=0.10～0.15 mm。

② 电极的横截面尺寸。垂直于电极进给方向的电极截面尺寸称为电极的横截面尺寸。在凸、凹模图样上的公差有不同的标注方法：当凸模与凹模分开加工时，在凸、凹模图样上均标注公差；当凸模与凹模配合加工时，落料模将公差标注在凹模上，冲孔模将公差标注在凸模上，而另一个只标注基本尺寸。因此，电极的横截面尺寸分别按下面两种情况计算。

当按照凹模型孔尺寸和公差确定电极的横截面尺寸时，则电极的轮廓应比型孔均匀地缩小一个放电间隙值。如图 6-12 所示，与型孔尺寸相对应的电极尺寸为：

$$a=A-2\delta$$
$$b=B+2\delta$$
$$c=C$$
$$r_1=R_1+\delta$$
$$r_2=R_2-\delta$$

式中：A、B、C、R_1、R_2——型孔基本尺寸，单位为 mm；

a、b、c、r_1、r_2——电极的横截面基本尺寸，单位为 mm；

δ——单边放电间隙，单位为 mm。

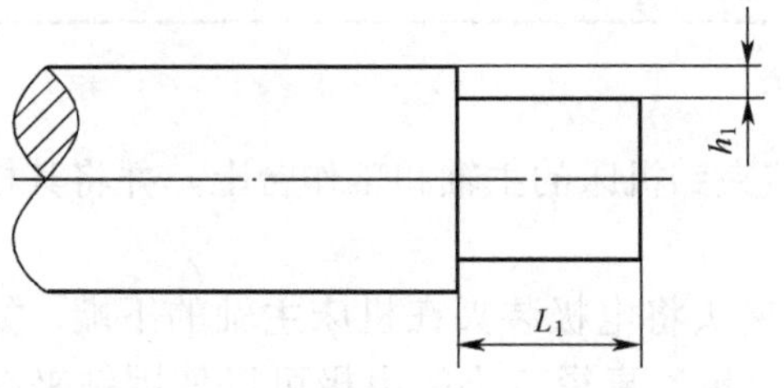

图 6-11　阶梯电极

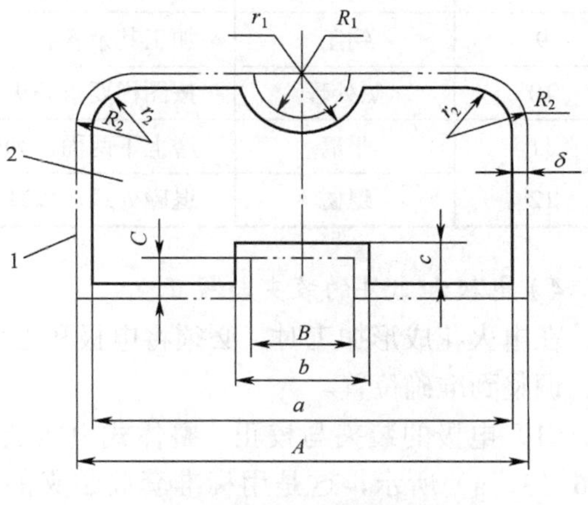

1—型孔轮廓；2—电极横截面

图 6-12　按型孔尺寸计算电极横截面

当按凸模尺寸和公差确定电极的横截面尺寸时，随着凸、凹模配合间隙 Z（Z 为双边间隙）的不同，可以将其分为三种情况。

当 $Z=2\delta$ 时，电极与凸模截面基本尺寸完全相同。

当 $Z<2\delta$ 时，电极轮廓应比凸模轮廓均匀地缩小一个数值 a_1，但形状相似。

当 $Z>2\delta$ 时，电极轮廓应比凸模轮廓均匀地放大一个数值 a_1，但形状相似。

电极单边缩小或放大的数值 a_1 由下式确定：

$$a_1=\frac{1}{2}\left|Z-2\delta\right|$$

③ 电极公差的确定。电极在长度方向的尺寸公差没有严格的要求。电极横截面的尺寸公差一般取凹模刃口相应尺寸公差的 1/2～2/3。电极侧面的平行度误差在 100 mm 长度上不大

于 0.01 mm。电极工作表面的粗糙度不大于型孔的表面粗糙度。

3）凹模模坯准备

凹模模坯准备是指工件在电火花加工前的全部工序。常见的凹模模坯准备工序见表 6–2。为了提高电火花加工模具型孔的生产率，模坯必须去除型孔废料，只留下很少的余量作为电火花成形加工的余量。为了避免淬火引起的变形，电火花成形加工型孔应在淬火之后进行。

表 6–2　常见的凹模模坯准备工序

序号	工序	加工内容及技术要求
1	下料	用锯床锯割所需要的材料，包括需要切削的材料
2	锻造	锻造所需的形状，并改善其内部组织
3	退火	消除锻造后的内应力，并改善其加工性能
4	刨（铣）	刨（铣）四周及上下两个平面，厚度留余量为 0.4～0.6 mm
5	平磨	磨上下平面及相邻两侧面，对角尺，应达到 Ra=1.25～0.63 μm
6	划线	钳工按型孔及其他安装孔划线
7	钳工	钻排孔，清除型孔废料
8	插（铣）	插（铣）出型孔，单边余量 0.3～0.5 mm
9	钳工	加工其余各孔
10	热处理	按图样要求淬火
11	平磨	磨上下两面，为使模具光滑，最好再磨四个侧面
12	退磁	退磁处理，以减少磁性对电加工的影响

4）电极和工件的装夹与校正

在电火花成形加工时，必须将电极和工件分别装夹到机床的主轴和工作台上，并将其校正、调整到准确位置。

（1）电极的装夹与校正。整体式电极通常使用夹头将电极装夹在机床主轴的下端。如图 6–13（a）所示，这是用标准套筒装夹的圆柱形电极。直径较小的电极可以使用钻夹头装夹，如图 6–13（b）所示。尺寸较大的电极使用标准螺钉夹头进行装夹，如图 6–13（c）所示。镶拼式电极通常采用一块连接板将几个电极拼块连接成一个整体后，再装夹到机床主轴上并找正。组合式电极可以在标准夹具上加定位块进行装夹，或用专用夹具进行装夹。

电极校正的目的是将电极牢固地装夹在主轴的电极夹具上，并使电极轴线与主轴进给轴线一致，保证电极与工作台面和工件垂直，电极横截面上的基准还应与机床工作台拖板的纵、横运动方向平行。常用的校正方法有精密角尺校正法和千分表校正法。

精密角尺校正法如图 6–14 所示，观察精密角尺的测量边与电极侧面的一条素线之间的间隙，在相互垂直的两个方向上进行观察和调整，直到两个方向观察到的间隙都均匀一致时，电极与工作台的垂直度即被校正。这种方法比较简单，校正精度也较高。

千分表校正法如图 6–15 所示。将千分表架固定在工作台面上，千分表触头接触电极轮廓表面。开动机床，使主轴和电极做上下移动，千分表即指示出电极与工作台的垂直度值。应注意千分表至少要在相互垂直的两个方向上进行测量。这种方法校正精度高，常被用作最终校正。

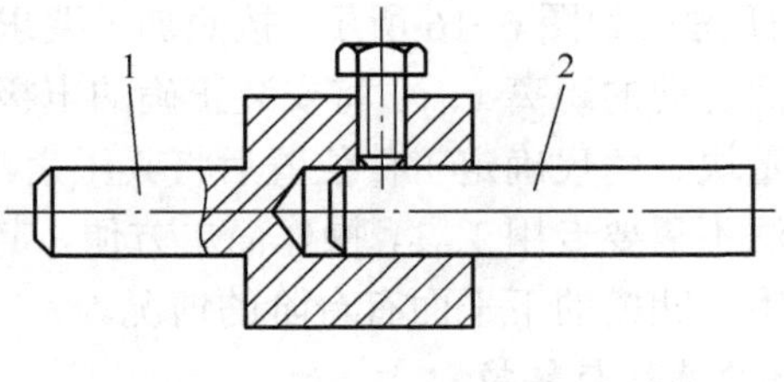

（a）标准套筒装夹电极

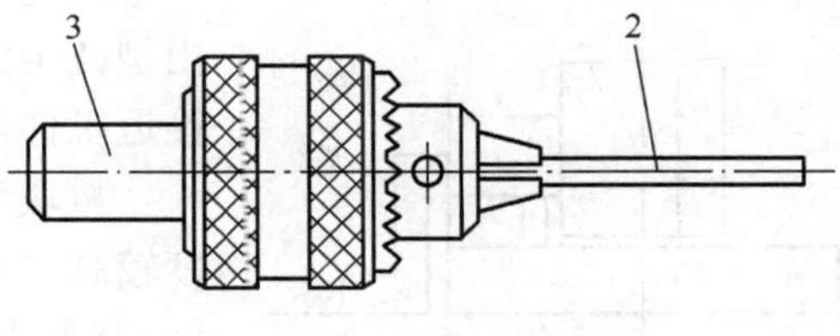

（b）钻夹头装夹电极

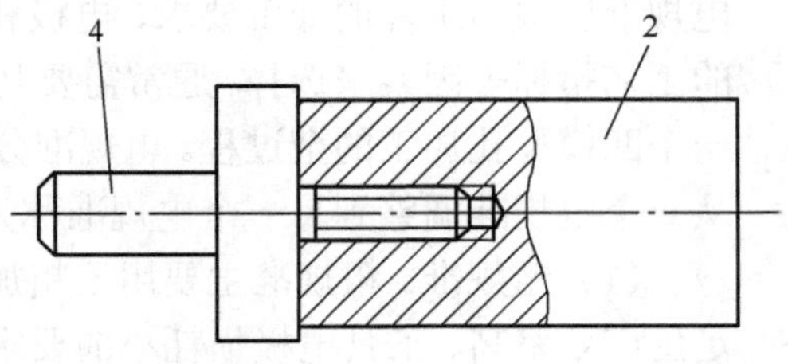

（c）标准螺钉夹头装夹电极

1—标准套筒；2—电极；3—钻夹头；4—标准螺钉夹头

图 6–13　电极装夹

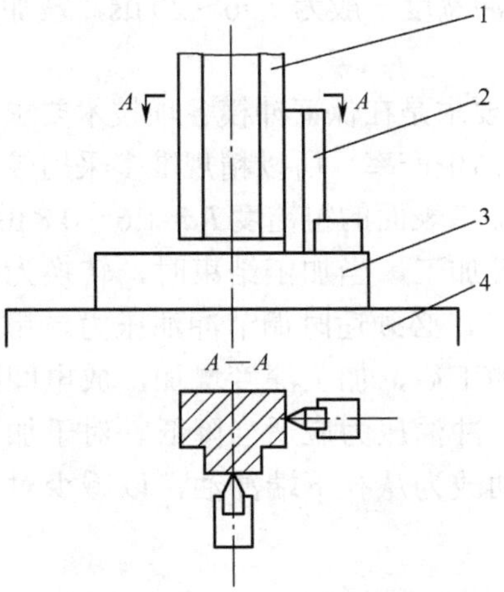

1—电极；2—角尺；3—凹模；4—工作台

图 6–14　用精密角尺校正电极的垂直度

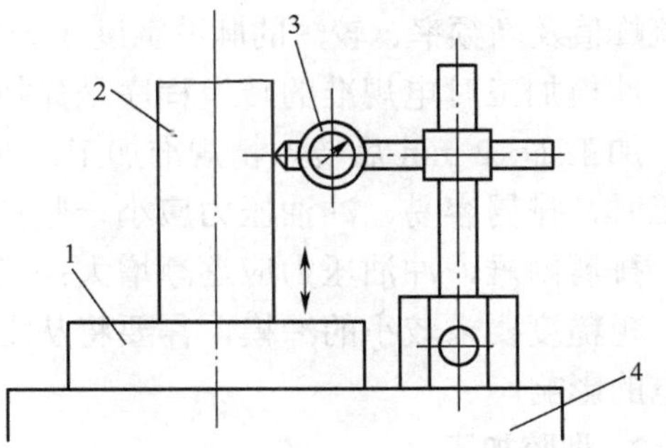

1—凹模；2—电极；3—千分表；4—工作台

图 6–15　用千分表校正电极的垂直度

（2）工件的装夹。电火花加工的工件装夹比较简单，一般可以直接将工件装夹在垫块或工作台上，然后通过工作台的坐标移动，使工件中心线和十字滑板移动方向一致，以便于工件和电极之间的校正，最后用压板压紧。

常见的工件定位方法有以下两种。

① 划线法。这种方法是按照加工要求在凹模的上、下平面划出型孔轮廓，工件定位时将已安装正确的电极垂直下降，靠上工件表面，用眼睛观察并移动工件，使电极对准工件的型孔线后将其压紧。经试加工后观察定位情况，并压纵、横拖板作补充调整。

划线法的定位精度不高，并且凹模的下平面不能有台阶。

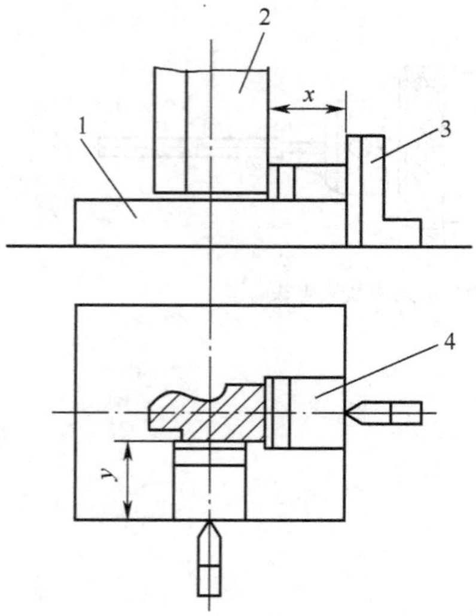

1—凹模；2—电极；3—角尺；4—量块

图 6–16　量块角尺法定位

② 量块角尺法。如图 6–16 所示，按照加工要求计算出型孔至两基面之间的距离 x、y。将安装正确的电极下降接近工件，用量块、角尺确定工件位置后将其压紧。

量块角尺法不需要专用工具，操作简单方便，定位精度较高，也可用于凹模的下平面有台阶的情况。

5）电规准的选择与转换

电火花加工中所选用的一组电脉冲参数称为电规准。电规准应根据工件的加工要求、电极和工件的材料、加工的工艺指标等因素来选择。通常需要几个电规准才能完成一个凹模型孔加工的全过程。电规准分为粗、中、精三种。从一个电规准调整到另一个电规准称为电规准的转换。

（1）粗规准。粗规准主要用于粗加工。粗规准应该满足生产效率高、工具电极损耗小的要求，一般被加工表面的粗糙度 Ra≤12.5 μm。所以粗规准一般采用较大的电流峰值和较长的脉冲宽度（t_i=20～60 μs）。采用钢电极时，电极相对损耗应低于 10%。

（2）中规准。中规准是粗、精加工之间过渡加工采用的电规准。其目的是减小精加工余量，促进加工稳定性和提高加工速度。中规准采用的脉冲宽度一般为 t_i=6～20 μs，被加工表面的粗糙度 Ra=6.3～3.2 μm。

（3）精规准。精规准用来进行精加工。对精规准的要求是在保证冲模各项技术要求（如配合间隙、表面粗糙度和刃口斜度）的前提下尽可能提高生产率。所以精规准多采用较小的电流峰值及高频率、较短的脉冲宽度（t_i=2～6 μs）。被加工表面的粗糙度 Ra=1.6～0.8 μm。

冲模加工时电规准的转换程序是先按选定的粗规准加工，当加工结束时，转换为中规准，加工 1～2 mm 后转入精规准加工。在电规准转换时，必须适时调节冲油压力。粗规准加工时，排屑容易，冲油压力应小一些；转入精规准加工后，加工深度增加，放电间隙减小，排屑困难，冲油压力应逐渐增大；当穿透工件时，冲油压力应适当降低。对于加工斜度、粗糙度要求较小的冲模，需要将从上部入口处冲油改为从孔下端冲油，以减少对二次放电的影响。

2. 型腔加工

用电火花成形加工方法加工型腔比加工凹模型孔困难得多。型腔加工属于盲孔加工，金属蚀除量大，工作液循环不流畅，电蚀产物排除困难；电极损耗不能用增加电极长度和进给来补偿；型腔复杂，电极损耗不均匀，影响加工精度。因此电火花成形加工型腔时，需要从设备、电源、工艺等方面采取措施，以减小或补偿电极损耗，从而提高加工精度和生产率。

1）型腔加工的工艺方法

（1）单电极加工法。单电极加工法是指用一个电极加工出所需型腔的方法。电极只需一次装夹定位，操作简单方便，适用于以下场合。

① 加工形状简单、精度要求不高的型腔。

② 经过预加工的型腔。

③ 用平动法加工型腔。对于有平动功能的电火花成形机床，在型腔不预加工的情况下也

可用单电极加工出所需的型腔。在加工过程中，先用高效低损耗电规准进行粗加工，使其基本成形，再利用平动头使电极按设定的平动量做平面运动，并按粗、中、精的加工顺序逐渐改变电规准，同时依次加大平动量，以补偿前后两个加工规程之间的放电间隙差及侧面修光。

（2）多电极加工法。多电极加工法是指用多个电极，依次更换加工同一个型腔，如图6-17所示。

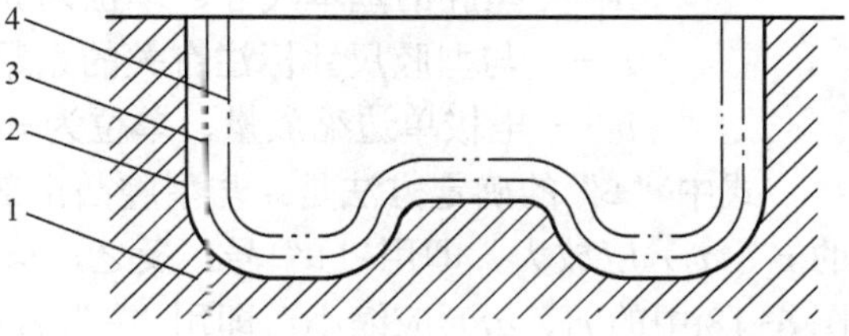

1—凹模；2—精加工电极；3—中加工电极；4—粗加工电极

图6-17 多电极加工示意图

每个电极都可以对型腔的整个加工表面进行加工，但电规准各不相同。每更换一个电极进行加工，都必须把被加工表面上由前一个电极加工所产生的电蚀痕迹完全去除。

用这种方法加工的型腔精度较高，尤其适用于加工尖角、窄缝多的型腔。其缺点是需要制作多个电极，并且对电极的制造精度要求很高，更换电极需要保证高的定位精度。因此，这种方法通常只用于精密型腔加工。

（3）分解电极法。分解电极法是指根据型腔的几何形状，把电极分解成主型腔电极和副型腔电极分别进行加工。先用主型腔电极加工出型腔的主要部分，再用副型腔电极加工型腔的尖角、窄缝等部位。采用分解电极法可以在加工过程中根据主、副型腔不同的加工条件，选择不同的电规准，从而既提高了加工速度又能获得较好的加工质量，同时还可以简化电极制造，便于修整电极。其缺点是主型腔和副型腔电极的精确定位比较困难。

2）电极设计

为了保证型腔的加工精度，设计电极时必须合理选择电极材料和确定电极尺寸，此外，还要使电极结构便于制造和安装。

（1）电极材料。对型腔加工中电极的材料有以下要求。

① 具有良好的电火花加工性能。主要是电极损耗小，加工速度高，加工稳定性好。

② 易于加工制造成形。

③ 来源丰富，价格便宜。

型腔加工中常用的电极材料主要是石墨和紫铜，其性能见表6-1。紫铜组织致密，适用于形状复杂、轮廓清晰、精度要求高和表面粗糙度小的型腔。但紫铜的机械加工性能差，难以成型磨削；由于密度大、价格贵，不宜做大、中型电极。石墨作电极容易加工成形，密度小，适宜做大、中型电极。但石墨的机械强度较差，在采用宽脉冲大电流加工时，容易起弧烧伤。铜钨合金和银钨合金是较理想的材料，但价格昂贵，机械加工比较困难，所以采用的较少，只适用于特殊型腔加工。

（2）电极结构。和电火花加工型孔一样，型腔加工所采用的电极也有三种结构形式。整体式电极适用于尺寸大小和复杂程度一般的型腔。镶拼式电极适用于型腔尺寸较大，单块电极坯料尺寸不够或电极形状复杂，将其分块才易于制造的情况。组合式电极适合一模多腔时采用，以提高加工速度，简化各型腔之间的定位工序，易于保证型腔的位置精度。

（3）电极尺寸的确定。电极设计时需要确定的电极尺寸如下。

① 电极横截面尺寸的计算。用单电极进行电火花加工时，电极横截面尺寸的确定与电火花加工型孔相同，只需考虑放电间隙，即电极横截面尺寸等于型腔的横截面尺寸均匀地缩小一个放电间隙。当用单电极平动法进行电火花加工时，还必须考虑加上一个电极的横截面缩

放量 b，如图 6-18 所示。

$$a=A\pm Kb$$

式中：a——电极横截面方向的基本尺寸，单位为 mm；

A——型腔的基本尺寸，单位为 mm；

K——与型腔尺寸标注有关的系数，直径方向（双边）$K=2$，半径方向（单边）$K=1$；

b——电极单边缩放量，单位为 mm。

式中“±”的确定方法是：与型腔凸出部分相对应的电极凹入部分的尺寸（如图 6-18 中的 r_2、a_2）应放大，即用“+”号；反之，与型腔凹入部分相对应的电极凸出部分的尺寸（如图 6-18 中的 r_1、a_1）应缩小，即用“-”号：

$$b=e+\delta_j-\gamma_j$$

式中：e——平动量，一般取 0.5～06 mm；

δ_j——最后一挡精规准加工时端面的放电间隙，一般为 0.02～0.03 mm，可忽略不计；

γ_j——精加工时电极侧面损耗（单边），通常忽略不计。

② 电极高度尺寸的计算。电极总高度尺寸的确定如图 6-19 所示。

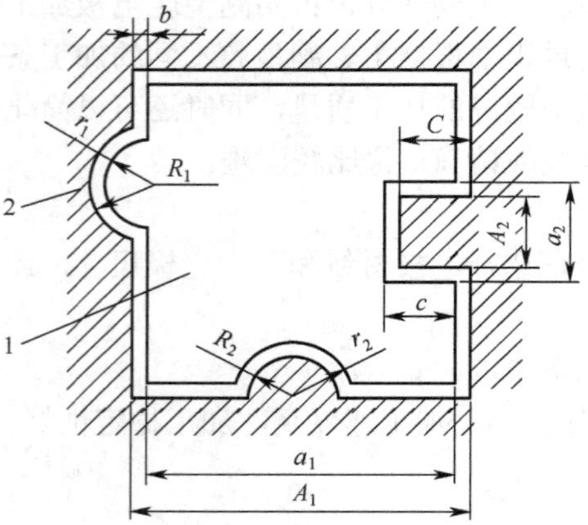

1—电极；2—型腔

图 6-18　电极横截面尺寸

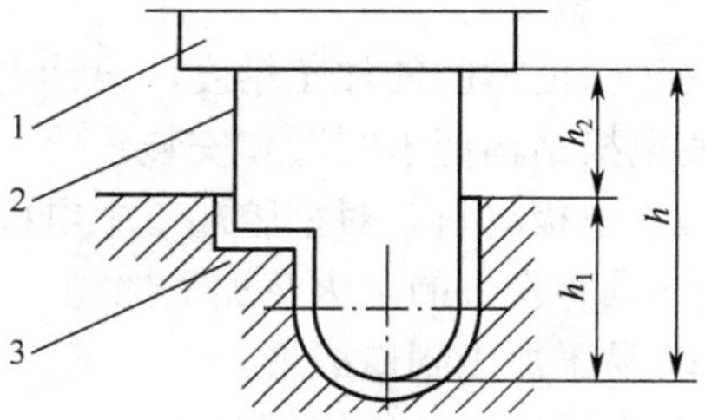

1—电极固定板；2—电极；3—工件

图 6-19　电极高度尺寸

$$h=h_1+h_2$$

$$h_1=H_1+C_1H_1+C_2S-\delta_j$$

式中：h——电极高度方向的基本尺寸，单位为 mm；

h_1——电极高度方向的有效工作尺寸，单位为 mm；

h_2——考虑加工结束时，为避免电极固定板和模块相碰，同一电极能多次使用等因素而增加的高度，一般取 5～20 mm；

H_1——型腔高度方向的尺寸（型腔深度），单位为 mm；

C_1——粗规准加工时，电极端面的相对损耗率，其值一般小于 1%，C_1H_1 只适用于未预加工的型腔；

C_2——中、精规准加工时，电极端面的相对损耗率，其值一般为 20%～25%；

S——中、精规准加工时，端面总的进给量，其值一般为 0.4～0.5 mm；

δ_j——最后一挡精规准加工时端面的放电间隙，一般为 0.02～0.03 mm，可忽略不计。

（4）排气孔和冲油孔。由于加工型腔时的排气、排屑条件比加工型孔时差，为了防止因排气、排屑不畅而影响加工速度、加工稳定性和加工表面粗糙度，设计电极时应在电极上设置适当的排气孔和冲油孔。一般情况下，冲油孔要设计在难以排屑的拐角、窄缝等处，如图 6–20 所示；排气孔要设计在蚀除面积较大的位置，如图 6–21 所示。

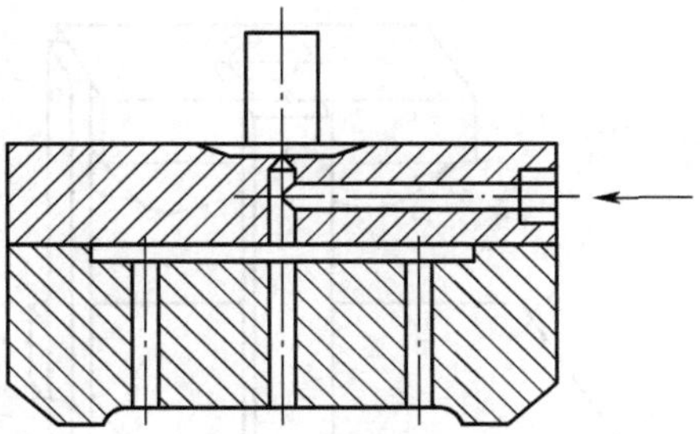

图 6–20　设有冲油孔的电极

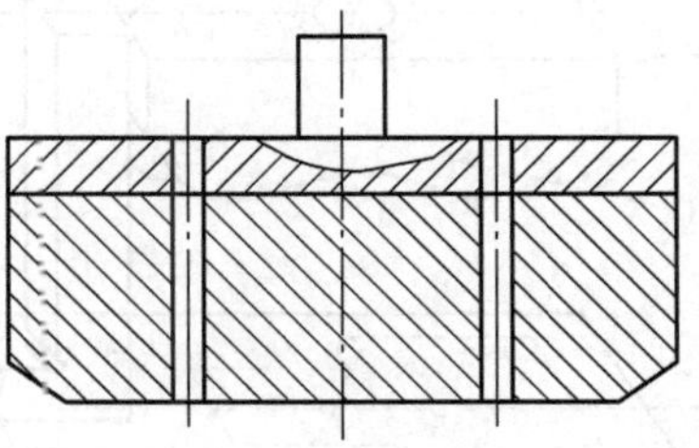

图 6–21　设有排气孔的电极

排气孔和冲油孔的直径一般取 $\phi 1$～1.5 mm，上端孔径可加大到 $\phi 5$～8 mm，以有利于排气和排屑。孔距为 20～40 mm，位置相对错开，以避免加工表面出现“波纹”。

3）电极和工件的装夹与校正

在电火花成形加工时，必须将电极和工件分别装夹到机床的主轴和工作台上，并将其校正、调整到准确位置。

（1）电极的装夹与校正。型腔模电极的装夹方法与型孔电火花加工的电极装夹基本相同。电极装夹后必须进行校正，使电极轴线与主轴的进给方向一致。常用的校正方法有以下三种。

① 固定板基面校正法。当电极轴线与电极固定板的上平面（即基准面）严格垂直时，可将百分表固定在工作台上，并左右、前后移动百分表，检验和调整基准面和工作台的平行度，如图 6–22 所示。

② 电极侧面校正法。当电极侧面有较长的直壁面时，可用角尺或百分表来校正电极，方法与加工型孔的电极校正方法基本相同。

③ 电极端面火花放电校正法。当电极端面为平面，且该平面与电极轴线垂直时，可以用精规准检查电极在工件表面火花放电腐蚀的火花痕迹与划线的重叠程度来进行校正。

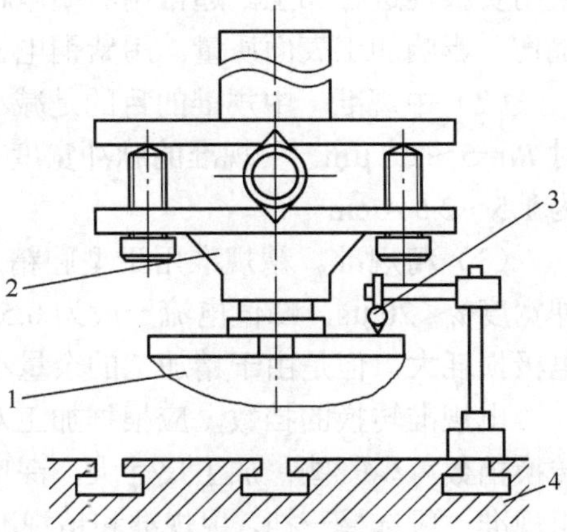

1—电极；2—调节装置；3—百分表；4—工作台

图 6–22　固定板基面校正法

（2）电极和工件的定位。型腔模电极和工件装夹校正后，必须相互定位，以保证型腔在模具上的位置精度。常用的定位方法如下。

① 量块角尺定位法。如果电极的侧面为直平面，可以采用量块角尺定位法，操作方法与加工型孔时所用的定位方法基本相同。

② 十字线定位法。十字线定位法如图 6–23 所示，在电极或固定板侧面画出中心十字线，同时在工件模块上也画出中心十字线。定位时，只要将工件与模块的中心十字线对准即可。这种方法精度较低，为±（0.3～0.5）mm。

③ 定位板定位法：定位板定位法如图 6-24 所示，在电极固定板和工件模块上分别加工出一对角尺定位基准面，并在电极定位基准面上固定两块平直的定位板。定位时将角尺放在工件的上平面并使之与相应的定位板进行校正贴紧，再将模块压紧，卸去定位板即可完成定位工作。

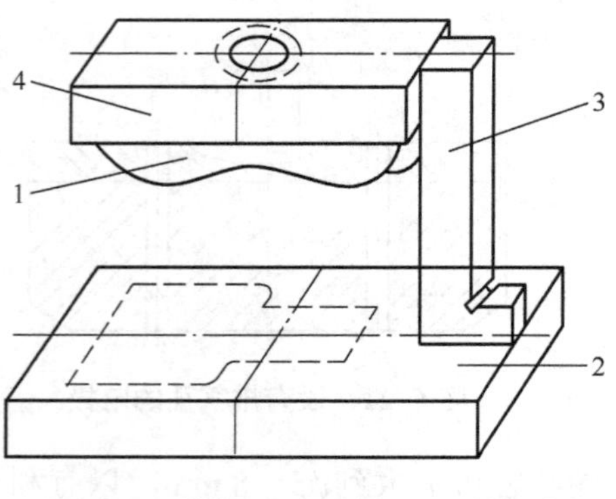

1—电极；2—模块；3—刀口角尺；4—电极固定板

图 6-23　十字线定位法

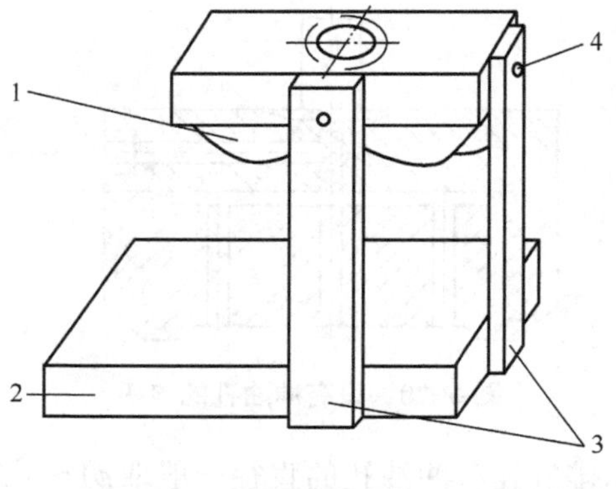

1—电极；2—模块；3—定位板；4—电极固定板

图 6-24　定位板定位法

4）电规准的选择与转换

型腔模电火花成形加工中所选用的电规准也分为粗、中、精三种。

（1）粗规准。对粗规准的要求是以高的蚀除速度加工出型腔的基本轮廓，电极损耗要小，电蚀表面不能太粗糙。粗规准的脉冲宽度 t_i＞400 μs，峰值电流较大，一般为 20～60 A，并采用负极性进行加工。通常用石墨电极加工钢时，电流密度约为 3～5 A/cm^2，否则电极容易烧伤，影响加工表面质量。用紫铜电极加工钢时，电流密度可以稍大一些。

（2）中规准。中规准的目的是减小被加工表面的粗糙度，为精加工作准备。中规准加工时 Ra=5～2.5 μm。中规准的脉冲宽度 t_i=50～300 μs，峰值电流一般小于 10 A，平均电流密度为 1.5～2.5 A/cm^2。

（3）精规准。精规准用于型腔精加工，所去除的余量一般为 0.1～0.2 mm。精规准的脉冲宽度 t_i＜20 μs，峰值电流一般为 0.5～2 A，平均电流密度小于 1.5 A/cm^2。尽管选用窄脉冲电极损耗大，但是由于精加工的余量小，电极的绝对损耗率并不高。

电规准转换的挡数，应根据加工对象确定。加工尺寸小、形状简单的浅型腔，电规准的转换挡数可少一些；加工尺寸大、深度大、形状复杂的型腔，电规准的转换挡数应多一些。粗规准一般选择一挡，中规准和精规准可选择 2～4 挡。开始加工时，先选用粗规准参数进行加工，当型腔轮廓接近加工深度（约留有 1 mm 的余量）时，减小电规准，依次转换为中规准、精规准各挡参数加工，直至达到所需的尺寸精度和表面粗糙度。

6.1.6　电火花成形加工实例

以电动机定子凹模为例，说明电火花成形加工应用。电动机定子凹模如图 6-25 所示。

电动机定子凹模上有 36 个型孔，凸模、凹模配合间隙为 0.10～0.12 mm（双边），模具材料为 Cr12MoV，硬度为 60～64 HRC。

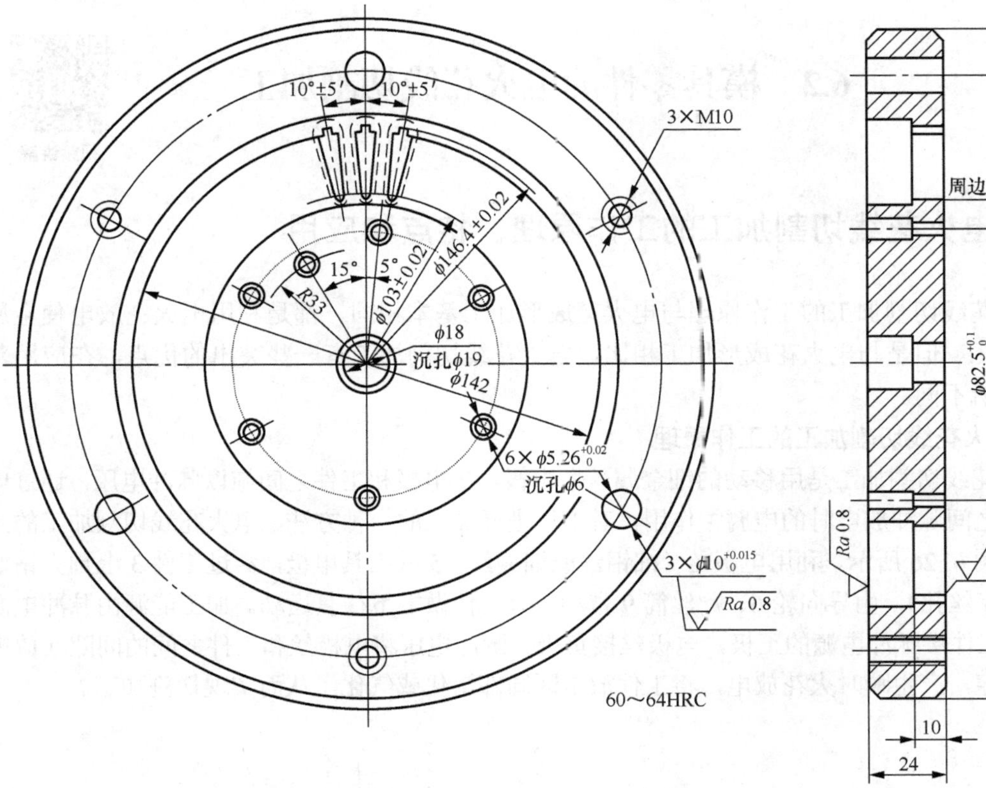

图 6–25　电动机定子凹模

由于凹模工作型孔比较多，并且各型孔在圆周上的分布有严格的位置精度要求，使用常规的配作加工难度较大，而采用凸模作电极对凹模型孔进行电火花加工既简单又能保证其位置精度和配合间隙要求。其工艺过程简述如下。

（1）电极（凸模）加工工艺有以下两种选择。

① 锻造—退火—粗、精刨—淬火与回火—成型磨削。

② 锻造—退火—刨（铣）平面—淬火与回火—磨上、下平面—电火花加工。

✍ 注意：

凸模长度应加长一段作为电火花加工的电极，其长度根据凹模刃口高度而定。

（2）电极（凸模）固定板的加工工艺：锻造—退火—粗、精车—划线—加工孔—磨平面。

（3）电极（凸模）的固定：在专用分度坐标装置（万能回转台）上分别找正各凸模位置，用锡合金将凸模固定在固定板上，达到各型孔位置精度要求。

（4）凹模加工工艺：锻造—退火—粗、精车外圆及上、下平面—样板划线—铣出各型孔漏料部分—加工螺钉孔及销钉孔并在各型孔位置钻冲油孔—淬火与回火—磨平面—退磁—用组合后的凸模作电极，电火花加工各型孔。

凹模各型孔与凸模间隙的大小依靠电火花加工时所选的电规准控制。如果配合间隙不在放电间隙内，则对凸模电极部分采用化学浸蚀或镀铜的方法适当减小或增大配合间隙。

利用组合凸模作电极加工凹模后，还可以将卸料板的型孔加工出来。由于卸料板所需的间隙较大，可以采用电极平动法或工作台坐标法进行加工。

6.2 模具零件的电火花线切割加工

视频讲解

6.2.1 电火花线切割加工的工作原理、特点和应用

电火花线切割加工的工作原理与电火花成形加工基本相同，都是利用电火花放电使金属熔化或气化。但是与电火花成形加工相比，电火花线切割加工有一些突出的优点，在应用范围上也有所不同。

1. 电火花线切割加工的工作原理

电火花线切割加工是用移动的细金属丝做电极，在电极和工件之间施以脉冲电压，通过电极和工件之间脉冲放电时的电腐蚀作用，对工件进行加工的一种方法。电火花线切割加工的工作原理如图 6–26 所示，利用电极丝（细钼丝或细铜丝）5 做工具电极，穿过工件 3 上预先钻好的小孔（穿丝孔），由导向轮 6、贮丝筒 9 带动，对工件做上下往复运动。加工能源由脉冲电源 4 供给，工件接脉冲电源的正极，电极丝接负极。脉冲电压将电极丝和工件之间的间隙（放电间隙）击穿，产生瞬时火花放电，将工件放电区局部熔化或气化，从而实现切割加工。

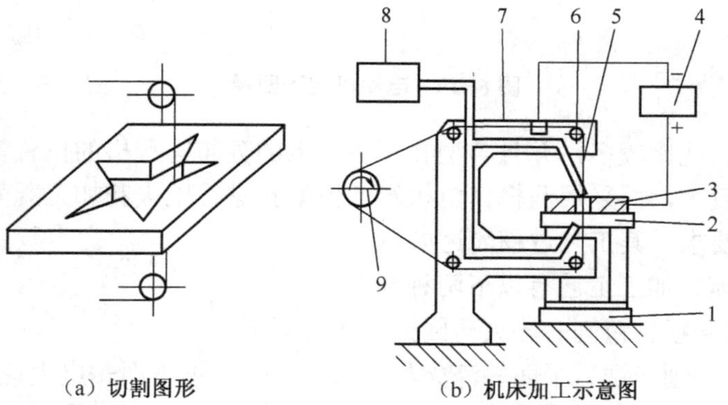

1—工作台；2—夹具；3—工件；4—脉冲电源；5—电极丝；6—导向轮；7—丝架；8—工作液箱；9—贮丝筒

图 6–26 电火花线切割加工的工作原理

2. 电火花线切割加工的特点

与电火花成形加工相比，电火花线切割加工具有以下特点。

（1）不需要制作成型的工具电极，可以节约电极设计、制造费用，缩短生产周期。

（2）由于电极丝比较细，可以加工微细异形孔、窄缝和形状复杂的工件。

（3）在加工过程中，电极损耗极小，有利于加工精度的提高。

（4）自动化程度高，操作方便，加工周期短，成本低。

（5）不能加工盲孔类或阶梯类成型表面。

3. 电火花线切割加工的应用

（1）加工模具零件。适用于加工淬火钢、硬质合金模具零件、各种形状的细小零件、窄

缝等。例如形状复杂，带有尖角、窄缝的小型凹模的型孔可以采用整体结构在淬火后加工，既能保证模具精度，又可简化模具的设计与制造。

（2）加工电火花成形加工用的电极。适用于加工一般电火花成形加工型孔时用的电极，以及加工带锥度型腔时用的电极。对于铜钨合金、银钨合金之类的材料，用电火花线切割加工特别经济实惠。同时，它也适用于加工微细、形状复杂的电极。

（3）加工零件。适用于加工品种多、数量少的零件及特殊难加工材料的零件，以及材料试验样件和各种型孔、凸轮、样板、成形刀具等。

6.2.2　电火花线切割加工机床

根据电极丝的运动方式，电火花线切割机床可以分为快速走丝线切割机床（WEDM—HS）和慢速走丝线切割机床（WEDM—LS）两种。

1. 快速走丝线切割机床

快速走丝线切割机床是我国生产和使用的主要机种。它采用钼丝（ϕ0.08～0.2 mm）或铜丝（ϕ0.3 mm 左右）作为电极丝。电极丝在贮丝筒的带动下通过加工缝隙做往复循环运动，一直使用到断线为止。快速走丝电火花线切割机床的走丝速度较快，走丝速度约为 8～10 m/s，加工精度较低，目前能达到的加工精度为±0.01 mm，表面粗糙度 Ra=2.5～0.63 μm。切割厚度与机床的结构参数有关，最大可达 500 mm。

2. 慢速走丝线切割机床

慢速走丝线切割机床是国外生产和使用的主要机种。它采用紫铜、黄铜、钨、钼等作为电极丝，直径约为ϕ0.03～0.35 mm，一般走丝速度低于 0.2 m/s。电极丝单方向通过加工缝隙，不重复使用，可以避免电极丝损耗对工件加工精度的影响。慢速走丝电火花线切割机床的加工精度可以达到±0.001 mm，表面粗糙度可以达到 Ra＜0.32 μm。

以上两种电火花线切割机床相比较，快速走丝线切割机床具有结构简单、价格低廉、加工生产率较高、精度能满足一般要求等优点，因此在我国已被广泛应用。

6.2.3　电火花线切割数控程序编制

电火花数控线切割机床采用数字程序控制系统。在线切割加工前，必须对加工工件进行程序编制。我国电火花数控线切割机床所采用的编程代码有 3B、4B、ISO 等多种格式。

1. 3B 格式程序的编制

我国常用数控线切割机床的程序为 3B 格式，多用于快速走丝线切割机床。

（1）程序格式。

3B 程序格式如表 6–3 所示。

表 6–3　3B 程序格式

B	X	B	Y	B	J	G	Z
分隔符号	X 坐标值	分隔符号	Y 坐标值	分隔符号	计数长度	计数方向	加工指令

① 分隔符号 B。X、Y、J 均为数字，用分隔符号“B”隔开，以避免混淆。

② 坐标值（X、Y）。X、Y 为坐标的绝对值，其单位为μm，μm 以下应四舍五入。

加工圆弧时，将坐标原点设定为圆心，X、Y 为圆弧起点坐标值；

加工斜线时，将坐标原点设定为斜线起点，X、Y 为终点坐标值；

加工平行于 X 轴或 Y 轴的直线，即当 X 或 Y 为零时，X、Y 值均可不写，但分隔符号“B”必须保留。

允许将 X 和 Y 值按相同的比例放大或缩小。

③ 计数方向 G。选取 X 方向进给总长度进行计数的称为计 X，用 G_X 表示；选取 Y 方向进给总长度进行计数的称为计 Y，用 G_Y 表示。

直线的计数方向取法是以其终点坐标绝对值的大小判断，即：

$|Y_e|>|X_e|$ 时，取 G_Y；

$|X_e|>|Y_e|$ 时，取 G_X；

$|X_e|=|Y_e|$ 时，取 G_X 或 G_Y 均可。

圆弧的计数方向取法是以其终点坐标绝对值的大小判断，但计数方向相反，即：

$|X_e|>|Y_e|$ 时，取 G_Y；

$|Y_e|>|X_e|$ 时，取 G_X；

$|X_e|=|Y_e|$ 时，取 G_X 或 G_Y 均可。

④ 计数长度 J。指被加工图形在计数方向上的投影长度（即绝对值）的总和，以μm 为单位。对于计数长度 J，应补足六位数，如 J=1 250 μm，应写成 001250。

⑤ 加工指令 Z。是用来传送被加工图形的形状、所在象限和加工方向等信息的。加工指令共有 12 种，如图 6–27 所示。

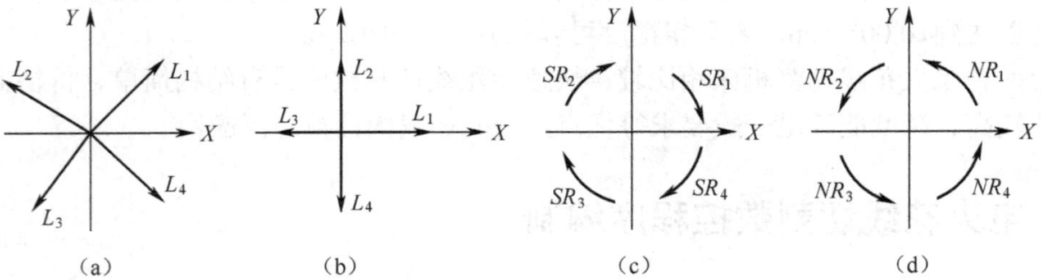

图 6–27　加工指令

当被加工的斜线在Ⅰ、Ⅱ、Ⅲ、Ⅳ象限时，分别用 L_1、L_2、L_3、L_4 表示，如图 6–27（a）所示。与坐标轴相重合的直线，根据进给方向，加工指令可以按照图 6–27（b）所示选取。

当被加工的圆弧在Ⅰ、Ⅱ、Ⅲ、Ⅳ象限时，加工点按顺时针方向运动时，分别用 SR_1、SR_2、SR_3、SR_4 表示，如图 6–27（c）所示。

当被加工的圆弧在Ⅰ、Ⅱ、Ⅲ、Ⅳ象限时，加工点按逆时针方向运动时，分别用 NR_1、NR_2、NR_3、NR_4 表示，如图 6–27（d）所示。

【例 6–1】加工如图 6–28 所示的斜线 OA，终点 A 的坐标为 X_e=17 mm，Y_e=5 mm，试编制加工程序。

其程序为：B17000B5000B017000 G_X L_1

【例 6-2】加工如图 6-29 所示的圆弧，加工起点 A（−5，0），试编制加工程序。

其程序为：B5000BB010000 G_X SR_2。

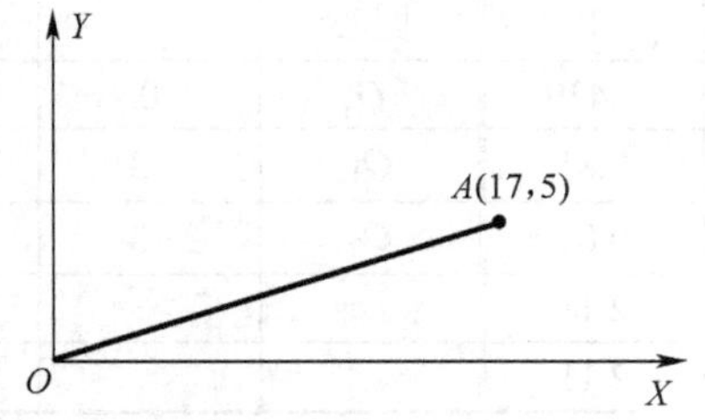

图 6-28　加工斜线

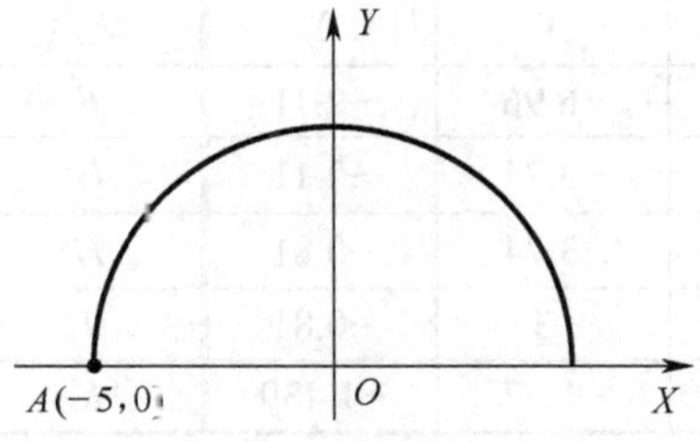

图 6-29　加工半圆弧

（2）手工编制程序实例。

【例 6-3】试编制加工如图 6-30 所示的凸凹模（图示尺寸是根据刃口尺寸公差即凸凹模配合间隙计算出的平均尺寸）的数控线切割程序。电极丝为ϕ0.1 mm 的钼丝，单面放电间隙为 0.01 mm。

① 确定计算坐标系。由于图形上、下对称，孔的圆心在图形对称轴上，所以选择对称轴作为计算坐标系的 X 轴，圆心为坐标原点，如图 6-31 所示。因为图形对称于 X 轴，所以只需求出 X 轴的上半部（或下半部）钼丝中心轨迹上各线段的交点坐标值，从而使计算过程简化。

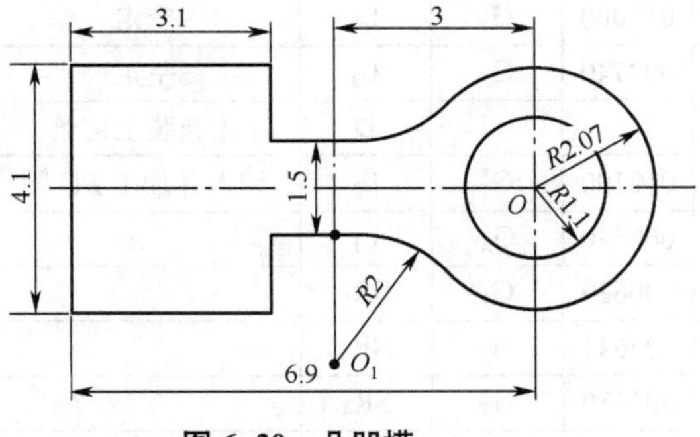

图 6-30　凸凹模

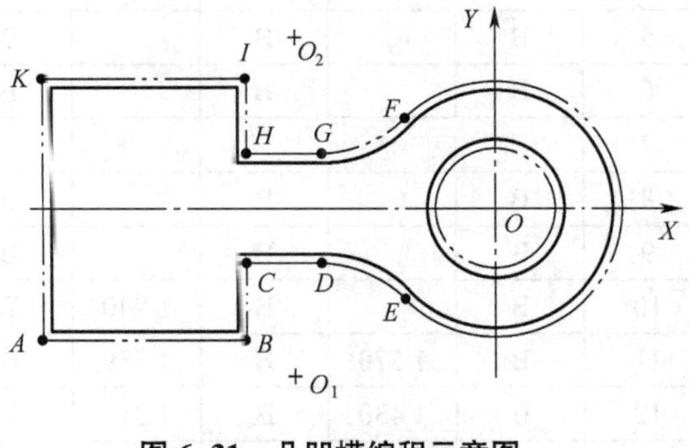

图 6-31　凸凹模编程示意图

② 确定补偿距离。补偿距离$\Delta R=\left(\dfrac{0.1}{2}+0.01\right)$mm=0.06 mm。

钼丝的中心轨迹如图 6-31 中双点划线所示。

③ 计算交点坐标。将电极丝中心轨迹划分成单一的直线或圆弧段。

求 E 点的坐标值：因两圆弧的切点必定在两圆弧的连心线 OO_1 上，直线 OO_1 的方程为 $Y=\dfrac{2.75}{3}X$，所以 E 点的坐标值 X、Y 可以通过解下面的方程组求得

$$\begin{cases}X^2+Y^2=2.13^2\\2.75X-3Y=0\end{cases}$$

$$X=-1.570\text{ mm}，Y=-1.439\,3\text{ mm}$$

其余交点坐标值可以直接从图形尺寸中得到，见表 6-4。

表 6-4　凸凹模电极丝中心轨迹各线段交点及圆心坐标（mm）

交点	X	Y	交点	X	Y	圆心	X	Y
A	−6.96	−2.11	F	−1.57	1.439	O	0	0
B	−3.74	−2.11	G	−3	0.81	O_1	−3	−2.75
C	−3.74	−0.81	H	−3.74	0.81	O_2	−3	2.75
D	−3	−0.81	I	−3.74	2.11			
E	−1.57	−1.439	K	−6.96	2.11			

④ 编写程序单。切割凸凹模时，不仅要切割外表面，而且还要切割内表面。因此，在凸凹模型孔的中心 O 处钻穿丝孔，先切割型孔，然后再按 B—C—D—E—F—G—H—I—K—A—B 的顺序切割，其切割程序单见表 6-5。

表 6-5　凸凹模线切割程序单（3B 格式）

序号	B	X	B	Y	B	J	G	Z	备注
1	B		B		B	001040	G_X	L_3	穿丝切割
2	B	1 040	B		B	004160	G_Y	SR_2	
3	B		B		B	001040	G_X	L_1	
4								D	拆卸钼丝
5	B		B		B	013000	G_Y	L_4	空走
6	B		B		B	003740	G_X	L_3	空走
7								D	重新装上钼丝
8	B		B		B	012190	G_Y	L_2	切入并加工 BC 段
9	B		B		B	000740	G_X	L_1	
10	B		B	1 940	B	000629	G_Y	SR_1	
11	B	1 570	B	1 439	B	005641	G_Y	NR_3	
12	B	1 430	B	1 311	B	001430	G_X	SR_4	
13	B		B		B	000740	G_X	L_3	
14	B		B		B	001300	G_Y	L_2	
15	B		B		B	003220	G_X	L_3	
16	B		B		B	004220	G_Y	L_4	
17	B		B		B	003220	G_X	L_1	
18	B		B		B	008000	G_Y	L_4	退出
19								D	加工结束

加工程序单是按照加工顺序依次逐段编写的，每加工一条线段就应编写一个程序段。加工程序单中除了安排切割工件图形线段的程序外，还应安排切入、退出、空走，以及停机、拆丝、装丝等程序。如图 6-31 所示，在切割路线的程序单中，除切割图形线段的程序外，还应有：从穿丝孔到图形起始切割点的切入程序；切割完成后使电极丝回到坐标原点 O 的退出

程序；拆掉电极丝，将电极丝位置调整到模坯之外，并位于 *BC* 延长线上的空走程序；穿丝后加工外形轮廓的切入程序等。

切割图形上各条线段的交点坐标是按计算坐标系计算的，而加工程序中的数字和指令是按切割时所选的坐标系（即切割坐标系）来填写的。例如，切割直线 *AB* 时切割坐标系的坐标原点为 *A* 点，切割圆弧 *DE* 时切割坐标系的坐标原点为 O_1 点。因此在填写程序单时应根据各交点在计算坐标系中的坐标，利用坐标平移法求得它们在相应切割坐标系中的坐标。

2. 4B 格式程序的编制

（1）程序格式。

3B 格式的数控系统由于没有间隙补偿功能，必须按照电极丝的中心轨迹编程，当零件复杂时，编程工作量较大。4B 格式是在 3B 格式的基础上发展起来的，这种格式按工件轮廓编制，数控系统使电极丝相对于工件轮廓自动实现间隙补偿，在程序格式中增加一个 *R* 和 *D* 或 *DD*（圆弧的凸、凹性）。4B 程序格式见表 6–6。

表 6–6　4B 程序格式

B	*X*	B	*Y*	B	*J*	B	*R*	G	*D* 或 *DD*	Z
分隔符号	*X* 坐标值	分隔符号	*Y* 坐标值	分隔符号	计数长度	分隔符号	圆弧半径	计数方向	曲线形式	加工指令

表中 *R* 为所要加工的圆弧半径，对加工图样中的尖角一般取 *R*=0.1 mm 的过渡圆弧来编程。*D* 代表凸圆弧，即调整补偿距离后使圆弧半径增大的圆弧；*DD* 代表凹圆弧，即调整补偿距离后使圆弧半径减小的圆弧。补偿距离Δ*R* 是单独输入数控装置的。加工凸模或凹模也是通过控制面板上的凸、凹模开关的位置来确定的。

（2）手工编制程序实例。

【例 6–4】图 6–32 为落料凹模的设计图样，要求凸模按照凹模配作，保证双面配合间隙为 0.06 mm，试编制加工凹模和凸模的数控线切割程序。电极丝为 ϕ0.12 mm 的钼丝，单面放电间隙为 0.01 mm。

① 编制凹模线切割程序。建立如图 6–33 所示的坐标系并计算出平均尺寸，穿丝孔选在 *O* 点，加工顺序为 *O*—*H*—*I*—*J*—*K*—*L*—*A*—*B*—*C*—*D*—*E*—*F*—*G*—*H*—*O*。

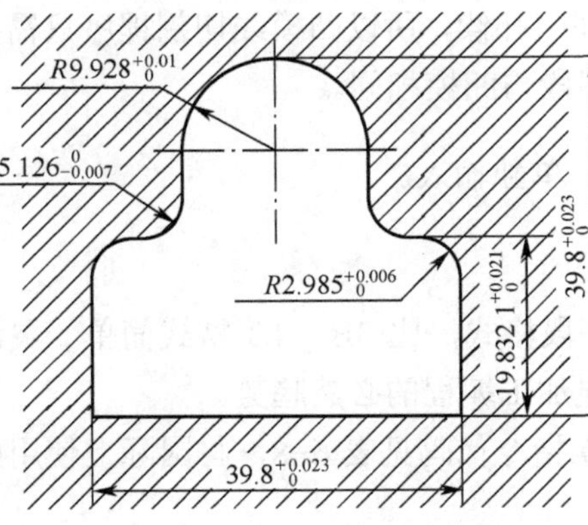

图 6–32　凹模型孔设计图

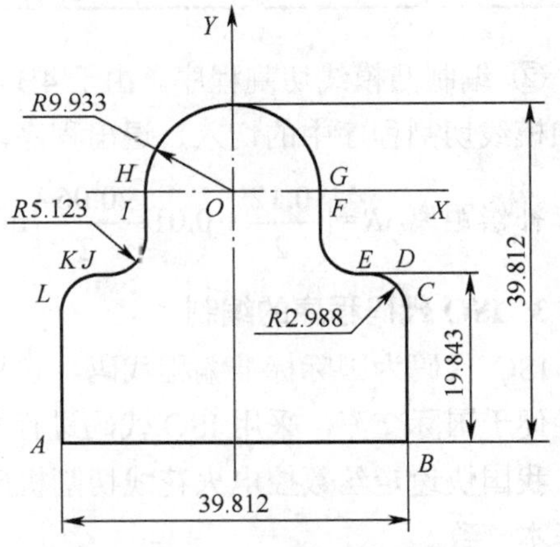

图 6–33　凹模编程示意图

补偿距离$\Delta R=\left(\frac{0.12}{2}+0.01\right)$mm=0.07 mm，单独输入。

凹模线切割程序单见表 6-7。

表 6-7　凹模线切割程序单（4B 格式）

序号	B	X	B	Y	B	J	B	R	G	D 或 DD	Z	备注
1	B		B		B	009933	B		G_X		L_3	
2	B		B		B	004913	B		G_Y		L_4	
3	B	5 123	B		B	005123	B	005123	G_X		SR_4	
4	B		B		B	001862	B		G_X	DD	L_3	
5	B		B	2 988	B	002988	B	002988	G_Y		NR_2	
6	B		B		B	016755	B		G_Y	D	L_4	
7	B	100	B		B	000100	B	000100	G_X		NR_3	过渡圆弧
8	B		B		B	039612	B		G_X	D	L_1	
9	B		B	100	B	000100	B	000100	G_Y		NR_4	过渡圆弧
10	B		B		B	016755	B		G_Y	D	L_2	
11	B	2 988	B		B	002988	B	002988	G_X		NR_1	
12	B		B		B	001862	B		G_X	D	L_3	
13	B		B	5 123	B	005123	B	005123	G_Y		NR_3	
14	B		B		B	004913	B		G_Y	DD	L_2	
15	B	9 933	B		B	019866	B	009933	G_Y		NR_1	
16	B		B		B	009933	B		G_X	D	L_1	退出
17											D	加工结束

② 编制凸模线切割程序。由于 4B 程序格式有间隙补偿，所以凸模线切割程序只需要改变凹模线切割程序中的切入、退出程序段，其他程序段与凹模相同。

补偿距离$\Delta R=\left(\frac{0.12}{2}+0.01-\frac{0.06}{2}\right)$mm=0.04 mm，单独输入。

3. ISO 代码程序的编制

ISO 代码为国际标准编程代码，它采用可变程序段格式，比 3B、4B 格式简单、灵活。为了便于国际交流，采用 ISO 代码进行数控编程是电加工编程的必然趋势。

我国快速走丝数控电火花线切割机床常用的 ISO 指令代码见表 6-8，与国际上使用的标准基本一致。

表 6-8　数控电火花线切割机床常用的 ISO 指令代码

代码	功能	代码	功能
G00	快速定位	G55	加工坐标系 2
G01	直线插补	G56	加工坐标系 3
G02	顺圆插补	G57	加工坐标系 4
G03	逆圆插补	G58	加工坐标系 5
G05	*X* 轴镜像	G59	加工坐标系 6
G06	*Y* 轴镜像	G80	接触感知
G07	*X*、*Y* 轴交换	G82	半程移动
G08	*X* 轴镜像，*Y* 轴镜像	G84	微弱放电找正
G09	*X* 轴镜像，*X*、*Y* 轴交换	G90	绝对坐标
G10	*Y* 轴镜像，*X*、*Y* 轴交换	G91	增量坐标
G11	*X* 轴镜像，*Y* 轴镜像，*X*、*Y* 轴交换	G92	定起点
G12	取消镜像	M00	程序暂停
G40	取消间隙补偿	M02	程序结束
G41	左偏间隙补偿 *D* 偏移量	M05	接触感知解除
G42	右偏间隙补偿 *D* 偏移量	M96	主程序调用文件程序
G50	取消锥度	M97	主程序调用文件程序结束
G51	锥度左偏 *A* 角度值	W	下导轮到工作台面的高度
G52	锥度右偏 *A* 角度值	H	工件厚度
G54	加工坐标系 1	S	工作台面到上导轮的高度

【例 6-5】编制如图 6-34 所示的落料凹模型孔的数控线切割程序。电极丝直径为 ϕ0.5 mm，单面放电间隙为 0.01 mm。图中尺寸为型孔的平均尺寸。

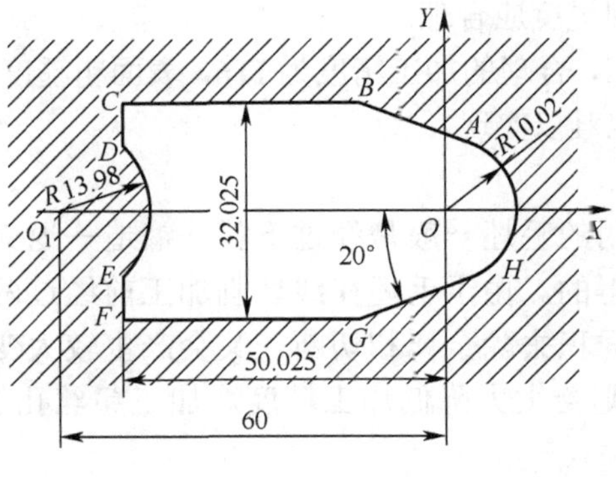

图 6-34　凹模型孔

穿丝孔选在 O 点（如图 6–34 所示），加工顺序为 $O—A—B—C—D—E—F—G—H—A$。程序如下：

```
OA1（程序号）
G92    X0    Y0
G41    D85
G01    X3427  Y9416
G01    X-14698  Y16013
G01    X-50025  Y16013
G01    X-50025  Y-9795    I-9975  J-9795
G01    X-50025  Y-16013
G01    X-14698  Y-16013
G01    X3427  Y-9416
G03    X3427  Y9416       I-3427  J-9416
G40
G01    X0    Y0
M02
```

6.2.4 电火花线切割加工工艺

电火花线切割加工，一般被视为工件加工中的最后工序。在设备一定的情况下，合理地选择工艺方法和工艺路线，是达到加工零件的精度和表面粗糙度要求的重要保证。

电火花线切割加工过程可分为六个步骤：图样分析、毛坯准备、工艺准备、工件装夹和调整、程序编制、加工及检验。

1. 图样分析

（1）尖角处应注明圆弧半径。

线切割加工工件凹角时，由于电极丝有一定的半径和放电间隙，所以不能得到“清角”，即得到的是一个过渡圆弧。

（2）加工精度和表面粗糙度应合理。

采用电火花线切割加工，合理的加工精度为 IT6，表面粗糙度 Ra=0.4 μm。如果超出此范围，既不经济，在技术上也难以实现。

2. 毛坯准备

电火花线切割加工所用的毛坯一般是经过下料—锻造—退火—机械粗加工—淬火与回火—磨削加工等工序后获得的。由于毛坯在线切割加工前经过两次热处理，内应力较大，在线切割加工后，由于大面积去除金属和切断，又会产生较大变形。因此，应该合理确定切割起点和加工路线，否则会大大降低加工精度。加工穿丝孔的几种方案比较如图 6–35 所示。

同时毛坯也应尽量选择锻造性能好、淬透性好、热处理变形小的材料制作，如 CrWMn、Cr12MoV、G Cr15 等，并制定严格的热处理规范。

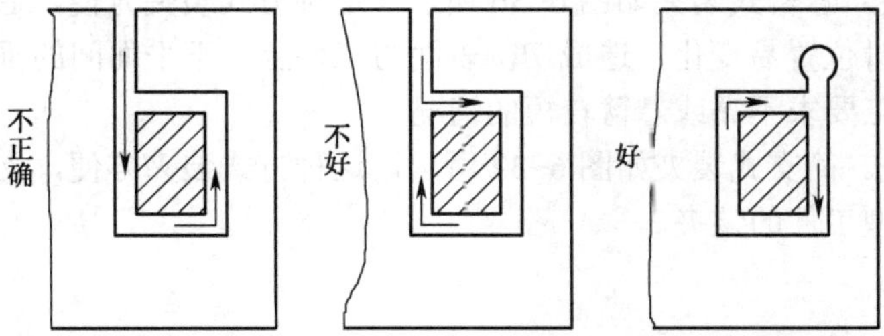

（a）不正确方案　（b）一般方案　（c）最佳方案

图 6–35　加工穿丝孔的几种方案比较

3. 工艺准备

（1）检查机床走丝架的导轮、保持器和拖板丝杆副的间隙。如果不符合要求的，应及时调整更换，以免影响加工精度。

（2）选择脉冲参数。电火花线切割加工一般采用单个脉冲能量小、脉宽窄、频率高的电参数进行正极性加工。

快速走丝线切割加工脉冲参数的选择见表 6–9。

表 6–9　快速走丝线切割加工脉冲参数的选择

应用	脉冲宽度 t_i/μs	电流峰值 I_e/A	脉冲间隔 t_o/μs	空载电压/V
快速切割或加大厚度工件 Ra＞2.5 μm	20～40	大于 12	为实现稳定加工，一般选择 t_o/t_i=3～4 以上	一般为 70～90
半精加工 Ra=1.25～2.5 μm	6～20	6～12		
精加工 Ra＜1.25 μm	2～6	4.8 以下		

（3）选配工作液。工作液对切割速度、表面粗糙度、加工精度等有较大影响。加工时必须准确选配。目前，快速走丝线切割加工通常使用 5%的乳化液，而慢速走丝线切割加工则通常使用离子水。

（4）选择电极丝。电极丝应具有良好的导电性和抗电蚀性，抗拉强度高，材质均匀。常用的电极丝有钨丝、黄铜丝、钼丝等。

黄铜丝适用于慢速加工，加工表面粗糙度和平直度较好，但抗拉强度差、损耗大，直径为 0.1～0.3 mm。

钼丝具有较高的抗拉强度，直径为 0.08～0.2 mm，适用于快速走丝加工。

钨丝具有较高的抗拉强度，直径为 0.03～0.1 mm，一般适用于各种窄缝的精加工，但价格昂贵。

选择电极丝以后，盘绕时应松紧合适，盘丝距应大于丝径。加工前应校正和调整电极丝对工作台的垂直度。

（5）开机试运行，观察走丝是否正常。

4. 工件装夹和调整

（1）工件的装夹。

火花线切割机床一般在工作台上配备安装夹具，常用的装夹方式有以下几种。

① 悬臂式装夹。悬臂式装夹如图 6–36 所示，这种方式装夹方便，通用性好。但由于一端悬伸，工件受力时位置易变化，造成切割表面与工件上、下平面间的垂直度误差。悬臂式装夹适用于工件加工要求不高或悬臂较短的情况。

② 简支式装夹。简支式装夹如图 6–37 所示，这种方式装夹方便，支撑稳定，定位精度高，但不适用于小型工件的装夹。

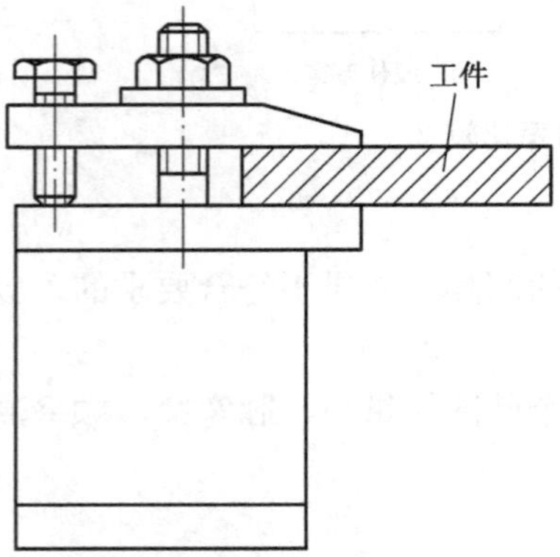

图 6–36　悬臂式装夹

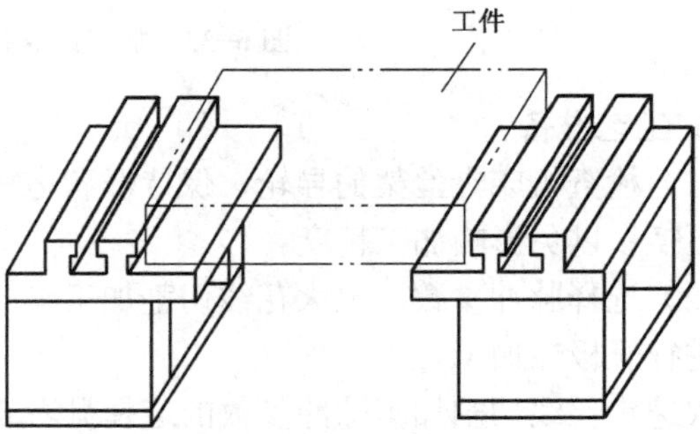

图 6–37　简支式装夹

③ 桥式支撑方式装夹。桥式支撑方式装夹如图 6–38 所示，这种方式是在通用夹具上放置垫铁后再装夹工件，装夹方便，对大、中、小型工件都可采用。

④ 板式支撑方式装夹。板式支撑方式装夹如图 6–39 所示，这种方式是根据常用的工件形状和尺寸，采用有通孔的支撑板装夹工件，定位精度高，但通用性差。

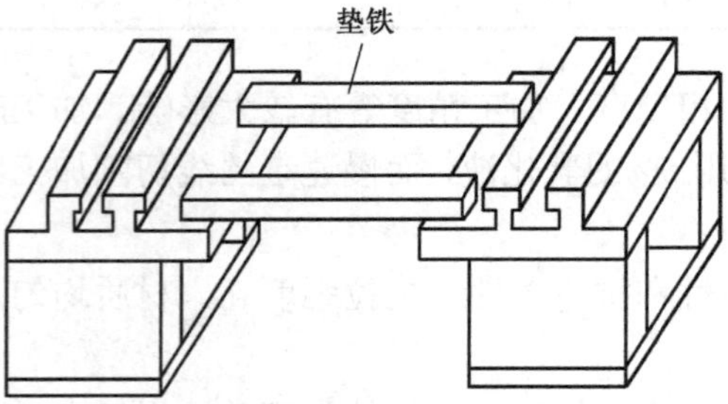

图 6–38　桥式支撑方式装夹

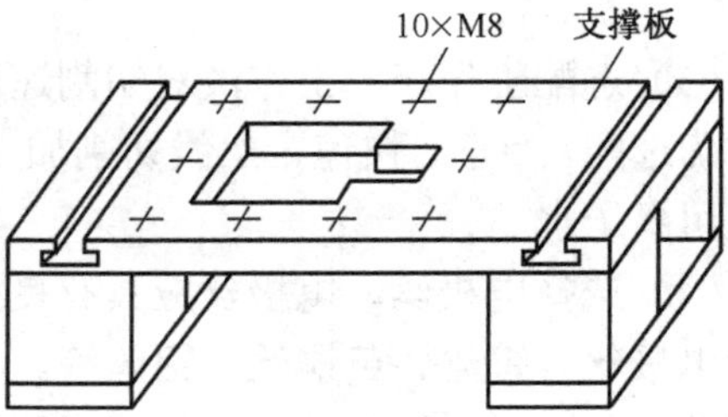

图 6–39　板式支撑方式装夹

（2）工件的调整。

① 用百分表找正。如图 6–40 所示，将百分表固定在丝架上，百分表的测量头与工件基面接触，往复移动工作台即可对工件进行校正，校正应在三个互相垂直的方向上进行。

② 划线法找正。如图 6–41 所示，利用固定在丝架上的划针对正工件上划出的基准线，往复移动工作台，目测划针、基准之间的偏离情况，将工件调整到准确位置。

（3）调整电极丝起始位置。

电火花线切割加工之前，应将电极丝调整到切割的起始坐标位置上。调整方法有以下几种。

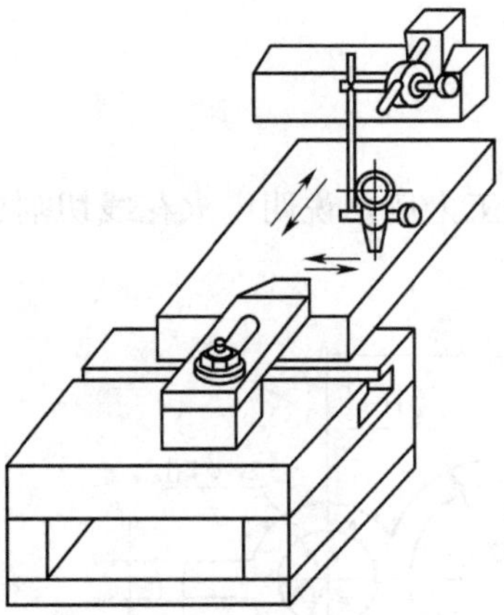

图 6-40　用百分表找正

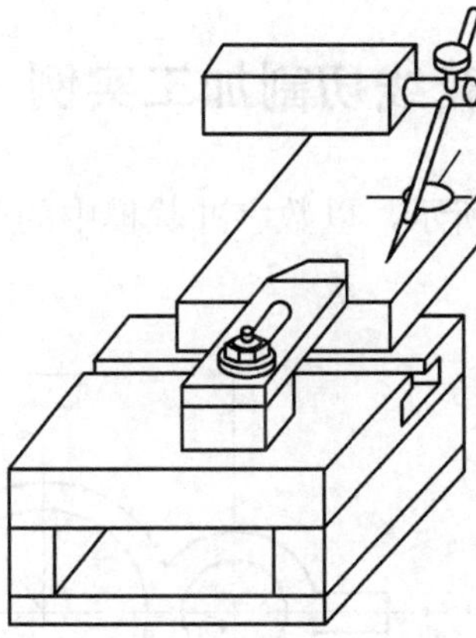

图 6-41　划线法找正

① 目测法。对加工精度要求较低的工件，可以直接利用目测或借助 2～8 倍的放大镜来进行观察。如图 6-42 所示，利用穿丝孔处划出的十字基准线，分别沿划线方向观察电极丝与基准线的相对位置，根据它们之间的偏离情况移动工作台，当电极丝中心分别与纵、横方向基准线重合时，工作台纵、横方向上的读数就确定了电极丝的中心位置。

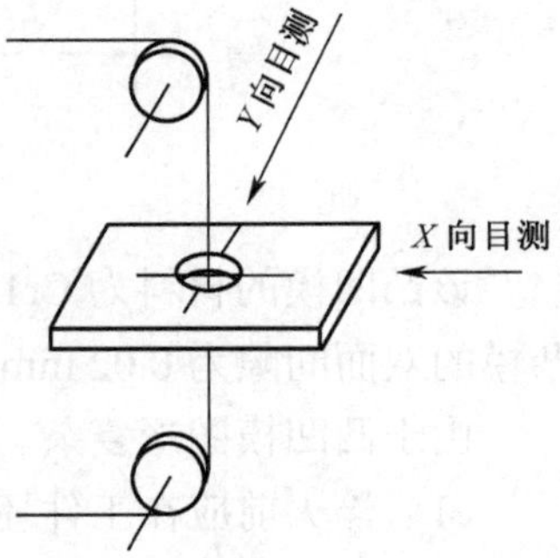

图 6-42　目测法调整电极丝位置

② 火花法。如图 6-43 所示，移动工作台使工件的基准面逐渐靠近电极丝，出现火花的瞬时，工作台的相应坐标值加（减）电极丝半径和放电间隙，即为电极丝的中心坐标。这种方法简便易行，应用较广泛，但电极丝运动时的抖动会引起一些误差，放电也会损伤工件的基准面。

③ 电阻法。对加工精度要求较高的工件，可以采用电阻法。电阻法是利用电极丝和工件之间由绝缘到接触短路时电阻的变化来确定电极丝的位置。如图 6-44 所示，利用万用表即可指示出电极丝与工件接触瞬间的位置。

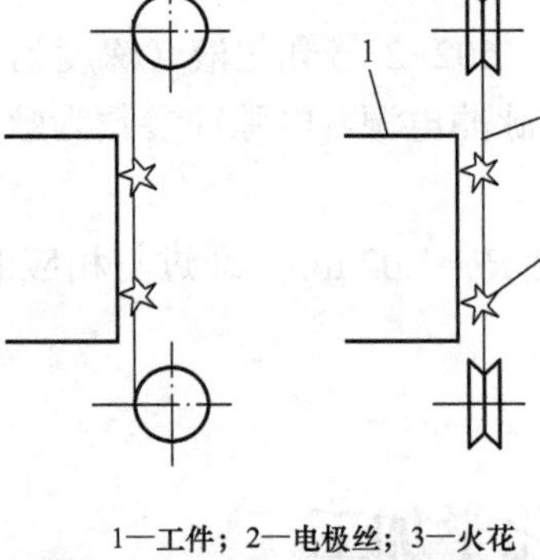

1—工件；2—电极丝；3—火花

图 6-43　火花法调整电极丝位置

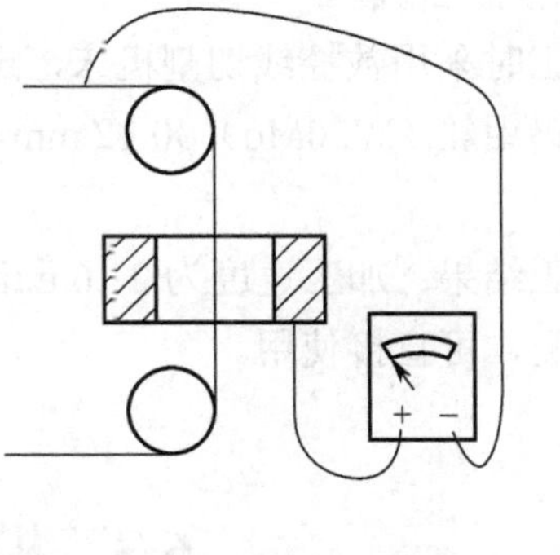

图 6-44　电阻法调整电极丝位置

5. 程序编制（详见 6.2.3）

6. 加工及检验（略）

6.2.5 电火花线切割加工实例

如图 6–45 所示，以数字冲裁模中的凸凹模的加工为例，说明电火花线切割加工应用。

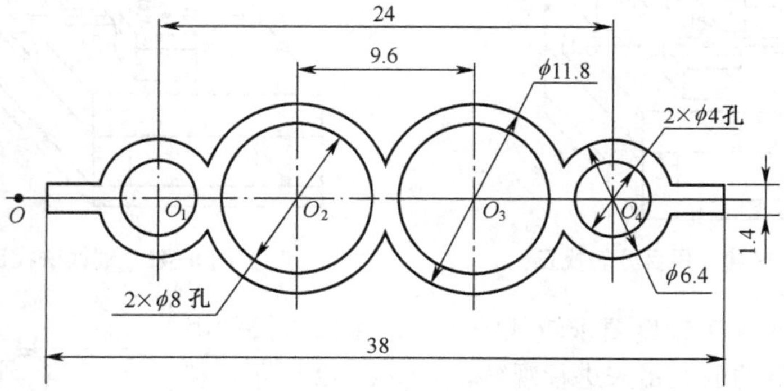

图 6–45 数字冲裁模中的凸凹模

该凸凹模的材料为 Cr12MoV，硬度为 55HRC，厚度 H=30 mm，凸凹模与相应的凹模和凸模的双面间隙为 0.02 mm，表面粗糙度 Ra=1.25 μm。

由于凸凹模图形复杂、结构细小，为了保证加工质量，应采取以下措施。

（1）淬火前应在工件坯料上预钻相应的穿丝孔。

（2）考虑模具使用寿命，将所有非光滑过渡的交点用半径为 0.1 mm 的过渡圆弧连接。

（3）先切割两个ϕ4 mm、两个ϕ8 mm 的小孔，再从辅助切割孔位 O 开始，进行凸凹模线切割成形加工。

（4）合理选择电脉冲参数，以保证加工精度、表面粗糙度和配合间隙。

加工工艺路线：下料—锻造—退火—刨上、下平面—钳工划线在 O_1、O_2、O_3、O_4 处钻穿丝孔—淬火与回火—磨削上、下平面及一个 90° 直角边—研磨穿丝孔—装夹、对中、线切割成型—钳工修配。

加工时采用数控线切割机床，选用的工作液为航天 502–2 号乳化液（深度为 15%），电极丝为钨钼丝（W20Mo）ϕ0.12 mm。选择 WC–1805A 脉冲电源，电脉冲参数为脉宽 t_k=1 μs，t_j=4 μs。

加工结果：加工速度为 21.6 mm²/min，表面粗糙度 Ra=1.02 μm。通过与相应的凸模、凹模的试配，可直接使用。

6.3 模具零件的电化学加工

电化学加工按照其作用原理可以分为两类：一类是利用电化学阴极沉积涂覆进行加工，如电铸加工；另一类是利用电化学阳极溶解进行加工，如电解加工。

6.3.1 电铸成型加工

1. 电铸成型加工的原理

电铸加工如图 6-46 所示。用导电的母模作阴极，电铸材料作阳极，电铸材料的金属盐溶液作电铸液。在直流电源的作用下，阳极上的表面金属发生阳极溶解反应而变为正离子进入电铸液，而电铸在阴极液中的金属离子，在阴极获得电子沉积镀覆在母模表面上，阳极上的金属原子失去电子成为正离子源源不断地补充入电铸液中，保持电铸液的浓度基本不变。当母模上的电铸层达到预定厚度时，将其与母模分离，即可获得与母模型面凹凸相反的电铸件。

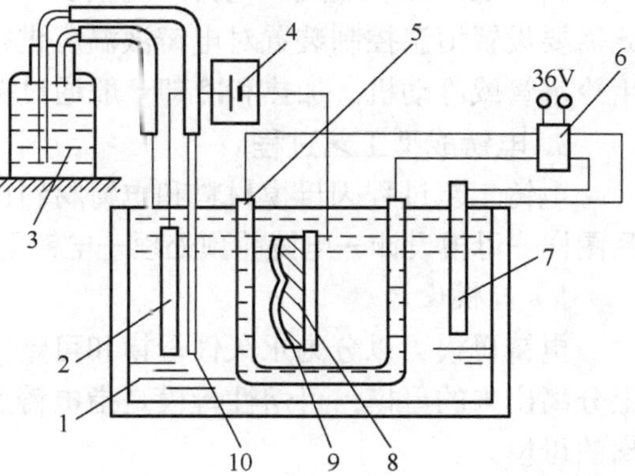

1—电铸槽；2—阳极；3—蒸馏水；4—直流电源；5—加热管；6—恒温装置；7—导电温度计；8—母模；9—电铸层；10—玻璃管

图 6-46 电铸成型原理示意图

2. 电铸成型加工的特点

（1）能准确、精密地复制复杂型面和细微纹路。

（2）能获得尺寸精度高、表面粗糙度值 *Ra* 小于 0.1 μm 的复制品，用同一原模生产多个电铸件时其形状、尺寸的一致性极好。

（3）借助石膏、石蜡、环氧树脂等作为原模材料，可以把复杂零件的内表面复制为外表面，外表面复制为内表面，然后再电铸复制，适应性广泛。

（4）通过电铸加工可以获得高纯度的金属制品。

（5）电铸加工时金属沉积速度缓慢，制造周期长。例如，电铸加工镍时，一般需要一周左右的时间。

（6）电铸层厚度不均匀且较薄，仅为 4～8 mm。由于电铸层通常都具有较大的应力，因此大型电铸件通常会出现明显的变形，不易承受大的冲击载荷。这使电铸加工的应用受到一定的限制。

3. 电铸加工的应用

（1）可复制精细的表面轮廓花纹，如唱片模、工艺美术品模，以及纸币、证券、邮票的印刷版等。

（2）可复制注塑用的模具和电火花型腔加工用的电极。

（3）可制造复杂、高精度的空心零件和薄壁零件，如波导管等。

（4）可制造表面粗糙度标准样块、反光镜、表盘、异型孔喷嘴等特殊零件。

4. 电铸成型设备

电铸成型设备主要包括电铸槽、直流电源、搅拌系统、恒温控制装置等部分。

（1）电铸槽。电铸槽有内热式和外热式两种，内热式电铸槽体积小，外热式电铸槽加热均匀，图 6-46 所示为外热式电铸槽。电铸槽内表面材料不能与电铸液发生化学反应，一般用钢板焊接，内衬铅板、橡胶或塑料薄板等，小型的电铸槽可以直接用玻璃、陶瓷等容器，大型的电铸槽可以用耐酸砖衬里的水泥槽。

（2）直流电源。电铸采用低电压、大电流的直流电源，常用硅整流或晶闸管直流电源，要求电压为 6～12 V 并且可调，电流密度为 15～30 A/cm^2。

（3）搅拌系统。搅拌的作用是降低电铸液的浓度差，加大电流密度，减少工作时间，提高生产速度和电铸质量。搅拌的方法包括循环过滤法、超声振动法和机械搅拌法等。循环过滤法不仅可以搅拌电铸液，还可以对电铸液进行过滤，是搅拌系统常用的方法。

（4）恒温控制装置。电铸周期较长，而电铸过程中电铸液的温度要求保持基本不变，因此需要设置恒温控制装置对电铸液温度进行恒温控制，加热时可用电炉、加热管，冷却时可用冷水管或冷动机。加热和冷却一般通过温度传感器来控制。

5. 电铸成型工艺过程

电铸工艺过程因母模材料和电铸材料的不同而不完全一致，但其基本的工艺过程是：产品图样—母模设计—电铸前预处理—电铸至规定厚度—衬背和脱模—机械加工—电铸件成品。

1）母模设计

电铸母模可以分为永久性母模和可熔性母模两种。永久性母模是指电铸后可以从电铸件上分离出来的母模；可熔性母模是指电铸后不可以直接从电铸件上分离出来，需要熔化来分离的母模。

（1）母模的设计要点。

① 母模形状与所需型腔相反。

② 确定母模尺寸时，应考虑制品材料的收缩率，母模表面粗糙度值越小越好，一般表面粗糙度值 Ra 小于 0.01 μm。

③ 对于不可熔型母模应带有 15′～30′ 的起模斜度，同时需要考虑起模措施。

④ 承受电铸的部分应按制品需要放长 3～5 mm，以备电铸后端部粗糙而被割除。

⑤ 在母模轮廓较深的底部，凹、凸不能相差太大，同时尽量避免尖角。

⑥ 对于形状复杂，不能完整脱模的母模，可选用一次性母模或组合式母模。

（2）母模的材料。

母模所用材料有金属和非金属之分，可根据需要进行选择。各种母模的材料及优缺点如表 6–10 所示。

表 6–10　母模材料及特性

材料			优点	缺点	用途
金属	永久性	不含铬的低碳钢、中碳钢或铜	成本低，制作精度高，使用寿命长	脱模时制品表面易拉毛，需有脱模斜度	制作形状简单且脱模方便的母模
	可熔性	低熔点合金	可铸造，可回收，熔解方便，且制品表面不易拉毛	需有浇铸模，成本高	制作批量大的母模，但母模不能完整取出
非金属	不可熔性	木材	成本低，易加工	加工精度不高，需防水处理	制作大型或精度要求不高的母模
		石膏	成本低，成型性良好	加工精度不高，需防水处理	制作大型或精度要求不高的母模或翻制阴模

续表

材料			优点	缺点	用途
非金属	不可熔性	环氧树脂	可浇铸，制品的表面精糙度低、尺寸精度稳定	必须有浇铸模，成本高	制作批量大或大型母模
		聚氯乙烯	可浇铸，可回收，脱模方便	尺寸精度不高，电铸液温度不宜过高	制作批量大且无尺寸精度要求的母模
		有机玻璃	加工性能好，表面粗糙度低，脱模方便，尺寸精度高	可使用次数不多，电铸液温度不宜过高	制作中小型用齿轮类的母模
	可熔性	石蜡	成本低，成型性良好，表面粗糙度低，脱模方便	易损伤，加工时精度难以保证，电铸液温度不宜过高	制作小型及尺寸精度要求不高的母模

2）电铸前的预处理

电铸前的预处理主要包括镀起模层处理、防水处理、镀寻电层处理、引导线及包扎处理。处理的方法因母模材料的不同而异。

（1）镀起模层处理。用金属制成的母模需镀上一层厚度为 0.008～0.01 mm 的硬铬，以便起模。镀铬层表面不允许有气孔、麻点和脱铬现象。

对于形状复杂的母模，由于镀铬的散射能力较差，可以考虑先镀镍再镀铬。

若是深型腔而起模困难时，可在母模表面先喷上一层聚乙烯醇感光剂，经曝光烘干后进行镀银处理。

用低熔点合金制成的母模不需要镀起模层，有时可以考虑涂石墨。

（2）防水处理。用石膏或木材制成的母模，在电铸前可以用喷漆或浸漆的方法进行防水处理。用石膏制成的母模还可以采用浸石蜡的方法进行防水处理。

（3）镀导电层处理。非金属母模不导电，不能直接电铸加工，因此要经过镀导电层处理。镀导电层处理通常需要先进行防水处理（有些材料不经防水处理）。可以采用导电漆的涂敷处理、真空涂膜或阴极溅射处理，常用的是进行化学镀银或化学镀铜处理。为了获得良好的导电层，一般母模需要进行两次镀导电层处理，而石膏母模则需要进行三次镀银处理。

（4）引导线及包扎处理。母模经镀起模层处理及镀导电层处理后需进行引导线及包扎处理，其目的是使导电层能够在电沉积操作过程中良好通电，并将非电铸表面予以隔离。

3）电铸金属及电铸溶液

常用的电铸金属有铜、镍和铁三种，相应的电铸溶液为含有所选用电铸金属离子的硫酸盐、氨基磺酸盐和氧化物等的水溶液。

电铸镍具有良好的复制性，电铸件的强度和硬度较高，表面粗糙度值较小，但电铸时间较长，成本较高，适用于制造小型拉深模和塑料模的型腔件；电铸铜导电性能好，操作方便，价格便宜，但机械强度和耐磨性较低，不耐酸，易氧化，适用于制造塑料模、玻璃模的型腔件，以及电火花加工用的电极及电铸镍壳的加固；电铸铁成本低，但质地松软，易腐蚀，操作时有气味，一般用于电铸镍壳的加固和修补磨损的机械零件。

在电铸时，不同的电铸材料需要采用不同的电铸液及工艺参数，表 6-11 列出了铜电铸液和镍电铸液的成分和工艺参数。

表 6-11　铜、镍电铸液的成分和工艺参数

电铸液类型		电铸液成分/（g·L^{-1}）	工艺参数			
			pH 值	温度/℃	电压/V	电流密度/（A·dm^{-2}）
铜电铸液	硫酸盐溶液	硫酸铜　200～250 硫酸　45～75		20～25	＜6	2～5
	氟硼酸盐溶液	氟硼酸盐　300～450 氟硼酸　15～20 硼酸　15～20	＜0.6	20～60	4～12	5～20
	焦磷酸盐溶液	焦磷酸铜　80～100 焦磷酸钾　330～400	8～9	45～50		1～3
镍电铸液	氨基磺酸镍溶液	氨基磺酸镍　250～375 氯化镍　0～12.5 硼酸　25～37.5	3.5～4.5	40～60		2.5～20
	氟硼酸盐溶液	氟硼酸镍　250～375 硼酸　20～30	3.0～4.0	50～55		15～25
	硫酸盐溶液	硫酸镍　200～375 氯化镍　30～45 硼酸　25～37.5	1.5～4.0	45～60		2.5～10

电铸时应注意以下几点（以电铸镍为例）。

（1）阳极材料的纯度必须高，阳极面积要比母模在电极方向投影面积大，一般为 1～2 倍。

（2）电铸过程中，要保持电铸液的液面高度和温度稳定，定期对电铸液进行化验，保证其浓度，并不含杂质。

（3）在电铸时断电不超过 2 h，可以不取出母模，通电后进行反向电流处理，继续进行电铸；若断电超过 2 h，则需要取出母模，用 20%的盐酸浸泡活化处理后再进行电铸。

（4）为了提高铸层的均匀性，需要注意阳极放置的距离和位置。电极放置的距离远有利于提高铸层的均匀性，但也会影响电铸效率。电极放置的位置与母模的形状有关，轴类母模宜采用四面或三角形均匀悬挂；若受位置限制，只能两面悬挂电极时，电极要绕母模轴线定期旋转。带有凸缘的母模宜采用水平或倾斜挂置，以避免在凹处产生气泡，从而影响铸层质量，如图 6-47 所示。

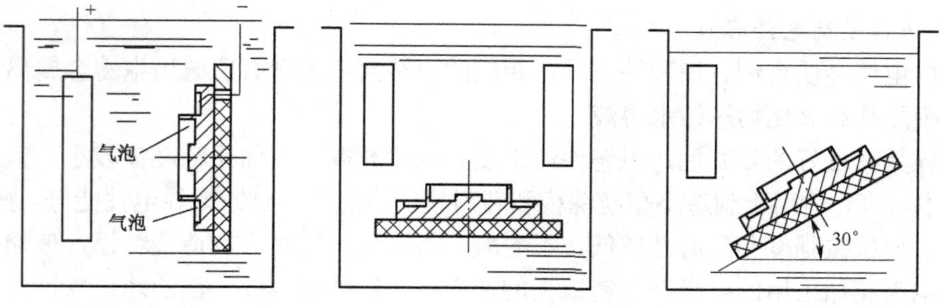

（a）垂直挂置　（b）水平挂置　（c）倾斜挂置

图 6-47　电铸成型原理

4）衬背和脱模

有些电铸件电铸成形之后，需要用其他材料在其背面加固，以防止变形，然后再对电铸件进行脱模和机械加工。

加固的方法通常是采用模套进行衬背。衬背的模套可以是金属材料或浇注铝及低熔点合金。用金属模套衬背时，一般在模套内孔和电铸型腔外表面涂一层无机黏结剂后再进行压合，以加强配合强度，如图 6–48 所示。

电铸件与母模的分离，根据不同情况可以采用锤打敲击、加热或冷却分离、用薄刀刃剥离（平面型铸件）、熔化和化学溶解母模等方法。图 6–48 是利用金属母模上的螺孔，采用卸模架和螺钉将母模拉出。

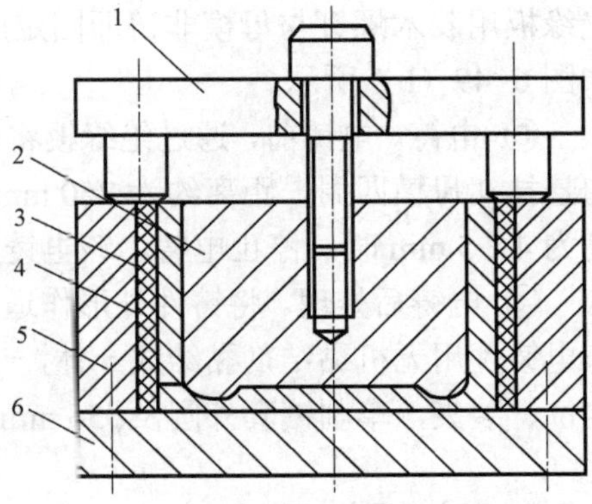

1—卸模架；2—母模；3—电铸型腔；4—黏结剂；5—模套；6—垫板

图 6–48　电铸型腔与模套组合形式

6. 电铸加工实例

以图 6–49 所示的刻度盘模具型腔为例，说明电铸工艺过程。

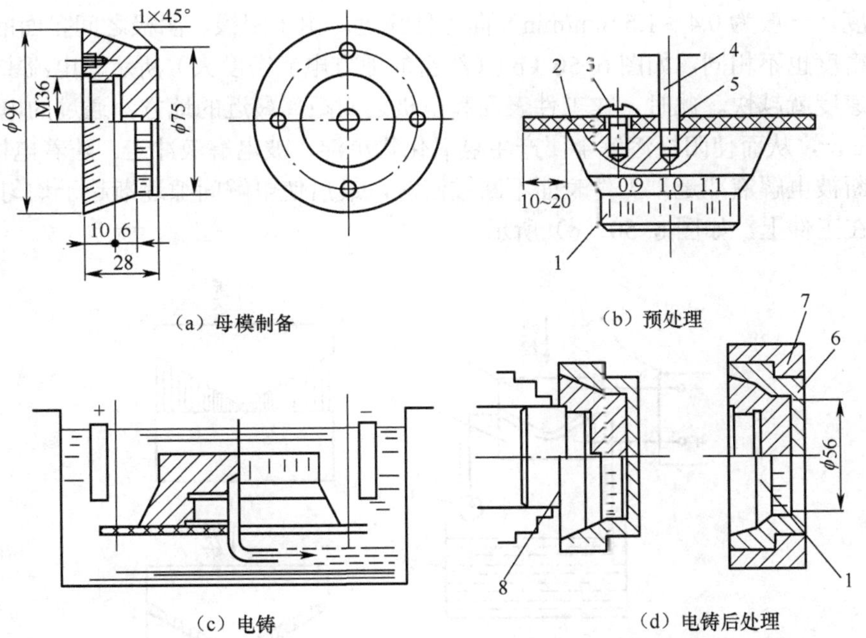

1—母模；2—绝缘板；3—螺钉；4—导电杆；5—塑料管；6—电铸件；7—铜套；8—芯轴

图 6–49　刻度盘模具型腔电铸

刻度盘模具型腔电铸工艺过程如图 6–49 所示，包括以下步骤。

① 母模制备。母模制备简图如图 6–49（a）所示，母模材料选用 45 钢，表面粗糙度 Ra=0.1 μm。M36 螺孔是一种用于车制母模及铸件的工艺螺孔。为便于母模悬挂引导线及包扎处理，在母模外周增加 4 个小螺孔。

② 预处理。先清洗母模表面以去除油渍，再对母模表面镀硬铬层（即脱模层），最后将

绝缘板用胶木螺钉与母模非铸面固定成一体，并将外部套有塑料管的紫铜导电杆拧入母模，如图 6-49（b）所示。

③ 电铸。电铸前，通过绝缘板将母模通过硬塑料线悬吊在电铸液槽内，用 4 块电极板均匀悬挂在母模四周，距离约为 250 mm。电铸时，每隔 1～2 天将母模转置 45°，至电铸层厚度为 4～5 mm 时，停止电铸，该电铸层即为电铸件，如图 6-49（c）所示。

④ 电铸后处理。将铸件外形作适当处理，按照黏结间隙要求配置铜套内孔，然后将铜套和电铸件用无机黏结剂黏结成一体，一般无机黏结剂厚度为 0.2～0.3 mm。最后利用心轴进行定位、装夹，车削镶套外圆及 ϕ56 mm 内孔，如图 6-49（d）所示。

6.3.2 电解加工

1. 电解加工的基本原理

电解加工是利用金属在电解液中发生电化学阳极溶解的原理，将工件加工成型的一种工艺方法，如图 6-50（a）所示。加工时，在工件和电极之间接上直流稳压电源（6～24 V），电极接阴极，工件接阳极，工件和电极之间保持一定的间隙（0.1～1 mm）。在间隙中通过具有一定压力（0.49～1.96 MPa）和速度（可达 75 m/s）的电解液。在加工过程中，电极以一定的进给速度（一般为 0.4～1.5 mm/min）向工件靠近。由于阳极、阴极之间各面的距离不同，因此电流密度也不相同，如图 6-50（b）（线密的地方电流密度大）所示。电流密度越大，阳极溶解的速度就越快。此时，在工件表面和电极之间距离最近的地方，通过的电流密度可达 10～70 A/cm^2，从而使阳极溶解金属产生氢氧化物沉淀，被电解液冲走。随着电极不断进给，电蚀物不断被电解液冲走，工件表面不断被溶解，最后使电解间隙逐渐趋于均匀，电极的形状被复制在工件上，如图 6-50（c）所示。

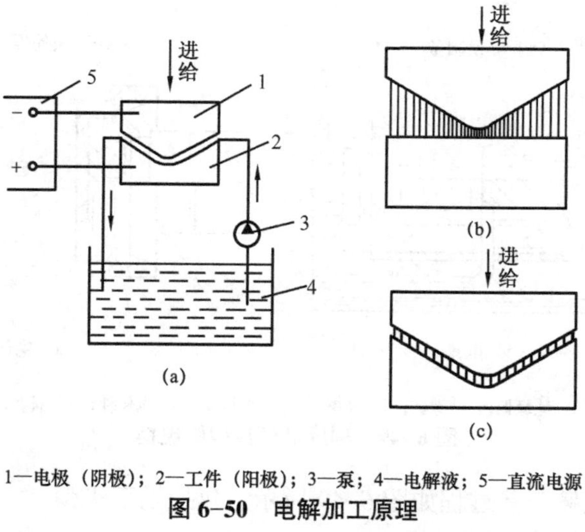

1—电极（阴极）；2—工件（阳极）；3—泵；4—电解液；5—直流电源

图 6-50　电解加工原理

2. 电解加工的特点

（1）加工范围广。电解加工不受金属材料的力学性能限制，可以加工硬质合金、淬火钢、不锈钢、耐热合金等高硬度、高强度、高韧性金属材料及各种复杂型面。

（2）加工速度快，约为电火花加工的5～10倍以上。例如，加工复杂形状的型腔，可以在电极的进给下，一次加工成型。

（3）由于加工过程中不存在切削力作用，因此不会产生热变形和毛刺等问题，没有电火花加工那样的白亮变质层。

（4）电极损耗极小，加工表面粗糙度值小，*Ra* 一般为 0.8～0.2 μm，尺寸精度为±(0.05～0.2）mm。

（5）难以加工窄缝、小孔或尖细棱角（r<0.2 mm）的表面。

（6）对复杂型腔的加工，电极设计制造较困难。

（7）电解液在加工表面难以实现均匀流动，废液及析出物有公害，电解液对机床、夹具、设备及工件等都有腐蚀作用。

3. 电解加工的适用范围

采用电解加工模具型腔，加工效率高、表面粗糙度值较小，但尺寸精度不高、电极设计与制造周期长、投资大。所以，电解加工适用于大型模具型腔的加工，如锻造模型腔、压铸模型腔及塑料模型腔等批量较大而要求不高的加工。

4. 型腔电解加工工艺

1）电解液的选择

（1）电解液在电解过程中的主要作用。

① 作为导电介质传递电流。

② 在电场作用下进行电化学反应，使阳极溶解。

③ 可及时排除加工间隙中的电蚀物，并带走加工区产生的热量，起更新与冷却作用。

（2）对电解液的基本要求。

电解液应该具有足够的腐蚀速度，以提高生产率；同时还应该具有较高的加工精度和表面质量。电解液中的金属阳离子不应在阴极上产生放电反应而沉积到电极上，以免改变电极的形状和尺寸。阳极反应的最终产物应是不溶性的化合物，以便于排除。阳极溶解下来的金属阳离子不应沉积在阴极上；电解液应性能稳定，操作安全，腐蚀性小，价格便宜。

（3）常用电解液。

电解液可以分为中性盐溶液、酸性溶液和碱性溶液。目前实际生产中常用的电解液主要包括氯化钠（NaCl）、硝酸钠（$NaNO_3$）和氯酸钠（$NaClO_3$）三种中性盐溶液。

氯化钠电解液价廉易得，对大多数金属其电流效率均很高，加工过程中损耗少，应用广泛，但成型精度较低。硝酸钠电解液和氯酸钠电解液虽然经济性差，但成型精度较高。

2）工具电极设计与制造

（1）电极材料。

电极材料应具备电阻小、有耐液压的刚性、耐腐蚀性好、机械加工性好、导热性好和熔点高等特点。电极材料主要有黄铜、紫铜和不锈钢等。

（2）电极尺寸确定。

一般是先根据被加工型腔尺寸和加工间隙确定电极尺寸，再通过工艺试验对电极尺寸、形状加以修正，以保证电解加工的精度。

（3）电极制造。

电极制造主要采用机械加工。对三维曲面可采用仿行铣、数控铣和反复制法制作。反复

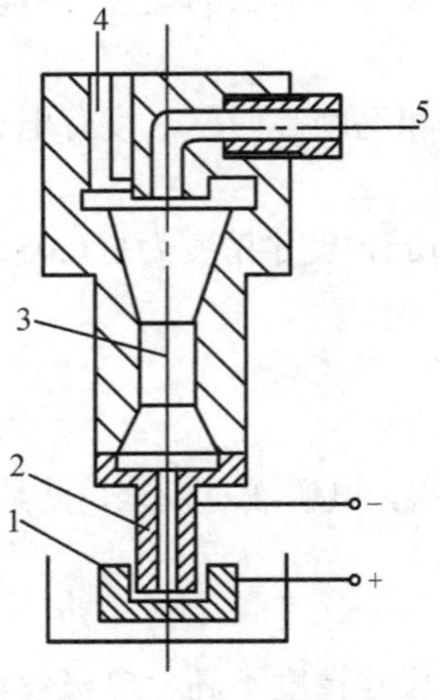

1—工件；2—电极；3—气液混合腔；
4—电解液入口；5—气源入口
图 6-51 混气电解加工

制法是预先准备好基准模型，以基准模型作电极，用电解加工法制作工具电极，然后再用这个工具电极加工模具。为了保证电极的加工精度，选用硝酸钠作为电解液。

5. 混气电解加工

混气电解加工是将一定压力的气体（二氧化碳、氮气或压缩空气）经气液混合腔与电解液混合在一起，使电解液成为含有水和气体的均匀气液混合物后，送入加工区进行电解加工，如图 6-51 所示。由于气液混合物不导电，电解液的电阻率会增加，在加工间隙中电流密度较低的部位电解作用会趋于停止，使间隙迅速趋于均匀，从而可以保证较高的加工精度。

混气电解加工时，由于气体的混入降低了电解液的密度和黏度，因此可在较低的压力下达到较高的流速，从而降低了对工艺装备的刚性要求。此外高速流动的气泡还能够起到搅拌的作用，消除了死水区使电解液流动均匀，减少短路的可能性，从而确保加工稳定。

混气电解加工具有高生产率、表面粗糙度数值小、加工精度±（0.1～0.2）mm 等特点，可加工形状复杂的型腔，因此广泛应用于精度要求不太高、批量大的大型型腔的加工，如锻模、压铸模、塑料模的型腔加工。

6.3.3 电解磨削加工

电解磨削是电解加工和磨削相结合的一种复合加工工艺。电解磨削加工能够获得比电解加工更高的加工精度和更小的表面粗糙度，生产效率高于磨削加工。

1. 电解磨削加工的基本原理

电解磨削时，工件接直流电源的阳极，导电砂轮接阴极，如图 6-52 所示。导电砂轮和工件表面之间除了凸出的磨粒（不导电）接触外，还存在极微小的间隙，这种间隙即为电解间

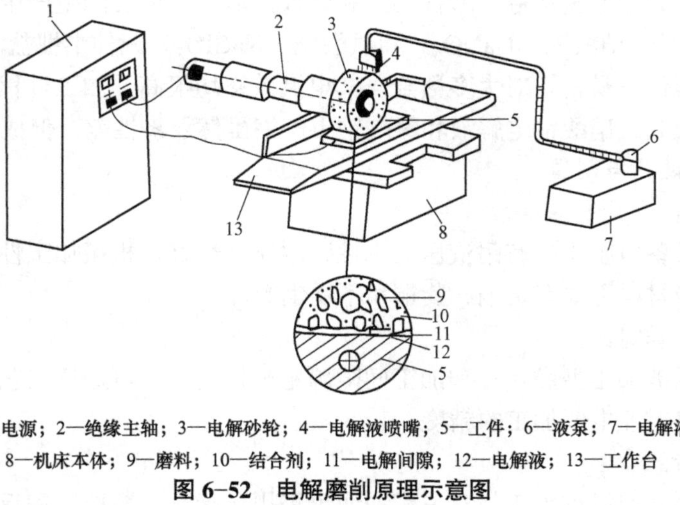

1—直流电源；2—绝缘主轴；3—电解砂轮；4—电解液喷嘴；5—工件；6—液泵；7—电解液箱；
8—机床本体；9—磨料；10—结合剂；11—电解间隙；12—电解液；13—工作台
图 6-52 电解磨削原理示意图

隙。当电解间隙中注入电解液，并有直流电流通过时，工件（阳极）表面便发生电化学阳极溶解，同时在表面生成一层极薄的氧化物（氢氧化物）薄膜，称为阳极钝化膜。这层钝化膜具有较高的电阻，从而减慢了金属的阳极溶解过程。由于导电砂轮的切削作用，磨料将这层阳极钝化膜去除，并将电解液带走，使工件上又露出新的金属表面，即使阳极表面重新活化。这样在电解和磨削的综合作用下工件表面钝化、活化不断交替地进行，直至将工件磨削到一定的尺寸和表面粗糙度为止。

在电解磨削过程中，零件加工余量的大部分（95%～98%）被电解作用去除，剩余的小部分被磨粒切除。砂轮的主要作用是去除阳极钝化膜和平整工件表面。

2. 电解磨削加工的特点

与一般磨削加工相比，电解磨削具有以下特点。

（1）加工范围广，加工效率高。

（2）磨削后的表面质量高。

（3）砂轮的损耗小。

（4）磨削加工中可能会产生电解液雾沫和有刺激性的气体，应采取相应的防护性措施。

3. 电解磨削机床

电解磨削机床由机床主体、电解电源和电解液循环过滤系统等组成。

电解磨削机床主体的机械结构和普通磨床基本相同，但增加了直流电源、电解液循环过滤系统等装置，同时主轴、工作台等进行了绝缘、防腐处理。当无专用电解磨床时，可以使用普通磨床进行改造。

电解电源一般选用直流电源或直流脉冲电源，只有在采用石墨磨轮磨削硬质合金时才使用交流电源。直流电源通常采用硅整流电源，其工作电压为 8～12 V，要求具有无级调压、过载保护和稳压等功能。

电解液循环过滤系统由电解液、电解液喷嘴、电解液泵、电解液箱及过滤系统等组成。

4. 电解液

在电解磨削加工中，电解液是直接参与阳极电化学反应的物质。因此，电解液对电解磨削的生产率、加工精度和表面质量等都有很大的影响。目前，有关资料所介绍的电解液种类较多，性质各异。

使用强电解液（如 NaCl 水溶液）生产率高，但阳极溶解速度过快，可能会导致工件的尖角部位形成半径约 0.1～0.25 mm 的圆弧。对要求具有锐利刃口的工件不利，且不容易控制加工精度和表面质量。对机床、夹具的腐蚀性也大。因此，在磨削碳钢时，通常选用以 $NaNO_3$、$NaNO_2$、KNO_3 等为主的电解液，以提高成型精度，减少杂散腐蚀。$NaNO_3$ 等能够使铁产生严密的钝化膜，从而阻止氧或其他活性离子对机床、夹具的锈蚀。有时为了进一步提高成型精度，在电解液中加入 $NO_2B_4O_7$（硼砂）等添加剂，可以在工件表面生成较厚且结构紧密的钝化膜，从而在一定程度上保护工件上的锐边和尖角。

磨削硬质合金的电解液，可加入适当的络合剂，如酒石酸或酒石酸钾钠，它能够与磨削过程中产生的钴离子生成一种络合物酒石酸钴，有利于电解液的清洁，促进钴的溶解。

电解液的温度一般为 20～40 ℃（即室温），不另外加热。其净化程度对生产率和加工质量影响很大，一般采用尼龙网过滤后再沉淀的方法净化电解液。在磨削时，必须保证电解液能充分注入砂轮与工件的间隙内，否则生产率会显著降低。

5. 电解磨削的主要工艺参数

在电解磨削过程中，影响生产率、加工精度和表面粗糙度的工艺因素较多，其中主要有以下几个方面。

（1）电参数。

电解磨削加工的主要电参数是工作电压和电流密度。一般情况下，生产率会随着电流密度的增大而按比例上升。因此，为了提高生产率，必须在加工要求允许的条件下采用尽可能大的电流密度。一般来说，粗加工时的工作电压约为 10～20 V，而精加工约为 5～15 V。一般粗加工的电流密度为 50～200 A/cm^2，精加工为 5～50 A/cm^2。

（2）磨轮（阴极）与工件间的导电面积。

当电流密度一定时，通过的电量与导电面积成正比。砂轮和工件的接触面积越大，通过的电量越多，生产率就越高。因此，应尽可能增加两极之间的导电面积。

（3）磨削压力。

磨削压力大，工作台运动速度快，均可提高生产率。但磨削压力越大，就越易使磨料磨损或脱落，减少了加工间隙，影响了电解液的输入，导致火花放电或发生短路现象，从而使生产率和加工质量下降。通常情况下，磨削压力为 0.2～0.5 MPa。

（4）电解间隙。

具有导电性能的砂轮结合剂使电解磨削的阴极加工时凸出于结合剂之外的磨粒和工件相接触，工件表面和砂轮结合剂之间的间隙δ即为电解间隙，它等于磨粒凸出的高度，如图 6–53 所示。在磨削时，若δ过大，则电流密度变小，生产率降低；若δ过小，则易发生短路，导致阳极（工件）表面烧伤，加工质量恶化。一般δ=0.01～0.1 mm，精加工时间隙较小（0.01～0.05 mm），相应的工作电压也较低，以提高加工精度。为了获得一定的电解间隙，对金属结合剂砂轮可以采用反极性处理来获得。

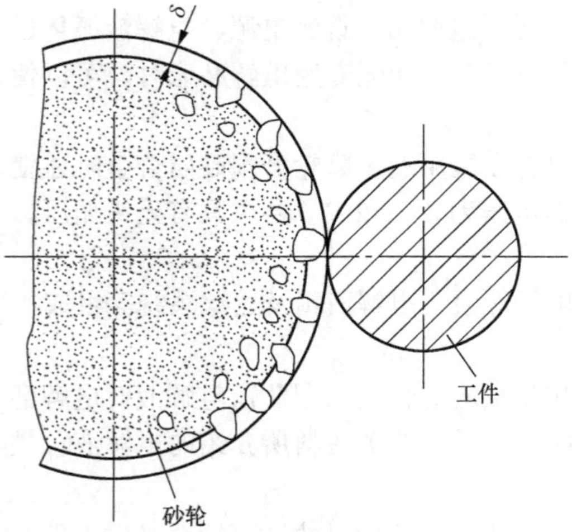

图 6–53　电解间隙

（5）磨轮转速。

增加磨轮的转速，可使电解间隙中的电解液供应充分和迅速更换；使电流密度增大，磨削作用增强，从而提高生产率。但转速超过某一限速后，由于离心力增大，磨轮表面不但不能保持足够的电解液，反而使电流密度减小，生产率降低。一般磨轮转速为 20～30 m/s。

（6）电解液供给量。

电解液按被加工材料的性质选择，应保证流量充分，均匀注入电解间隙。流量过大，虽然生产率高，但加工精度不易控制，特别是工件的尖棱部分易形成圆角；流量过小，供应不均匀，则易产生火花放电，影响加工质量。一般流量为 1～6 L/min。电解磨削还应对非加工表面（特别是有精度要求的）采取保护措施。

6.4　模具零件的超声波加工

“超声波”是用来描述频率高于人耳听觉频率上限的一种振动波，通常是指频率高于 16 kHz 以上的所有频率。超声波加工有时也称超声加工（Ultrasonic Machining）。

超声波加工不仅可以加工硬质合金、淬火钢等脆硬金属材料，还适用于加工玻璃、陶瓷及半导体锗、硅片等不导电的非金属脆硬材料。此外，超声波加工还可以应用于清洗、焊接、探伤、测量、冶金等其他方面。

6.4.1　超声波加工的工作原理

超声波加工是利用工具端面的超声振动，通过磨料悬浮液加工脆硬材料的一种成型方法。加工原理如图 6–54 所示。

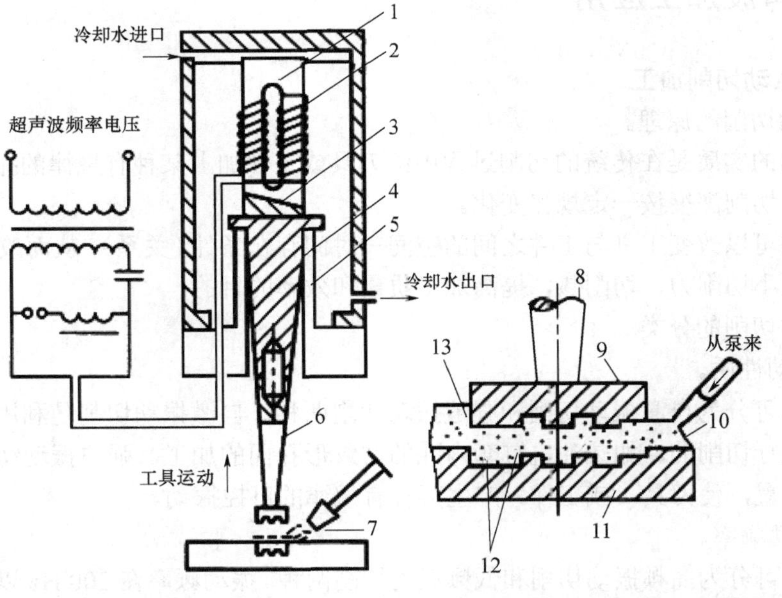

1—换能器；2—激励线圈；3—银钎接缝；4—换能器锥体；5—谐振支座；6—变幅杆；7—磨料射流；8—工具锥；9—工具头；10—磨料粒子；11—工件；12—工件材料碎粒；13—磨料悬浮液

图 6–54　超声波加工原理示意图

加工时，在工具头 9 和工件 11 之间加入磨料悬浮液 13，同时使工具以一定的力作用在工件上。超声换能器 1 能够产生 16 kHz 以上超声波的纵向振动，并通过变幅杆 6（连接换能器锥体 4）将振幅放大到 0.05～0.1 mm。驱动工具端面作超声振动，迫使磨料悬浮液中的磨粒以很大的加速度和速度不断地锤击、冲击被加工表面，使工件材料被加工下来。与此同时，工作液受工具端面的超声振动作用而产生的高频、交变的液压正负冲击波和 “空化”作用，加剧了机械破坏作用。

超声加工是基于局部的撞击作用，因此就不难理解，越是脆硬的材料，受到的破坏越大。

相反，脆性和硬度不大的韧性材料则难以加工。因此，可以合理选择工具材料，如45号钢就是一种比较理想的超声加工工具材料。

6.4.2 超声波加工的特点

（1）适用于加工各种硬脆材料，特别是不导电的非金属材料，如玻璃、陶瓷（氧化铝、氮化硅等）、石英、锗、硅、石墨、玛瑙、宝石、金刚石等。对于导电的硬质金属材料，如淬火钢、硬质合金等，也能进行加工，但加工生产率较低。

（2）由于工具可用较软的材料做成较复杂的形状，故不需要使工具和工件做比较复杂的相对运动，因此超声加工机床的结构比较简单，操作、维修方便。

（3）由于去除加工材料是靠极小磨料瞬时的局部撞击作用，故工件表面的宏观切削力很小，切削应力、切削热很小，不会引起变形及烧伤，表面粗糙度也较低，可达 Ra=1～0.1 μm，加工精度可达 0.01～0.02 mm，而且可以加工薄壁、窄缝、低刚度零件。

6.4.3 超声波加工应用

1. 超声振动切削加工

（1）振动切削的原理。

振动切削的实质是在传统的切削过程中给刀具或工件加上某种有规律的振动，使切削速度、进给量、切削深度按一定规律变化。

振动切削可以改变工具与工件之间的空间—时间存在条件（关系），从而改变加工（切削）机理，实现减小切削力、切削热，提高加工质量和效率的目的。

（2）振动切削的分类。

① 按振动性质。

振动切削可分为自激振动切削和强迫振动切削两种。自激振动切削是利用切削过程中产生的振动来进行切削的，如柴油机缸套内孔的波纹形孔面的加工。强迫振动切削是利用专门设置的振动装置，使刀具（或工件）产生某种有规律的可控振动。

② 按振动频率。

振动切削可分为高频振动切削和低频振动切削两种。振动频率在 200 Hz 以下的振动切削称为低频振动切削。低频振动切削的振动主要靠机械装置来实现。

高频振动切削是指频率在 16 kHz 以上的切削，是利用超声波原理实现的，因此，它又称为超声振动切削。

而频率在 10 kHz 左右的振动是一种令人生厌的噪声，所以一般不采用。

③ 按刀具振动方向。

振动切削可分为吃刀抗力方向、进给抗力方向和主切削力方向三种切削，如图 6-55 所示。

（3）超声振动切削的工艺效果。

① 切削力小。

振动切削时，切削速度的大小和方向产生周期性的变化，刀具在每一个振动周期内纯切削时间 T_c 非常短，被加工材料在局部微小体积内物理、力学性能发生重大变化。在振动的影响下，摩擦因数大大降低，仅为普通切削的 1/10 左右，使超声振动切削力下降到普通切削的 1/2～1/10，大幅度地降低了切削力。

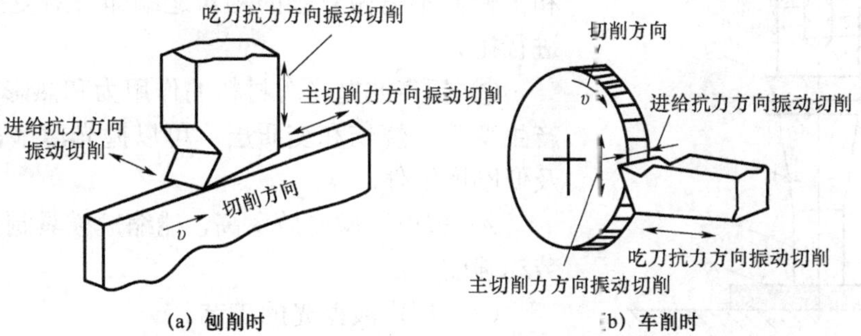

图 6–55　振动切削进给示意图

② 切削温度低。

振动切削时，刀具和工件摩擦副的摩擦因数大幅度降低，且切削力与切削热都以脉冲形式出现，使切削热的平均值大幅度下降，切屑的平均温度仅为 40 ℃左右。这是普通切削难以达到的。

③ 表面质量好。

振动切削既破坏了产生切削瘤的条件，又由于切削力小、切削温度低，使加工表面的粗糙度和几何精度有大幅度提高，从而大大提高了加工精度和表面质量。

（4）超声振动切削过程的特点。

超声振动切削对切削过程的影响可大致归纳成下列几个方面。

① 周期性地改变了实际切削速度的大小和方向。

② 周期性地改变了刀具运动角度，包括前角、后角、刃倾角等。

③ 周期性地改变了被切金属层的厚度。

④ 改变了所加载荷的性质，使刀具由静载荷变为动载荷。

⑤ 改变了已加工表面的形成条件，从而改善了表面质量，提高了加工精度。

⑥ 改善了切削液到达切削区的条件。

⑦ 改变了刀具工作表面的接触条件，从而减小了切屑形成区的变形，降低了切削力。

⑧ 改变了工艺系统的动态稳定性，从而得到振动切削特有的切削效果——振动切削的消振效果。

⑨ 改变了消耗在切削过程中的功率 P，使能量分布发生了变化。由于机床功率 P 可以大大减小，所以总的功率 P 也相应降低。

2. 超声波抛光

（1）超声波抛光的原理。

超声波抛光是利用超声波能传递高能量的特性，通过产生超声波振动的装置，带动工具端面做超声频振动，迫使工具和工件间的磨料悬浮液撞击被加工部位而实现加工的一种方法，其基本原理如图 6–56 所示。

（2）超声波抛光的特点。

① 超声波抛光适用于加工各种硬脆材料，特别是不导电的非金属材料，如玻璃、陶瓷、金刚石等。

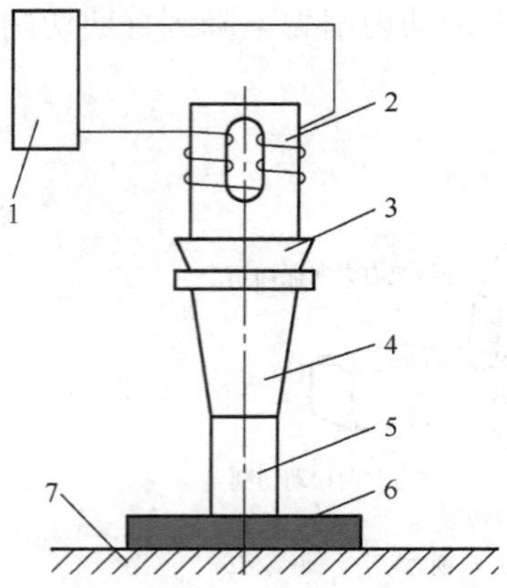

1—超声波发生器；2—超声换能器；3、4—变幅杆；5—工具；6—磨料悬浮液；7—工件

图 6-56　超声波抛光原理示意图

② 超声波抛光设备简单，使用和维修方便，可用比工件软的材料做成形状复杂的抛光工具，且加工时工具和工件间不需做复杂的相对运动即可对复杂表面、型腔进行抛光。

③ 超声波抛光对材料的作用力和热影响力小，不会产生变形、烧伤和变质层，可以抛光薄壁、薄片、窄缝及低刚度零件。

④ 超声波抛光效率高，能缩短模具制造周期，减轻劳动强度。

（3）超声波抛光的工艺。

① 抛光余量。模具的成形表面在经过电火花精加工之后，其超声波抛光时的抛光余量一般控制在 0.02～0.04 mm 之间，特殊情况下抛光余量可小于或等于 0.15 mm。

② 抛光方式。欲使表面粗糙度 *Ra* 为 1.25～2.5 μm 的表面抛光后的 *Ra* 达到 0.63～0.08 μm，要经过逐级抛光。

3. 超声焊接

超声焊接的原理是利用超声频振动作用去除工件表面的氧化膜，显露出新的本体表面，在两个被焊工件表面分子的高速振动撞击下，摩擦发热并亲和粘接在一起。它不仅可以焊接尼龙、塑料，以及表面易生成氧化膜的铝制品等，还可以在陶瓷等非金属表面挂锡、挂银、涂覆熔化的金属薄层。超声焊接原理示意图如图 6-57 所示。

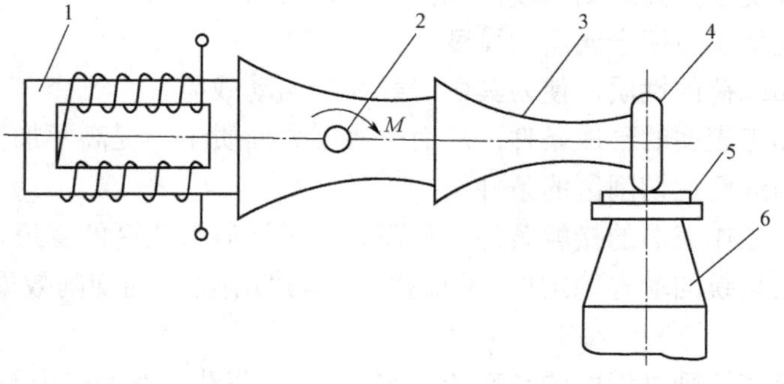

1—换能器；2—固定轴；3—变幅杆；4—焊接工具头；5—被焊工件；6—反射体

图 6-57　超声焊接原理示意图

4. 超声波振动珩磨

超声波振动珩磨是超声波在磨削加工方面应用的一个特例。超声波振动珩磨加工是指将不同频率的超声波分别施加轴向振动及径向振动给珩磨工具上，然后与普通珩磨方法相复合对被加工工件进行加工。其实质是将超声振动与普通珩磨相复合的一种加工方法。

超声波振动珩磨的工作原理是将超声波发生器产生的超声频电振荡通过换能器转换为超声频轴向机械振动或弯曲振动，在珩磨装置的自转运动与往复运动的重叠情况下进行加工所使用的珩磨装置。超声波振动珩磨装置如图 6-58 所示。

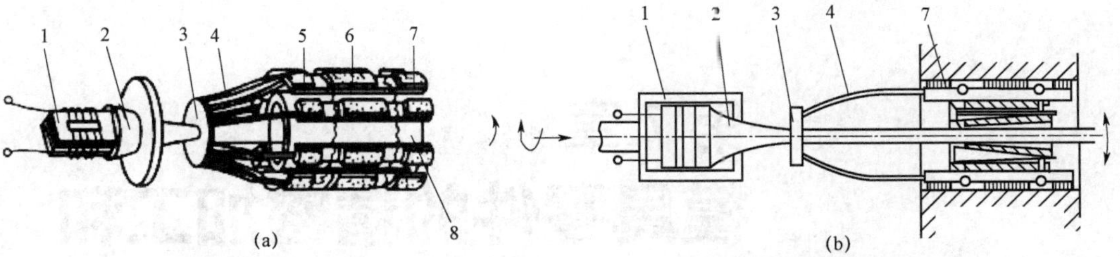

1—扭转振动换能器；2—变幅杆；3—扭转振动圆盘；4—挠性杆；5、6—油石；7—油石座；8—珩磨头体

图 6-58 超声波振动珩磨装置

思考题

1. 电火花成形加工的基本原理是什么？
2. 电火花加工必须具备哪些条件？
3. 电火花成形加工具有哪些特点？
4. 电火花成形加工机床由哪几部分组成？自动进给调节系统和工作液净化及循环系统各有什么作用？
5. 型孔电火花成形加工中保证凸、凹模配合间隙的方法有哪些？它们各有什么特点？
6. 电火花成形加工的工件是如何定位的？
7. 型腔电火花成形加工具有哪些特点？常用的工艺方法有哪些？
8. 型孔电火花成形加工和型腔电火花成形加工中常用的电极材料是什么？
9. 型腔电火花成形加工的电极上为什么要设置排气孔和冲油孔？如何设置？
10. 电火花线切割加工的工作原理是什么？
11. 与电火花加工相比，电火花线切割加工具有哪些特点？
12. 3B 程序格式是什么？编写程序单时如何确定坐标系？
13. 电火花线切割加工的工艺过程包括哪些内容？
14. 常用的电极丝有哪几种？它们各有何特点？
15. 电铸成型的原理是什么？它有哪些特点？
16. 简述电铸成型的工艺过程。
17. 电解加工的原理是什么？它有哪些特点？
18. 电解磨削加工的原理是什么？它有哪些特点？
19. 超声波加工的原理是什么？它有哪些特点？
20. 超声振动切削过程具有哪些特点？
21. 简述超声波抛光的特点。

课后习题

第 7 章
模具零件的精密加工和光整加工

知识目标

- 熟悉坐标镗床和坐标磨床的加工方法。
- 了解成型磨削的特点和加工方法。
- 掌握研磨和抛光加工的特点、作用和种类。
- 熟悉数控加工的应用特点和数控机床的工作原理、程序编制过程。

模具零件精密加工是对经过形状加工及热处理的模具零件采用坐标机床实施高精度加工。坐标机床与普通机床的根本区别在于其具有精密传动系统，可以进行准确的移动和定位，可以加工模具上具有精密位置要求的孔、型腔，甚至可以加工三维空间曲面。

模具成型表面的精度和表面粗糙度要求越来越高，特别是高寿命、高精密模具，其精度要求均达到微米级。模具零件光整加工主要是指以降低零件表面粗糙度、提高表面形状精度和增加表面光泽为主要目的的研磨和抛光。

7.1 模具零件的精密加工

视频讲解

7.1.1 坐标镗床加工

坐标镗床加工是在坐标镗床上，利用坐标镗床的精密坐标测量装置，进行高精度的孔径、孔系零件的加工，包括同轴孔、平行孔、垂直孔和交叉孔等。其所加工的孔不仅具有很高的尺寸精度和几何精度，而且具有极高的孔距精度，孔的尺寸精度可达 5～10 μm。

坐标镗床是一种高精度孔加工的精密机床，主要用于各类箱体、缸体和模具上孔和孔系的加工。此外，坐标镗床还可用于精确的刻度、刻线和成品的检验等方面。

1. 坐标镗床的种类

坐标镗床按照其布置形式可以分为：

（1）立式单柱坐标镗床。

（2）立式双柱坐标镗床。

（3）卧式坐标镗床。

图 7-1 是立式双柱坐标镗床的外形图。立式双柱坐标镗床由两个立柱、顶梁和床身组成龙门框架，主轴箱装在可沿立柱导轨上下调整位置的横梁上，工作台直接支撑在床身的导轨上。镗削孔的孔坐标位置由主轴箱沿横梁导轨移动和工作台沿床身导轨移动来确定。

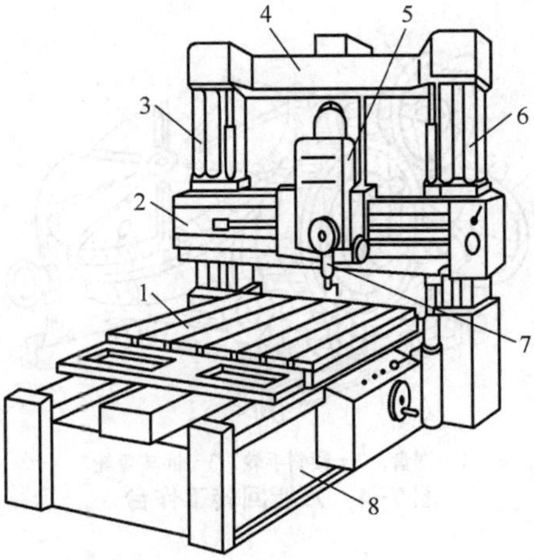

1—工作台；2—横梁；3、6—立柱；4—顶梁；5—主轴箱；7—主轴；8—床身

图 7-1　立式双柱坐标镗床

立式双柱坐标镗床的主轴箱悬伸距离小，而且装在龙门框架上，较易保证机床刚度。另外，床身和工作台之间层次少，承载能力强，多为大、中型机床。由于主轴垂直于工作台台面，因此适用于加工水平尺寸大于高度尺寸的工件，以及被加工孔的轴线垂直于安装基准面的扁平工件，如凹模、钻模板、样板等零件。

坐标镗床利用精密的坐标测量装置来确定工作台、主轴的位移距离，以实现工件和刀具的精确定位。工作台和主轴箱的位移有粗读数标尺，通过带校正尺的精密丝杠坐标测量装置来控制，表示整毫米位移尺寸。毫米以下的读数通过精密刻度尺——光学读数器坐标测量装置，在光屏读数器上读出。有的坐标镗床是利用光栅——数字显示器坐标测量装置来控制精密位移的。

2. 坐标镗床的主要附件

（1）光学中心测定器。

光学中心测定器（见图 7-2）的锥尾安装在机床主轴的锥孔内，光源的光线通过目镜照明工件的定位部分。在目镜中可以看到工件上刻线的投影，同时，还可以看到测定器本体内玻璃上的两条十字线，如图 7-3 所示。使用时将测定器对准工件的基准边或基准线，使它们

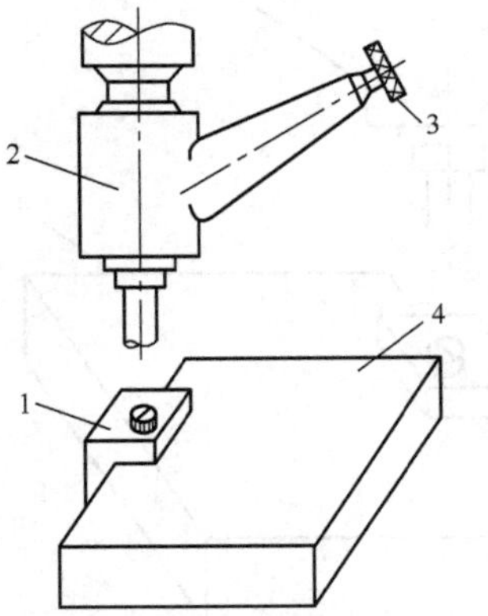

1—定位角铁；2—光学中心测定器；3—目镜；4—工件

图 7-2　光学中心测定器

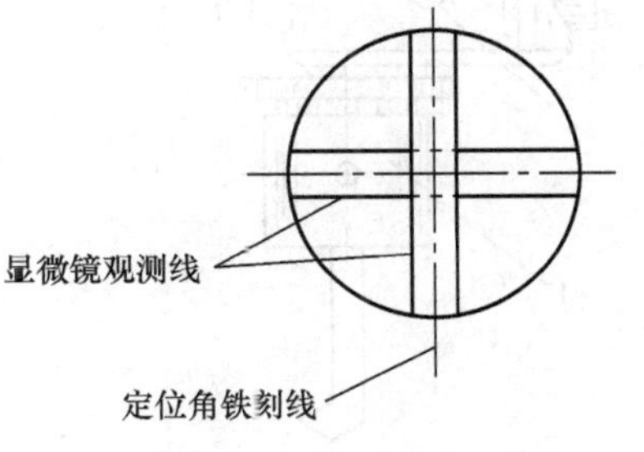

图 7-3　目镜上一对相互垂直的细线

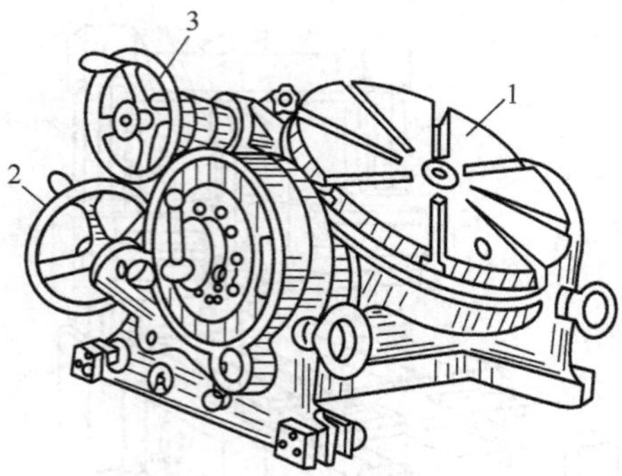

1—圆盘；2—倾斜手轮；3—回转手轮

图 7–4　万能回转工作台

的影像与两条十字线重合，或处于互相垂直的双刻线的中间即可。此时，机床主轴已对准两基准边或基准线的交点。

（2）万能转台。

万能转台安装在坐标镗床的工作台上，利用圆盘的 T 形槽可将工件夹紧在圆盘上，如图 7–4 所示。旋转回转手轮 3 可以使圆盘 1 和工件绕垂直轴回转任意角度（0°～360°），用于加工在圆周上分布的孔。圆盘回转的读数精度为 1°。此外，旋转倾斜手轮 2 可以使圆盘 1 和工件绕水平轴作旋转（0°～360°），用于加工与工件轴线成一定角度的斜孔。

（3）弹簧中心冲。

弹簧中心冲用于划线和打中心眼。

（4）镗孔夹头。

如图 7–5 所示，镗孔夹头是坐标镗床最重要的附件之一。其作用是按被镗孔径的大小精确地调节镗刀刀尖与主轴轴线间的距离。镗头以其锥尾插入主轴的锥孔内。镗刀装在刀夹内。旋转带有刻度的螺钉，可调整镗刀的径向位置，以镗削各种不同直径的孔。调整后用螺钉将刀夹锁紧。

3. 坐标镗床的加工

坐标镗床工作时，按照直角坐标法或者极坐标法来进行孔系加工。因此，工件在加工前不但要在机床上定位，而且要将孔系间的各孔按照基准面转化为直角坐标或者极坐标再进行加工。

工件定位和坐标转换的基本方法如下。

（1）以工件上的划线或者以外圆及内孔为定位基准，用定位角铁和光学中心测定器测定，如图 7–6 所示，定位角铁 1 的两内表面相互垂直，在它的表面固定着一个直径为 7 mm 的镀

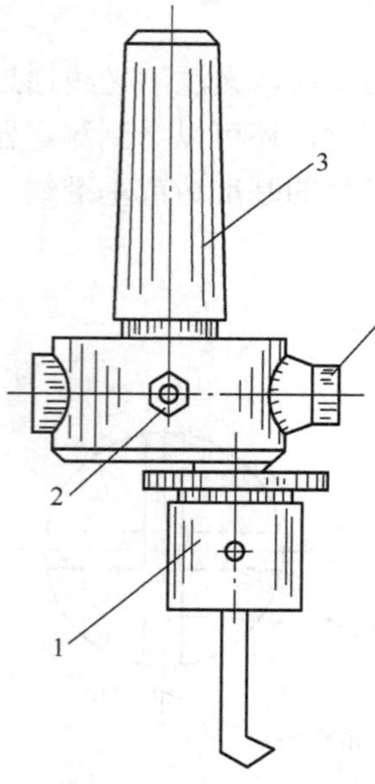

1—刀夹；2—紧固螺钉；3—锥尾；4—调节螺钉

图 7–5　镗孔夹头

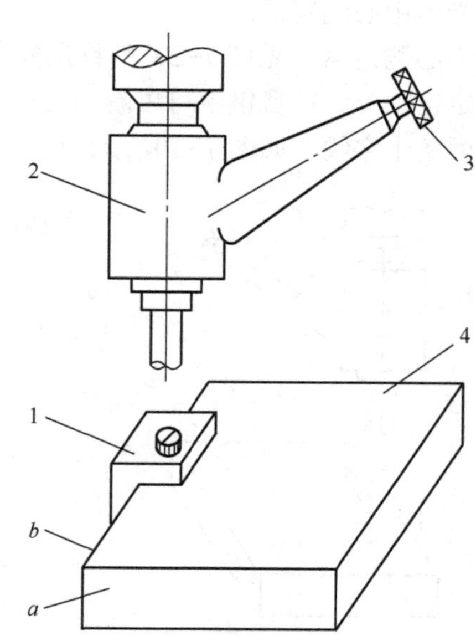

1—定位角铁；2—光学中心测定器；3—目镜；4—工件

图 7–6　用定位角铁和光学中心测定器找正

铬钮，钮上有一道和角铁内垂直面重合的刻线。使用时，将角铁的内垂直面紧贴工件的基准面 *a* 或 *b*，移动工作台并从目镜观察，使目镜刻线和镀铬钮上的刻线重合，两个方向分别进行找正，此时主轴中心就对准了工件的基准，然后把工件正确地安装在工作台上。

（2）为了方便工件在坐标镗床加工，把零件图上按设计要求标注的孔距尺寸转换成坐标镗床加工要求的直角坐标尺寸或者极坐标尺寸。

4. 坐标镗床加工精度的影响因素

影响坐标镗床加工精度的因素有：机床的定位精度，测量装置的定位精度，机床与工件的温差，加工方法和工具的正确性，加工重复及切削力所产生的机床和工件的热变形和弹性变形，操作工人的技术熟练程度等。坐标镗床加工前应确保机床和工件在温度（20±1）℃、湿度 5%左右的恒温恒湿条件下 12 h 以上。对于ϕ20 mm 以上的孔，应预先钻孔留 2.5～3 mm 的加工余量。被加工工件的硬度 HRC≤40，基准面和加工面在每 100 mm 长度上的平行度和垂直度误差小于 0.01 mm，表面粗糙度 *Ra*≤1.6 μm。

7.1.2 坐标磨床加工

和坐标镗床相似，坐标磨床也是一种精密加工机床，它按准确的坐标位置对工件进行加工，广泛用于加工精密级进模、精密塑料模和镶拼结构模。

坐标磨削加工的尺寸精度可达 5 μm，经济表面粗糙度 *Ra* 一般为 0.8～0.4 μm，最高可达 0.2 μm。对于精密模具，往往把坐标镗削加工作为孔加工的预加工，终加工则在坐标磨床上进行。

1. 坐标磨床的种类

坐标磨床包括立式坐标磨床和卧式坐标磨床两种，模具加工常用立式坐标磨床。立式坐标磨床如图 7-7 所示，纵横工作台上装有数控装置的精密坐标机构。立柱支撑着主轴箱和磨头等构成的磨削机构。

磨削直线段时，主轴被锁住，并垂直于 *X* 或 *Y* 坐标轴，通过精密丝杆来移动工作台使磨头沿着加工表面在两切点之间移动。磨削圆弧面时，磨头主轴在被磨削圆弧面的中心定位，磨头通过外进刻度盘移动预定尺寸，使磨头做圆周旋转的同时又做行星运动和沿轴向上下运动，它既可以磨削内圆柱面，又可以磨削内圆锥面和外圆柱面。

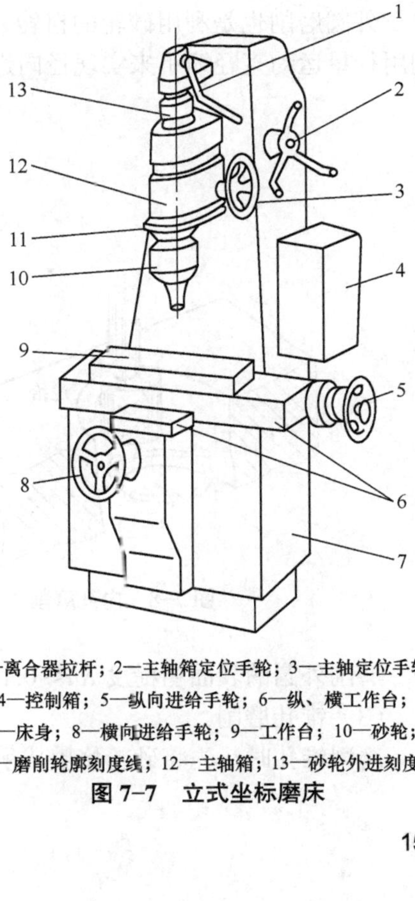

1—离合器拉杆；2—主轴箱定位手轮；3—主轴定位手轮；4—控制箱；5—纵向进给手轮；6—纵、横工作台；7—床身；8—横向进给手轮；9—工作台；10—砂轮；11—磨削轮廓刻度线；12—主轴箱；13—砂轮外进刻度盘

图 7-7 立式坐标磨床

2. 坐标磨床的磨削方法

坐标磨削有手动和连续轨迹数控两种磨削方法。

（1）手动磨削为手动点位。

无论加工内轮廓或者外轮廓，都把工作台或回转工作台移动（或转动）到坐标位置，由主轴和高速磨头的旋转来磨削成型表面。

（2）连续轨迹数控坐标磨床（也称数控坐标磨床）。

可以连续进行高精度的轮廓形状的自动化加工。能把复杂的轮廓表面作为单一形状磨削，只要把圆弧尺寸坐标点位置编制程序，通过计算机控制 X、Y 方向坐标移动，就能实现范成法加工。它的加工效率是手动坐标磨床的 2～10 倍，而且轮廓曲面接点处精度高，凸、凹模之间的配合间隙可达 2 μm 左右，且间隙均匀。

3. 坐标磨床的加工

坐标磨床的工作台由坐标工作台和回转工作台组成。坐标工作台是一组高精度直角坐标系的导轨系统，导轨的直线性很高，并具有高精度的坐标测量系统。坐标工作台位于回转工作台之上，以调节工件的圆弧中心与回转工作台的中心重合度。磨削时，工件放在工作台上，可作 Z、Y 坐标移动和回转运动，以便进行成形轮廓和型孔的加工。

（1）内孔磨削。

磨削内孔是坐标磨床最基本的用途。磨削内孔是利用砂轮的高速自转、主轴行星运动和直线往复运动，利用行星运动直径的扩大，实现砂轮的径向进给，进行内孔磨削，如图 7-8 所示。

孔径范围为 3～200 mm，表面粗糙度 $Ra\leqslant0.4$ μm，圆度误差不超过 0.2 μm，直线度误差不超过 0.2 μm。

磨削孔时，由于受孔径的限制，砂轮直径通常只有孔径的 3/4。砂轮的磨削速度与砂轮的磨料、工件材料密切相关。

（2）外圆磨削。

外圆磨削也是利用砂轮的自转、行星运动和主轴的直线往复运动来实现的。磨削外圆是利用行星运动直径缩小来实现径向进给的，如图 7-9 所示。

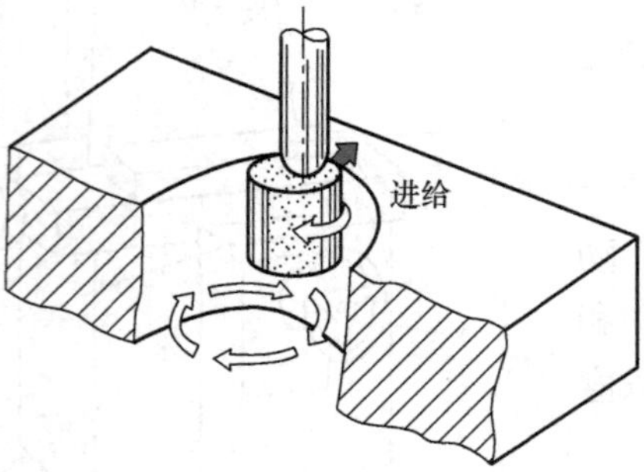

图 7-8　内孔磨削

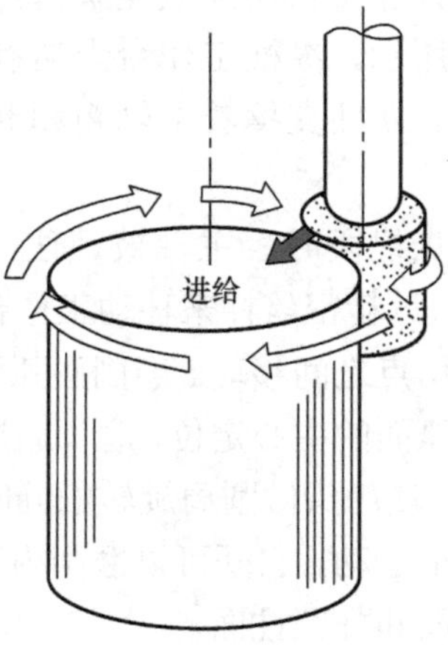

图 7-9　外圆磨削

磨削外圆的表面粗糙度 $Ra\leqslant0.4$ μm，圆度误差不超过 0.2 μm。

（3）锥孔磨削。

磨削锥孔时，先将砂轮修整成所需的角度，利用磨床的专门机构使砂轮主轴在做轴向进给的同时，连续改变行星运动半径进行磨削。随着砂轮轴向进给，行星运动半径逐渐增大，如图 7-10 所示。

锥孔的锥顶角大小取决于两者变化的比值，锥顶角的最大值为 12°。磨削锥孔的砂轮应修成相应的锥顶角值。

（4）坐标孔磨削。

磨削坐标孔时，利用坐标工作台的移动，便可加工出各种尺寸的坐标孔，其位置精度达 2～5 μm。因此，坐标磨床特别适用于坐标镗床加工后因淬火而变形的坐标孔的修整加工。

磨削极坐标孔时，有两种方法：一是分度法，利用回转工作台进行分度；二是坐标法，利用直角坐标进行计算。当零件的极坐标半径较小、分度孔较多时，采用分度法加工，不但精度高、经济性好，而且方便；当零件的极坐标半径较大时，由于受旋转精度的影响，采用坐标法加工可获得较高的精度。

此外，在坐标磨床上，利用万能转台并通过坐标计算还可对零件上的空间平面、空间极坐标孔和各种斜孔进行磨削加工。

（5）直线磨削。

直线磨削时，砂轮只自转，不做行星运动和上下往复运动，工作台做直线运动，如图 7-11 所示，这时相当于普通平面磨床。

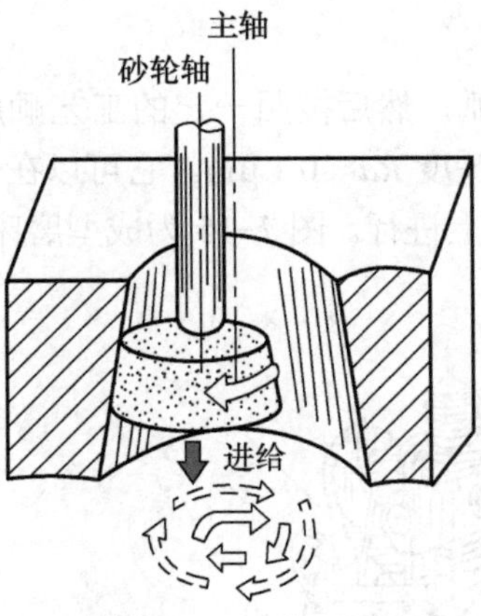

图 7-10　锥孔磨削

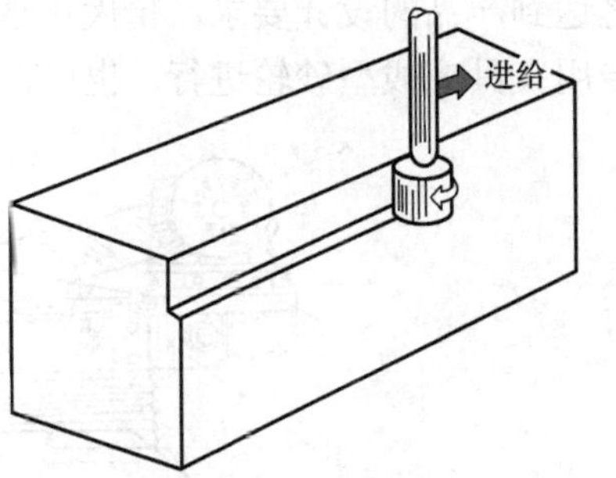

图 7-11　台阶直线磨削

（6）端面磨削。

端面磨削时，调整行星运动至要求的外径或外形，砂轮做轴向进给运动，以砂轮的端面及尖角进行磨削，如图 7-12 所示。端面磨削时，由于热量和切屑不易排出，磨削条件恶劣，为了提高磨削效率和便于排屑，需将砂轮端面修成 3° 左右的凹面。磨削台阶孔时，砂轮直径约为大孔半径与通孔半径之和。磨削盲孔时，砂轮直径约为孔径之半。

（7）键槽与方孔磨削。

使用专门的磨槽机构和砂轮，可以磨削键槽、带直角的型腔及方孔等。此外，它还适用于型槽及带清角的内、外型腔的磨削，如图 7-13 所示。

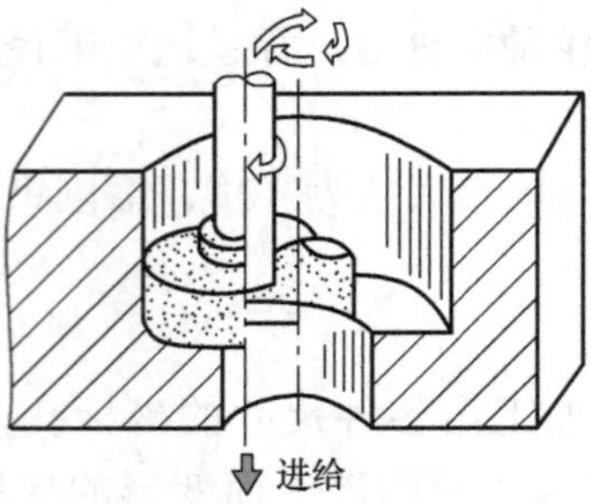

图 7-12　端面磨削

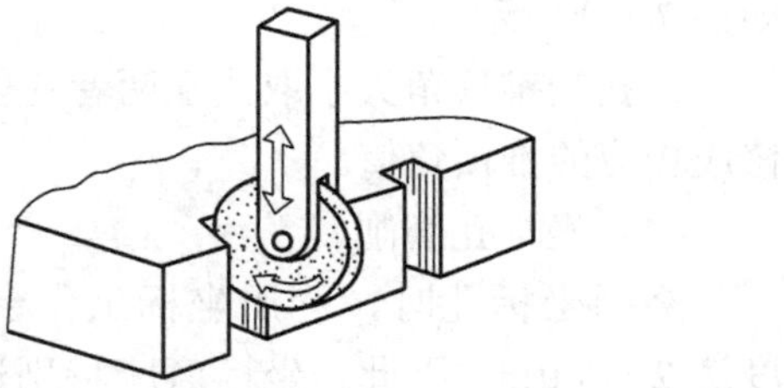

图 7-13　键槽与方孔磨削

（8）曲线磨削。

磨削直线与圆弧组成的曲线时，直线与圆弧间的正确位置尺寸，由坐标工作台移动的定位精度来保证。定位后，采用定点加工法磨削圆弧。图 7-14 为磨削凹模型孔。

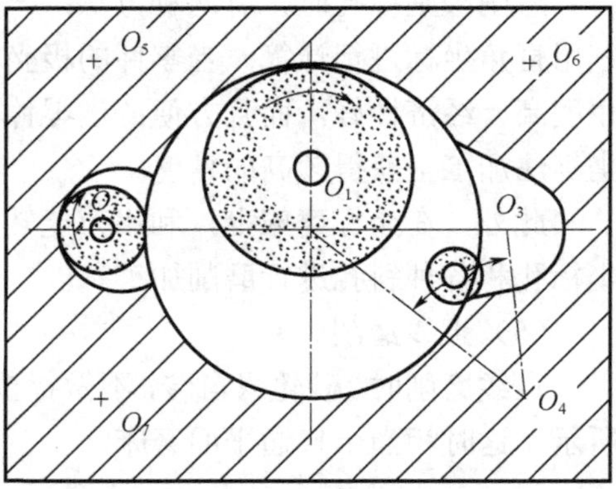

图 7-14　磨削凹模型孔

7.1.3　成型磨削

成型磨削主要用于模具工作零件的精加工，不仅用于加工凸模，也可以加工镶拼式凹模的工作型面，还可以加工硬质合金和热处理后硬度很高的模具零件以及磨削电火花加工用的电极。

成型磨削的原理是将零件的轮廓分成若干直线和圆弧，然后按照一定的工艺顺序逐段磨削，使之达到产品的设计要求，精度可达到 IT5，表面粗糙度 $Ra \leqslant 0.1\ \mu m$。它可以在普通磨床上使用专用夹具或成型砂轮进行，也可以在专用成型磨床上进行。图 7-15 为成型磨床外形图。

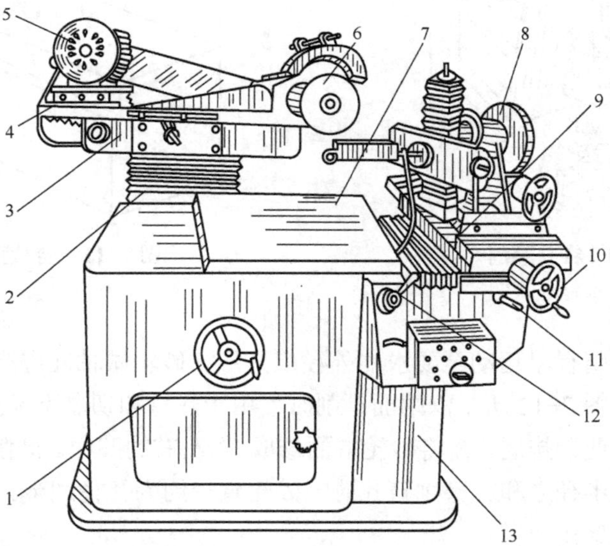

1—手轮；2—垂直导轨；3—纵向导轨；4—磨头架；5—电动机；6—砂轮；7—测量平台；8—万能夹具；9—夹具工作台；10—手轮；11—手把；12—锁紧手把；13—床身

图 7-15　成型磨床外形图

成型磨削的方法有两种：成型砂轮磨削法和夹具磨削法。成型砂轮磨削法可用于磨削精细部位，但砂轮消耗较大，效率较低。夹具磨削法具有方便、效率较高的特点，但对一些精细部位难以进行磨削。为了兼顾成型磨削的质量和效率，在模具制造中常常将两种方法配合使用。

1. 成型砂轮磨削法

1）成型砂轮磨削法的概念

成型砂轮磨削法是利用修整工具，将砂轮修整成与工件型面完全吻合的轮廓，再用此砂轮磨削工件，便可获得满足设计要求的成型表面的形状，如图 7–16 所示。

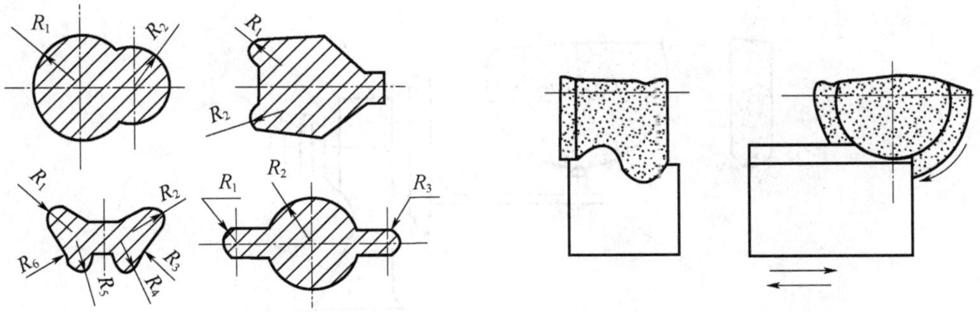

图 7–16　成型砂轮磨削法

2）成型砂轮的修整方法

采用成型砂轮磨削法时，首先要把砂轮修整成所需要的形状。砂轮的修整可以分为砂轮角度的修整和砂轮圆弧的修整两种。

（1）用夹具修整砂轮。

① 砂轮角度的修整方法。

砂轮角度可以使用砂轮修整夹具进行修整，如图 7–17 所示。

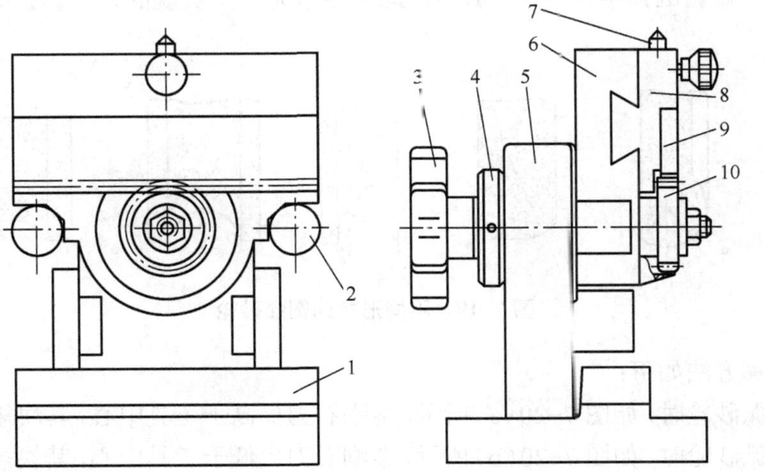

1—平板；2—正弦圆柱；3—手轮；4—螺母；5—支架；6—正弦尺座；7—金刚石刀；8—滑块；9—齿条；10—齿轮

图 7–17　砂轮角度修整夹具

修整夹具的工作原理是：旋转手轮 3，通过齿轮 10 和滑块 8 上的齿条 9 传动，可使装有金刚石刀 7 的滑块 8 沿着正弦尺座 6 的导轨往复移动。正弦尺座 6 可以绕芯轴转动。转动的角度用正弦圆柱 2 与平板 1 之间垫量块的方法控制，当转动至所需要的角度后，用螺母 4 将正弦尺座 6 压紧在支架 5 上。然后旋转手轮 3，使金刚石刀 7 往复运动，即可修整出一定角度的砂轮。这种工具可修整出 0° ～100° 各种角度的砂轮。

② 砂轮圆弧的修整方法。

砂轮圆弧修整夹具的结构如图 7-18 所示，主要由摆杆、滑座、丝杆和主轴等组成。

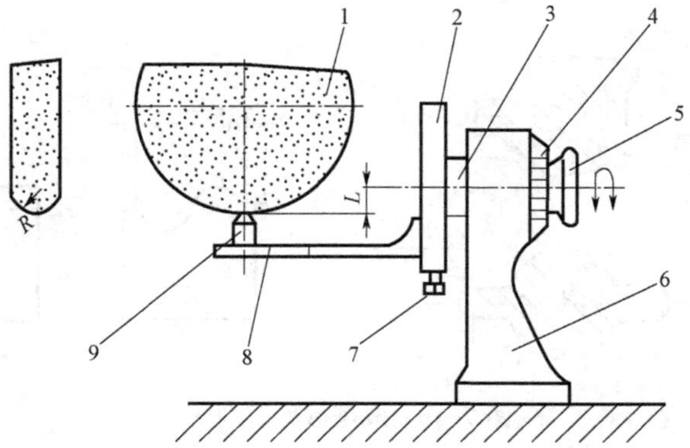

1—砂轮；2—滑座；3—主轴；4—刻度盘；5—手轮；6—支架；7—丝杆；8—摆杆；9—金刚石刀

图 7-18　砂轮圆弧修整夹具

工作原理：拧动螺杆，可以使摆杆带着金刚石刀在滑座内上下移动，以改变刀尖与主轴轴线之间的距离 L，从而改变修整砂轮的圆弧半径 R；转动手轮带动滑座、摆杆和金刚石刀整体绕主轴轴线转动，转过的角度可以从刻度盘上读出，控制这个角度的大小就能通过金刚石刀修整出不同形状的圆弧砂轮。图 7-19 为不同形状的圆弧砂轮。金刚石刀尖到工具回转中心的距离 L 等于砂轮圆弧半径 R，即 $L=R$。此值需事先用垫块规的方法调整好。

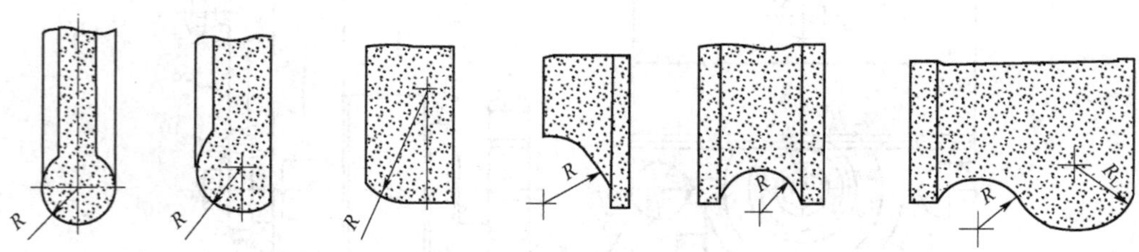

图 7-19　不同形状的圆弧砂轮

块规值计算方法如下：

修整凸圆弧砂轮时，如图 7-20（a）所示，金刚石刀尖高于工具中心，其块规值为：$H=P+R$。

修整凹圆弧砂轮时，如图 7-20（b）所示，金刚石刀尖低于工具中心，其块规值为：$H=P-R$。

式中：H——应垫块规值；

P——工具的中心高；

R——砂轮圆弧的修整半径。

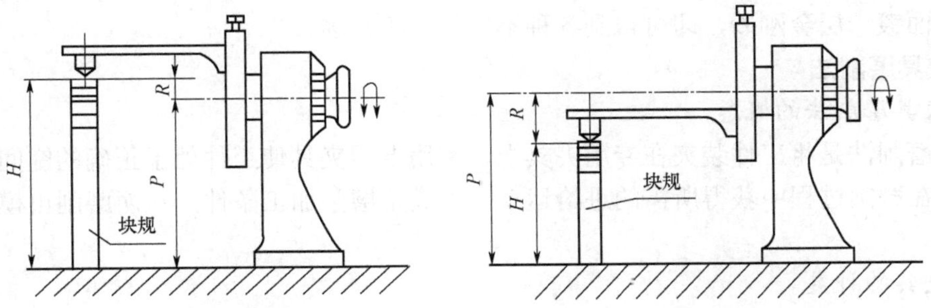

(a)　　　(b)

图 7-20　调节修整砂轮圆弧半径的块规值的计算方法

（2）砂轮修整的其他方法。

① 靠模修整法。

这是一种修整非圆弧曲线轮廓砂轮的方法，修整前需事先按照工件的形状设计并制作出靠模（又称曲线样板）。

如图 7-21 所示，金刚石刀固定在靠模工具上，在支架上装有靠模样板，靠模工具的下部有平面触头。修整时，手持靠模工具，使靠模触头紧靠样板，并沿样板曲线移动，保证金刚石刀的刀尖（垂直）通过砂轮的中心，刀尖就能修整出需要的砂轮轮廓。

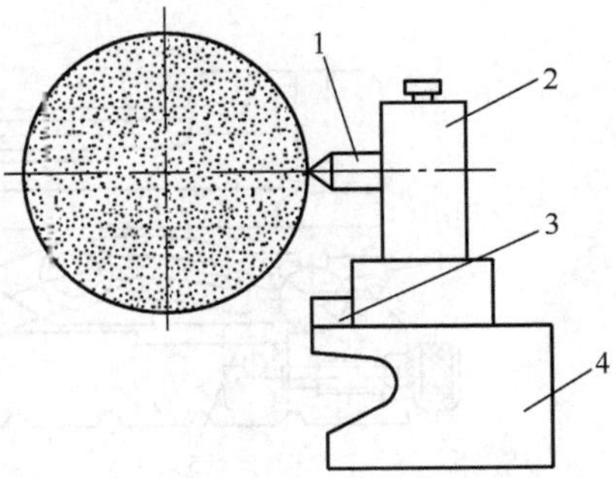

1—金刚石刀；2—靠模工具；3—样板；4—支架

图 7-21　用靠模工具修整砂轮

② 用挤压轮修整成型砂轮。

用一个与砂轮表面形状完全吻合的圆盘形挤轮与砂轮接触，保持一定的压力，使砂轮的磨料不断脱落，从而获得需要的砂轮形状，如图 7-22 所示。挤压轮用合金工具钢或者优质碳素工具钢制造。挤压轮可以选择机动或者手动，速度在 50～100 r/min 之间。

③ 数控机床修整法。

这是一种用金刚石刀对砂轮进行数控加工的方法，利用数控指令可以修整出各种形状的砂轮轮廓。

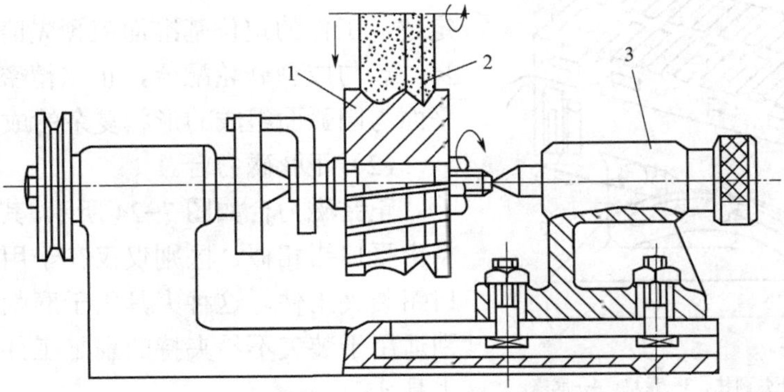

1—挤轮；2—砂轮；3—挤轮夹具

图 7-22　用挤压轮修整成型砂轮

④ 电镀法。

这种方法是先按照所要磨削的工件型面设计并加工出钢制的砂轮轮坯，再用电镀的方法在轮坯表面镀一层金刚砂，即可得到各种不同的砂轮轮廓。

2. 夹具磨削法

1）夹具磨削法的概念

夹具磨削法是将工件装夹在专用夹具上，利用专用夹具使工件处于正确的空间位置，或者使工件在磨削过程中获得所需的进给运动，以满足磨削加工条件，从而磨削出模具工件的成型表面。

2）夹具的种类

实现夹具磨削法的关键是装夹工件夹具的使用，常用夹具有以下几种。

（1）正弦精密平口钳。

正弦精密平口钳按正弦原理构成，结构如图 7–23（a）所示，由带正弦规的虎钳体 3 和底座 6 组成，正弦圆柱 4 被固定在虎钳体 3 的底面，用压板 5 使其紧贴在底座 6 的定位面上。在正弦圆柱和底座之间垫入适当尺寸的量块，可使虎钳体倾斜至所需要的角度，以磨削工件上的倾斜表面，如图 7–23（b）所示。应垫入量块值可按 $H=L\sin\alpha$ 计算。

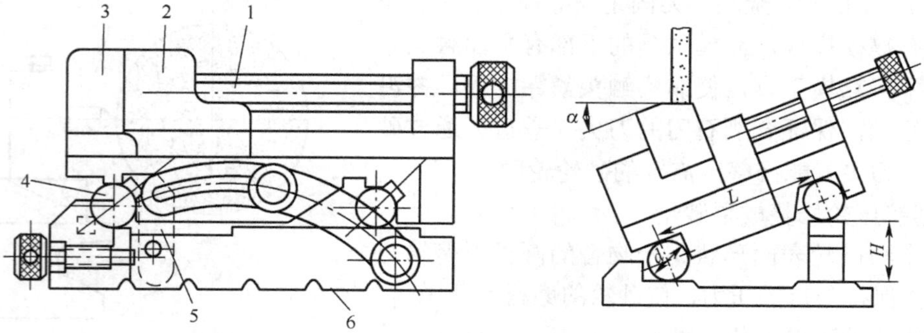

(a) 正弦精密平口钳　　(b) 磨削示意图

1—螺柱；2—活动钳口；3—虎钳体；4—正弦圆柱；5—压板；6—底座

图 7–23　正弦精密平口钳

正弦精密平口钳磨削斜面的最大倾斜角度为 45°。为了保证磨削精度，应使工件在夹具内正确定位，工件的定位基准面应预先磨平并保证相互垂直。若与成型砂轮配合，正弦精密平口钳也能磨出平面与圆弧面组成的形状复杂的成形表面。

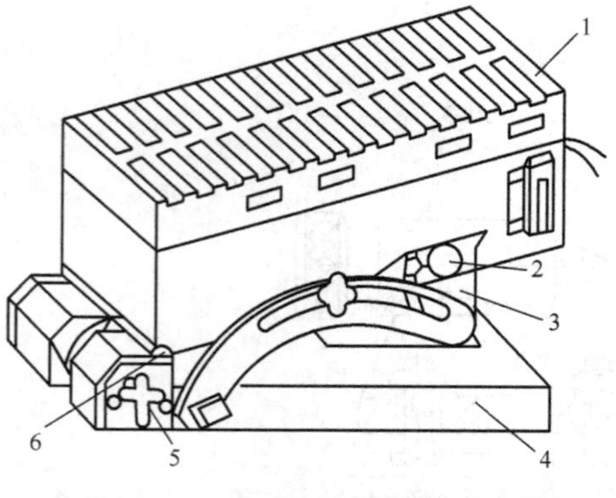

1—电磁吸盘；2、6—正弦圆柱；3—量块；4—底座；5—偏心锁紧器

图 7–24　正弦磁力台

（2）正弦磁力台。

正弦磁力台如图 7–24 所示，其工作原理与正弦精密平口钳相似，区别仅仅在于用电磁吸盘代替平口钳装夹工件。这种夹具用于磨削工件的斜面，特别适用于装夹不易夹持的扁平工件，最大倾斜角度也是 45°。

（3）正弦分度夹具。

正弦分度夹具又称正弦分中夹具，主要用于磨削具有同一个回转中心的凸圆柱面、斜面及等分槽等。图 7–25 为正弦分度夹具的原理图。磨削前，松开 T 型螺栓 13，尾座 1 可沿顶尖轴线方向移动，到达适当位置时再拧紧 T 型螺栓 13。将工件支承在前、后顶尖上，后顶尖 2 可沿轴线方向适量移动，以调整工件与顶尖间的松紧程度。转动分度蜗轮箱上的手轮（图中未画出），可使主轴 5、工件 3 和分度盘 8 一起整体转动，使工件实现圆周进给运动。安装在主轴 5 后端的分度盘上有四个正弦圆柱，它们均匀分布在同一圆周上。磨削时，如果对工件回转角度的精度要求不高，可直接利用分度盘 8 上的刻度和分度指针 7 读出其角度值。但如果对工件回转角度的精度要求较高，则可通过在正弦圆柱 9 与块规座 10 之间垫入适当尺寸的块规，以控制工件转角的大小。分度盘 8 上的四个正弦圆柱是用来控制工件转角的。使用时，在其中一个圆柱与块规座 10 之间垫入块规，便能控制工件回转角度的大小。

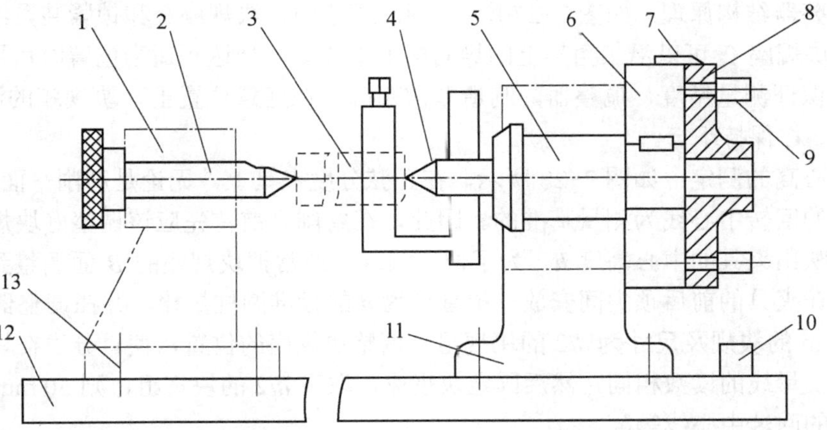

1—尾座；2—后顶尖；3—工件；4—前顶尖；5—主轴；6—分度蜗轮箱；7—分度指针；8—分度盘；9—正弦圆柱；10—块规座；11—主轴座；12—底座；13—T 型螺栓

图 7-25　正弦分度夹具的原理图

利用在分度盘上正弦圆柱和垫板间垫入合适的量块可以精确控制工件转角α，如图 7-26 所示。

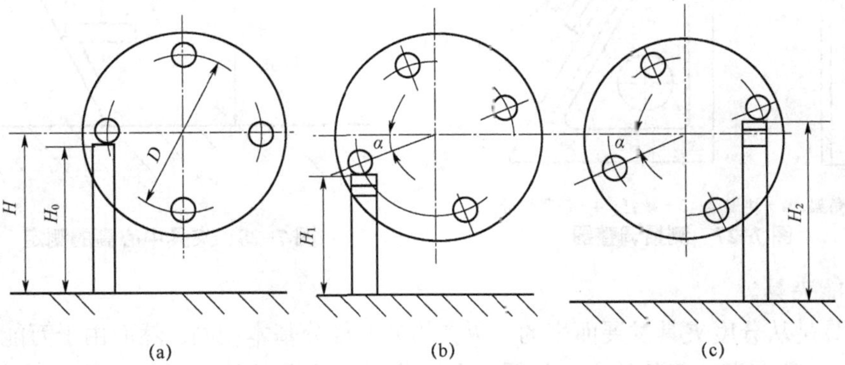

图 7-26　分度盘工作原理

设正弦圆柱与分度盘的中心距为 L（$L=D/2$，D 为正弦圆柱所在圆的直径），同时当其中一对圆柱处于水平位置时，将该圆柱设为 H_0，如图 7-26（a）所示。

如果工件需回转的角度为α，当分度盘分别处于图 7-26（b）、（c）位置时，在正弦圆柱与块规垫板之间所垫的块规高度 H_1、H_2 应按下式计算：

$$H_1=P-D/\sin\alpha-d/2=H_0-L\sin\alpha$$
$$H_2=P+D/\sin\alpha-d/2=H_0+L\sin\alpha$$

式中：H_1、H_2——夹具回转角为α时需垫入量块的尺寸，单位为 mm；

H_0——两正弦圆柱处于水平位置时需垫入量块的尺寸，单位为 mm；

P——夹具回转中心至底面垫板的距离，单位为 mm；

d——正弦圆柱直径，单位为 mm；

D——正弦圆柱中心所在圆的直径，单位为 mm。

用正弦分度夹具磨削工件时，被磨削表面的尺寸是用测量调整器、块规和百分表采用比较测量法测定的。

测量调整器结构原理：如图 7–27 所示，由三角架 1、块规座 2 和锁紧装置组成。松开锁紧螺母 4，块规座 2 可以沿三角架上的导向槽上下移动，当达到适当位置时可用锁紧螺母 4 锁紧。为了保证测量精度，调整器的制造非常精确，在任意位置上，块规座的测量面 *A*、*B* 都分别与 *D*、*C* 保持平行。

夹具中心高的测定：如图 7–28 所示，在正弦分度夹具上，无论是磨削平面还是圆弧面，都是以夹具的回转中心线为测量基准的。因此，在磨削之前首先应该调整好块规座的位置，使其能够反映出夹具的中心高度 h。为了便于测量，通常把块规座的 B 面调整到比夹具中心低 50 mm。在夹具的前后顶尖间安放一根直径为 d 的标准圆柱量棒，并在调整器的 B 面上安放一个 50 mm 的块规及尺寸为 $d/2$ 的块规组。调整块规座的位置，使百分表在块规组上表面和圆柱量棒上母线的读数相同，然后固定块规座，取下 $d/2$ 的块规组，则 50 mm 块规的上表面就与夹具的回转中心线等高。

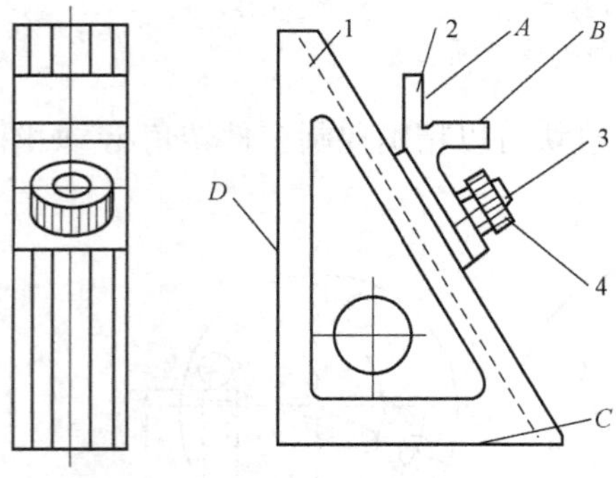

1—三角架；2—块规座；3—螺钉；4—锁紧螺母

图 7–27　测量调整器

单位：mm

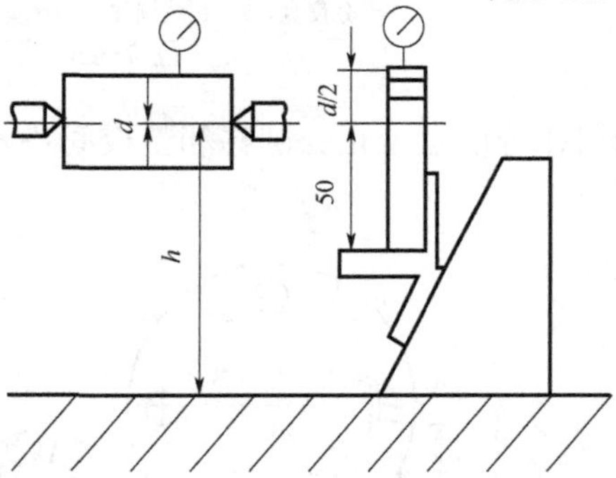

图 7–28　夹具中心高的测定

（4）万能夹具。

万能夹具是从分度夹具发展而来的，两者的分度部分基本相同。然而由于万能夹具多了十字拖板部分，因此在调整工件的空间位置方面比分度夹具更为完善。它是成型磨床的主要附件，也可作为平面磨床的成型磨削夹具，其结构如图 7–29 所示，主要由工件装夹部分、分度部分、回转部分和十字拖板移动部分组成。万能夹具的回转部分与正弦分中夹具相同，但工件装夹方式和回转中心调整不同。纵向、横向十字滑板的轨道与 4 个正弦圆柱的中心线准确重合，工件安装在转盘上，可通过纵、横十字滑板实现纵、横移动，以调整工件的回转中心位置，使它与夹具回转中心重合。因此，万能夹具能够完成不同圆轴中心的凸、凹圆柱面的成型磨削。

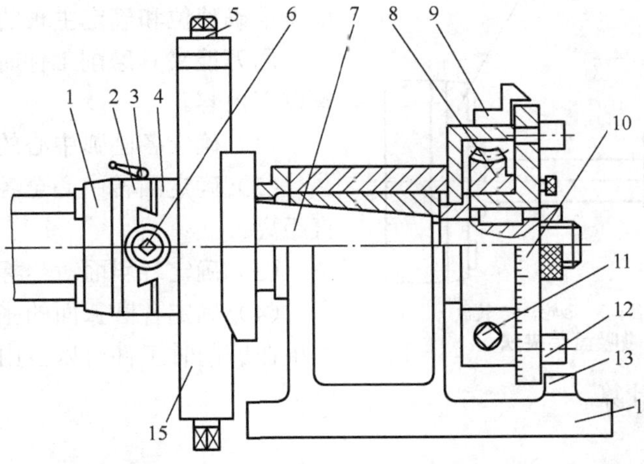

1—转盘；2—小滑板；3—手柄；4—中滑板；5—丝杠；7—主轴；8—蜗轮；9—游标；10—正弦分度盘；11—蜗杆；12—正弦圆柱；13—量块垫板；14—夹具体；15—滑板座

图 7–29　万能夹具

在万能夹具上装夹工件的方法通常有以下几种。

① 螺钉装夹法。利用工件端面原有的螺孔或工艺螺孔，通过螺钉和垫柱将工件装夹在转盘上，如图 7–30 所示。采用螺钉装夹法一次装夹即能磨出工件的整个轮廓，因此特别适用于磨削封闭轮廓的成型工件。

② 精密平口钳装夹法。先用螺钉和垫柱将精密平口钳安装到转盘上，再用精密平口钳装夹工件，如图 7–31 所示。这种方法装夹方便，但一次装夹只能磨出工件的一部分表面。

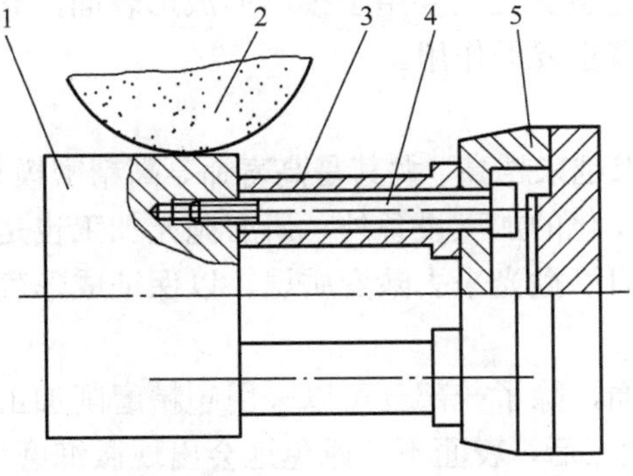

1—工件；2—砂轮；3—垫柱；4—螺钉；5—转盘

图 7–30　螺钉装夹法

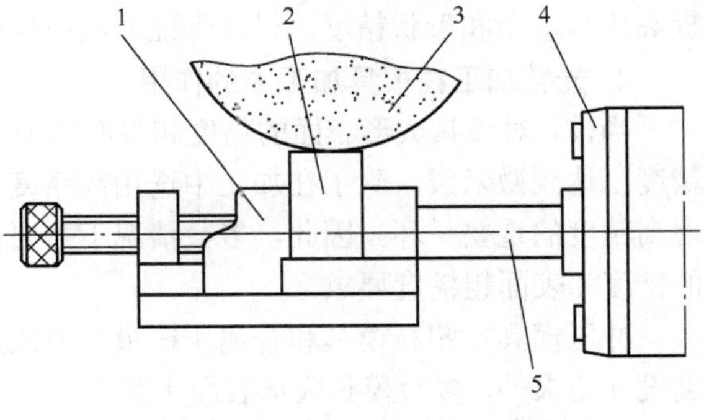

1—精密平口钳；2—工件；3—砂轮；4—转盘；5—垫柱

图 7–31　精密平口钳装夹法

③ 电磁吸盘装夹法。将电磁吸盘装在转盘上，利用电磁吸盘吸牢工件，如图 7–32 所示。这种方法装夹迅速，适合于扁平零件，但一次装夹也只能磨出工件的一部分表面。

4. 成型磨削工艺尺寸的换算

由于模具工件的结构特殊性，其用于加工的工艺基准往往与设计基准不一致。因此，在成型磨削前，必须根据设计尺寸换算出所需的工艺尺寸，并绘制出成型磨削工艺（尺寸）图，以备磨削时使用。根据磨削和测量的需要，在万能夹具上用回转法磨削由多个回转中心组成的工件外型面时，首先要确定工件有几个工艺中心。通常，工件有几段圆弧面就有几个工艺中心。在工艺图中建立平面坐标系，确定出各工艺中心的坐标和圆弧面的张角，才便于十字

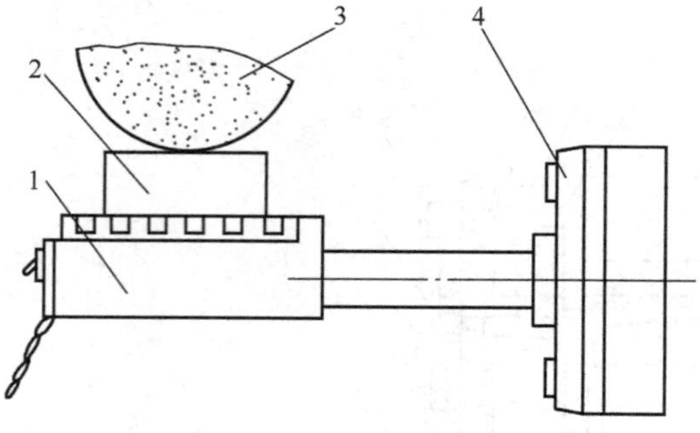

1—电磁吸盘；2—工件；3—砂轮；4—转盘

图 7-32　电磁吸盘装夹法

拖板准确移位和确定主轴的回转角度。

用万能夹具磨削工件时，工艺尺寸的换算有以下内容。

（1）确定各圆弧中心的相对坐标。

（2）确定回转中心至各斜面或者平面的垂直距离。

（3）确定各斜面对坐标轴的倾斜角度。

（4）确定各圆弧面的张角（又称回转角）。如果在磨削时工件可以自由回转而不伤及相邻表面，此角度可以不计算。

7.2　模具零件的光整加工

7.2.1　光整加工概述

1. 光整加工的概念

光整加工是以降低零件表面粗糙度、提高表面形状精度和增加表面光泽为主要目的的研磨和抛光加工，统称为光整加工。在模具加工中，光整加工主要用于模具的成形表面，它对提高模具寿命和形状精度，以及保证顺利成形都有着重要的作用。

2. 光整加工在模具加工中的作用

当前，对模具成形表面的精度和表面粗糙度要求越来越高，尤其是高寿命、高精密模具，精度已达到微米级，除了在加工中选用高精度、自动化的加工设备外，研磨抛光加工也是实现高精度的重要一环。因此，多数情况下需要依靠研磨抛光来去除变质层，以保证成形表面的精度和表面粗糙度要求。

冲压模具、塑料模具和金属压铸模具的成形表面，除了一部分可以采用超精磨削加工达到设计要求外，多数模具成形表面（型腔）在机械加工后，表面不可避免地会出现微细磨痕、裂纹和伤痕等缺陷，需要通过光整加工去除这些缺陷，且大部分需要模具钳工手工作业完成。研磨抛光工作量约占模具整个工作量的 1/3。

另外，各种中小型冷冲模和型腔模的型腔、型孔成形表面的精加工手段，主要为电火花成形加工和电火花线切割加工，在电加工之后成形表面会形成一层薄薄的变质硬化层。变质硬化层上的许多缺陷，除几何形状规则的表面可以采用高精度的坐标磨削加工外，多数情况下需要依靠研磨抛光来去除，以保证成形表面的精度和表面粗糙度要求。

3. 光整加工的特点

（1）加工余量小。

光整加工的加工余量小，主要用来改善表面质量，少量用于提高加工精度（如尺寸精度、形状精度）的加工，但不能用于提高零件的位置精度。

（2）表面质量高。

光整加工是用细粒度的磨料对工件表面进行微量切削和挤压的过程，表面加工均匀，切削力和切削热均很小，可获得很高的表面质量。

（3）不能纠正表面缺陷。

光整加工属于微量加工，不能纠正较大的表面缺陷，其加工前要进行精加工。

7.2.2 研磨加工

研磨工序在模具制造中非常重要，它不仅对成型制件的尺寸精度、表面质量影响很大，而且也会影响模具的使用寿命。研磨在型腔加工中所占比重很大，特别是那些形状复杂的塑料模型腔，其工时可达工件总工时的 45%。

1. 研磨的原理

研磨是使用研具、游离磨料对被加工表面进行微量切削的精密加工方法。在被加工表面和研具之间置以游离磨料和润滑剂，使被加工表面和研具之间产生相对运动，并施以一定压力，通过其间的磨料作用去除表面凸起，提高表面精度，降低表面粗糙度。研磨时磨粒的切削作用如图 7–33 所示。

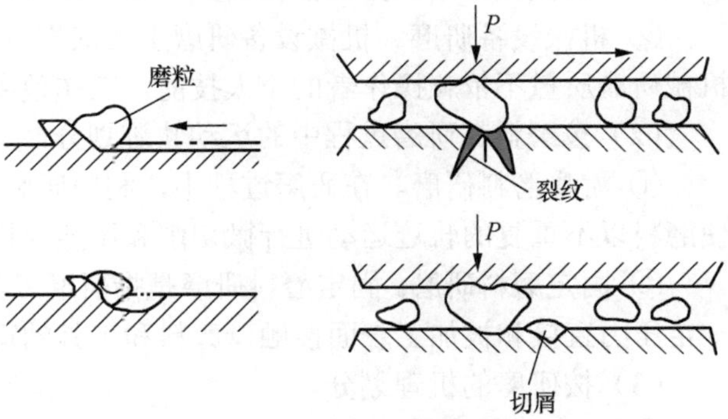

图 7–33　研磨时磨粒的切削作用

2. 研磨作用

在研磨过程中，被加工表面发生复杂的物理和化学作用，其主要作用如下。

（1）微切削作用。

在研具和被加工表面做相对运动时，磨料在压力作用下，对被加工表面进行微量切削。在不同的加工条件下，微量切削的形式会有所不同。当研具硬度较低、研磨压力较大时，磨粒可镶嵌到研具上产生刮削的作用，这种方式有较高的研磨效率；当研具硬度较高时，磨粒不能嵌入研具，磨料在研具和被加工表面之间滚动，以其尖锐的尖角进行微切削。

（2）挤压塑性变形。

钝化的磨粒在研磨压力作用下挤压被加工表面的粗糙凸峰，使凸峰趋向平缓和光滑，被加工表面产生微挤压塑性变形。

（3）化学作用。

当采用氧化铬、硬脂酸等研磨剂时，研磨剂和被加工表面产生化学作用，形成一层极薄的氧化膜，这层氧化膜很容易被磨掉，而又不损伤材料基体。在研磨过程中氧化膜迅速形成，又很快被磨掉，提高了研磨效率。

3. 研磨的特点

（1）尺寸精度高。

研磨采用极细的磨料，在低速、低压作用下，逐次磨掉表面的凸峰金属，并且加工热量少，被加工表面的变形很轻微，变质层很小，可稳定获得高精度表面。尺寸精度可达 0.025 μm。

（2）形状精度高。

由于是微量切削，研磨运动轨迹复杂，并且不受运动精度的影响，因此可获得较高的形状精度。球体圆度可达 0.025 μm，圆柱体圆柱度可达 0.1 μm。

（3）表面粗糙度低。

在研磨过程中，磨料的运动轨迹不重复，有利于均匀磨掉被加工表面的凸峰，从而降低表面粗糙度。表面粗糙度可达 0.1 μm。

（4）表面耐磨性提高。

由于研磨使表面质量提高，摩擦系数减小，且有效接触面积增大，从而耐磨性得到提高。

（5）疲劳强度提高。

由于研磨表面存在残余压应力，这种应力有利于提高零件表面的疲劳强度。

4. 研磨的分类

（1）按研磨的操作方式划分。

① 手工作业研磨。手工作业研磨主要靠操作者采用辅助工具进行研磨。加工质量主要依赖操作者的技艺水平，劳动强度较大，效率比较低。

② 机械设备研磨。机械设备研磨主要依靠机械进行研磨，如挤压研磨、电化学研磨等。机械研磨质量不依赖操作者的个人技能，工作效率比较高。

（2）按磨料在研磨过程中的运动轨迹划分。

① 游离磨料研磨。在研磨过程中，利用研磨工具系统给游离状态的研磨剂以一定压力，使磨料以不重复的轨迹运动进行微切削和微塑性挤压。

② 固定磨料研磨。固定磨料研磨是指研磨工具本身含有磨料，在加工过程中研磨工具以一定压力直接和被加工表面接触，磨料和工具的运动轨迹一致。

（3）按研磨的机理划分。

① 机械作用研磨。机械作用研磨是利用磨料的机械能量和切削力对被加工表面进行以微切削为主的研磨。

② 非机械作用研磨。非机械作用研磨主要是指依靠电能、化学能等非机械能形式进行的研磨。

（4）按研磨剂使用的条件划分。

① 湿研磨。湿研磨是将磨料和研磨抛光剂连续加注或涂敷于研具表面，磨料在研具和被加工表面之间滚动或滑动，形成对被加工表面的切削运动。其加工效率较高，但加工表面的几何形状和尺寸精度不如干研磨，多用于粗研和半精研，如图 7–34 所示。

② 干研磨。干研磨是将磨料均匀地压嵌在研具表层中，施以一定压力使压嵌的磨料进行研磨加工。干研磨可以获得很高的加工精度和较低的表面粗糙度，但加工效率较低，一般用于精研，如图 7–35 所示。

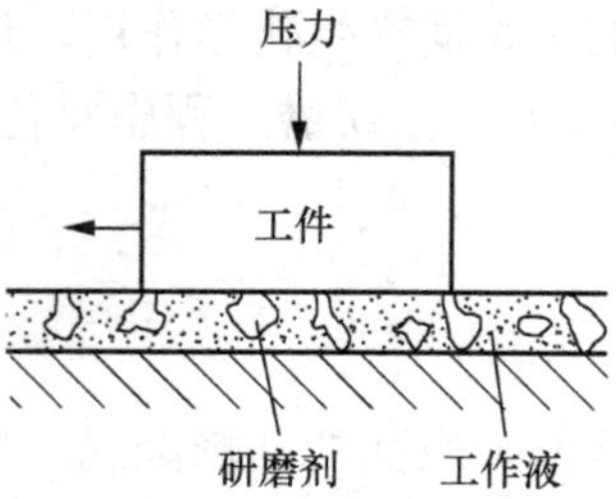

图 7–34　湿研磨

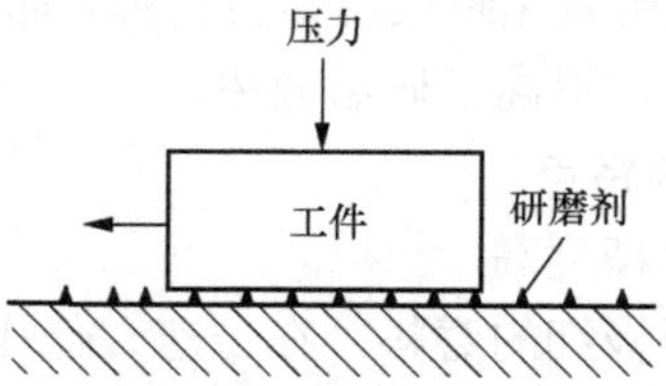

图 7–35　干研磨

③ 半干研磨。半干研磨类似湿研，使用糊状研磨膏，粗、精研均可。

7.2.3　抛光加工

1. 抛光的机理

抛光是一种比研磨切削更微小的加工，其加工过程与研磨基本相同。研磨时研具较硬，其微切削作用和挤压塑性变形作用较强，在尺寸精度和表面粗糙度两方面都有明显的加工效果。抛光所用研具较软，其作用是进一步降低表面粗糙度，获得光滑表面，但不能改变表面的形状精度和位置精度，抛光加工后的表面粗糙度 *Ra* 可达 0.4 μm 以下。

2. 抛光的分类

1）手工抛光

（1）用砂纸抛光。手持砂纸，压在加工表面上做缓慢的运动，以去除机械加工的切削痕迹，使表面粗糙度减小，这是一种常见的抛光方法。抛光时也可用软木压在砂纸上进行。根据不同的抛光要求，可以选择不同粒度号数的氧化铝、碳化硅和金刚石砂纸。抛光过程中必须经常对抛光表面和砂纸进行清洗，并按照抛光的程度依次改变砂纸的粒度号数。

（2）用油石抛光。与用砂纸抛光相似，仅抛光工具改用油石。用油石主要是对型腔的平坦部位和槽的直线部分进行抛光。抛光前应做好以下准备工作。

① 选择适当种类的磨料、粒度、形状和尺寸的油石。

② 当油石形状与加工部位的形状不相吻合时，须用砂轮修整器对油石进行修整，经修正后的油石如图 7–36 所示。

2）机械抛光

手工抛光加工时间较长、劳动强度较大。随着现代技术的发展，抛光的机械化、自动化水平不断提高，并引入了电解、超声波加工等新技术，因此，在抛光加工中相继出现了电动抛光、电解抛光、超声波抛光，以及机械—超声抛光、电解—机械—超声抛光等复合工艺。应用这些工艺可以减轻劳动强度，提高抛光的速度和质量。

（1）圆盘式磨光机。

如图 7–37 所示，这是一种常见的圆盘式磨光机。用手握住，对一些大型模具在仿形加工后的走刀痕迹及倒角进行抛光。其抛光精度不高，抛光程度接近粗磨。

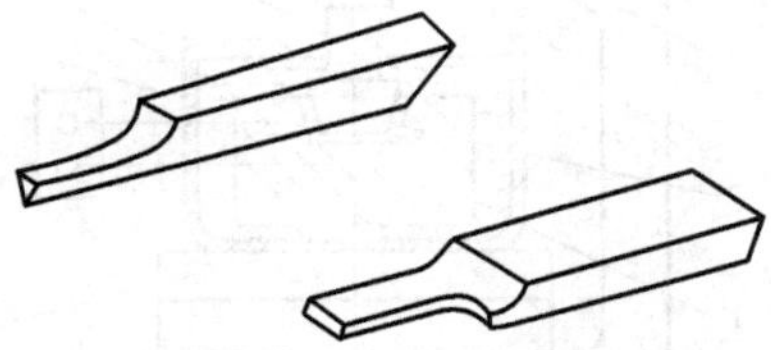

图 7–36　经修正后的油石

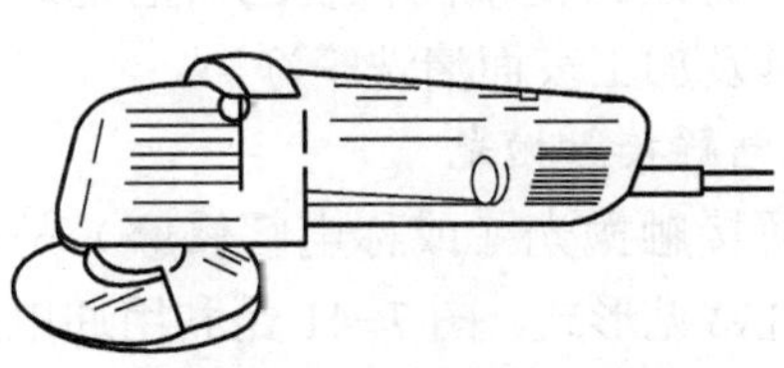

图 7–37　圆盘式磨光机

（2）电动式抛光机。

这种抛光机主要由电动机、传动软轴及手持式研抛头组成。使用时电动机挂在悬挂架上，电动机启动后通过传动软轴带动手持研抛头产生旋转或往复运动。

这种抛光机配备了三种不同的研抛头，以适应不同的研抛工作。

图 7-38 手持往复研抛头

① 手持往复研抛头。如图 7-38 所示，这种研抛头工作时一端连接软轴，另一端安装研具或油石、锉刀等。在软轴驱动下研抛头产生往复运动，可适应不同的加工需要。研抛头工作端还可以根据加工需要，在 270° 范围内进行调整。这种研抛头装上球头杆，配上圆形或方形铜（塑料）环作为研具，手持研抛头沿研磨表面不停地均匀移动，可对某些小曲面或形状复杂的表面进行研磨。研磨时常采用金刚石研磨膏作为研磨剂。

② 手持直式旋转研抛头。这种研抛头可装夹特形金刚石砂轮，在软轴驱动下做高速旋转运动。加工时就像握笔一样握住研抛头进行操作，可对型腔细小复杂的凹弧面进行修磨。取下特形砂轮，装上打光球用的轴套，用塑料研磨套可研抛圆弧部位。装上各种尺寸的羊毛毡抛光头就可进行抛光工作，如图 7-39 所示。

③ 手持角式旋转研抛头。与手持直式研抛头相比，这种研抛头的砂轮回转轴与研抛头的直柄部成一定夹角，便于对型腔的凹入部分进行加工。与各种抛光及研磨工具配合，可进行相应的研磨和抛光工序，如图 7-40 所示。

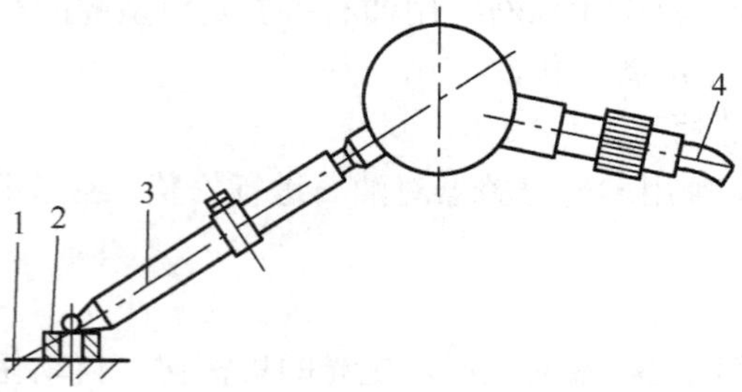

1—工件；2—研磨环；3—球头杆；4—软轴

图 7-39 手持直式旋转研抛头

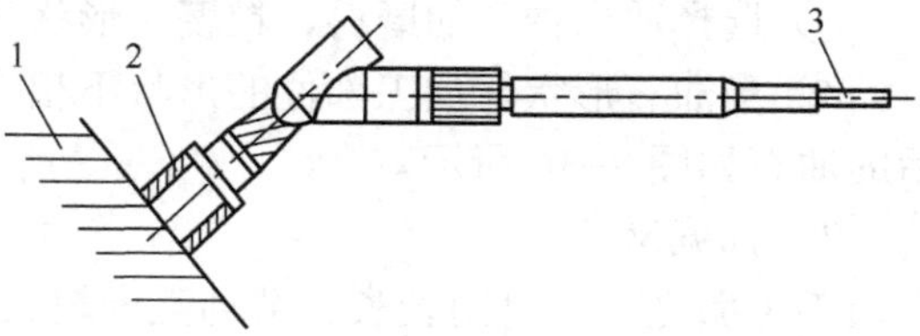

1—工件；2—研磨环；3—软轴

图 7-40 手持角式旋转研抛头

使用电动抛光机进行抛光和研磨时，应根据被加工表面的原始粗糙度和加工要求，选用适当的研抛工具和研磨剂，由粗到细逐步进行加工。在进行研磨操作时，移动要均匀，在整个表面不能停留；研磨剂涂布不宜过多，要均匀散布在加工表面上，采用研磨膏时必须添加研磨液；每次改变不同粒度的研磨剂时，都必须将研具及加工表面清洗干净。

3）电解接触抛光

电解接触抛光（或称电解修磨）是电解抛光的一种常见形式。图 7-41 是利用通电后的电解液在工件（阳极）与金刚石抛光工具（阴极）间流过，发生阳极溶解作用来进行抛光的一种表面加工方法。

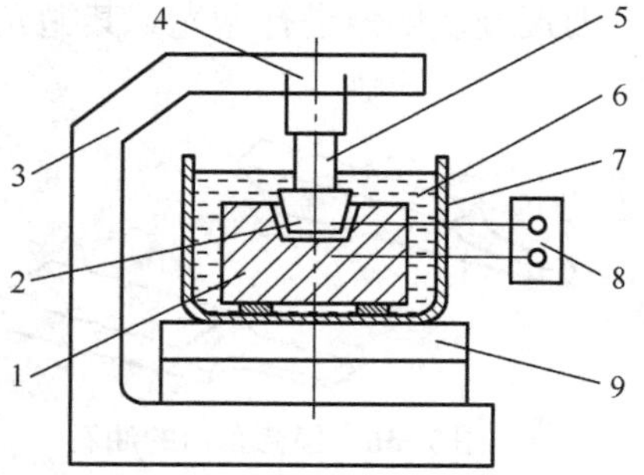

1—工件；2—工具；3—床身；4—伺服机构；5—进给主轴；6—电解液；7—电解槽；8—电源；9—纵横工作台

图 7-41 电解接触抛光示意图

4）超声波抛光

具体内容请见本书 6.4。

思考题

1. 坐标镗床的特点是什么？坐标镗床主要有哪些附件？分别起什么作用？
2. 坐标磨床有哪两种磨削方法？
3. 简述坐标磨床的加工范围。
4. 什么是成型砂轮磨削法？什么是夹具磨削法？
5. 成型砂轮有哪几种修整方法？
6. 夹具磨削法中常用的夹具有哪几种？
7. 正弦磁力台和正弦分度夹具分别用于哪类零件的成型磨削？
8. 研磨的目的是什么？
9. 简述研磨的特点。
10. 抛光有哪些种类？
11. 什么是电解接触抛光？

课后习题

第 8 章
模具快速成型制造技术

知识目标

- 了解快速成型制造技术的基本原理和特点。
- 熟悉典型快速成型技术的种类和特点。
- 熟悉典型快速成型技术的工艺方法。
- 熟悉快速成型技术在模具制造中的应用。

快速成型制造技术又称为快速原型制造（rapid prototyping manufacturing，RPM）技术，是 20 世纪 80 年代后期兴起并迅速发展起来的一项先进制造技术。RPM 技术是利用计算机及 CAD 软件对产品进行三维实体造型设计，然后进行平面分层处理，再由计算机控制成型装置从零件基层开始，逐层成型和固化材料，最后完成零件的成型。

RPM 工艺过程无需专用工具，工艺规划步骤简单，所以制造速度比传统方法快得多。它集机械工程、CAD、逆向工程技术、分层制造技术、数控技术、材料科学、激光技术于一体，可以自动、直接、快速、精确地将设计思想转变为具有一定功能的产品原型或直接制造零件，对缩短产品开发周期、减少开发费用、提高企业市场竞争力具有重要意义，同时也为零件原型制作、新设计思想的校验等方面提供了一种高效低成本的实现手段。

8.1　快速成型制造技术的基本原理和特点

8.1.1　快速成型制造技术的基本原理与工作过程

1. 快速成型制造技术的基本原理

根据三维 CAD 模型，对于不同的工艺要求，按一定厚度进行分层，将三维数字模型变成厚度很薄的二维平面模型；再将数据进行一定的处理，加入加工参数，产生数控代码，在数控系统控制下以平面加工方式连续加工出每个薄层，并使之黏结而成型。实际上就是基于“生长”或“添加”材料原理一层一层地离散叠加，从底至顶完成零件的制作过程。快速成型有很多种工艺方法，但所有的快速成型工艺方法都是“分层制造、逐层叠加”地制造零件，所不同的是每种方法所用的材料不同，制造每一层添加材料的方法不同。

2. 快速成型制造技术的工作过程

快速成型制造工艺的全过程可以归纳为以下三个步骤。

（1）前处理。它包括工件的三维模型的构造、三维模型的近似处理、模型成形方向的选择和三维模型的切片处理。

（2）分层叠加成型。它是快速成型的核心，包括模型截面轮廓的制作和截面轮廓的叠合。

（3）后处理。它包括工件的剥离、后固化、修补、打磨、抛光和表面强化处理等步骤。

8.1.2　快速成型制造技术的特点

快速成型技术系统将 CAD、CAM 等加工方式集于一体，其应用特点如下。

1. 制造的快速性

快速成型加工不需要进行传统的毛坯制造、刀具和夹具准备、粗加工和精加工等工艺，而是从产品 CAD 或从实体反求获得数据直接制成原型，属于非接触式加工，无振动和噪声，速度比传统加工方法快得多，明显缩短了产品设计、开发的周期，加快了产品更新换代的速度，同时也减少了对熟练技术工人的需求，降低了新产品的开发成本。

2. 制造技术的高度集成化

快速成型加工集成了计算机技术、数据采集与处理技术、控制技术、材料科学、光学和机电加工等科学技术。CAD 技术可以实现零件曲面和实体造型，数控技术可以保证二维扫描的高速度和高精确性，而先进的激光器件和控制技术则可以使材料精确固化、烧结和切割。CAD 与 CAM 的有机结合，实现了设计与制造的一体化。

3. 制造的自由性

快速成型加工的自由性体现在两个方面：一是可以根据原型或零件的形状进行加工，不需要使用工具、模具，节省了工具、模具费用，缩短了新产品的试制时间；二是不受零件复杂程度的限制，能够制造任意复杂的形状、结构以及不同材料复合的原型或零件。传统的机械零件结构工艺性问题大部分将不复存在。

4. 制造过程的高柔性

快速成型加工制造系统在软件和硬件的实现上大部分是相同的，即在一个现有的系统上仅增加一小部分元器件和软件功能就可以进行另一种制造工艺。不同工艺原理的设备容易实现模块化，可相互切换。当零件的形状、批量改变时，不需要重新设计制造工艺设备和专用工具，仅需要改变 CAD 模型或反求数据结构模型，重新调整和设置参数即可生产。

8.2 快速成型技术的工艺方法

快速成型技术的工艺方法主要有立体平板印刷法、物体分层制造法、选择性激光烧结法和熔化堆积造型法四种。

8.2.1 立体平板印刷法

立体平板印刷法（stereo lithography apparatus，SLA），以光敏树脂为成型材料，工作原理如图 8-1 所示。首先用计算机辅助设计构造零件的三维模型，并通过计算机软件对立体模型进行平面分层（每层一般为 0.01～0.02 mm），从而得到每一层截面的形状轮廓数据。然后由计算机控制的激光头 2 发出激光束 3，按照获得的平面形状数据，从零件基层形状开始逐点扫描。当激光束照射到液态光敏树脂 5 时，被照射的液态树脂发生聚合反应而固化，形成一层薄薄的固化层，即零件的截面形状。升降台沿 Z 轴下降一个分层厚度，进行第二层的形状扫描，新固化层粘在前面的固化层上。就这样逐层进行照射、固化、粘接和下沉，最终堆积成三维模型实体，得到设计的零件。

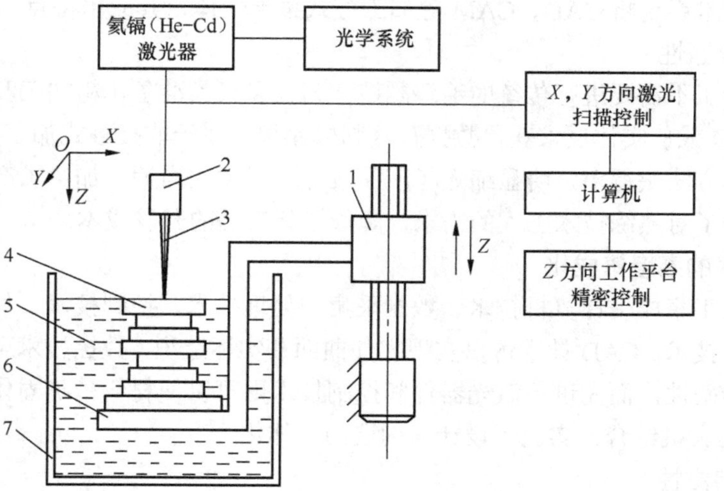

1—轴升降机构；2—激光头；3—激光束；4—制成件；5—光敏树脂；6—托盘；7—树脂槽

图 8-1 立体平板印刷法示意图

SLA 技术的特点如下。

（1）耗材为光敏树脂（如丙烯酸树脂、乙烯树脂和双氧树脂等），价格高，原料种类少。

（2）材料利用率高，接近 100%。

（3）成形过程分辨率高，零件精度高，表面质量好。

（4）适用于成型复杂形状的中小零件。

（5）成形过程中需要有支撑结构。

（6）设备投资大，生产率高。

8.2.2　物体分层制造法

物体分层制造法（laminated object manufacturing，LOM）是先用计算机构造零件的三维模型，然后进行分层处理，生成每层的二维形状轮廓数据，利用二氧化碳激光器发出的激光束沿 *XOY* 平面运动，将纸片、塑料薄膜或复合材料等薄层材料按每层形状的内外轮廓进行切割，最后将新薄层材料叠加在上面，由加热辊加热压合粘接，这样逐层堆积成型，如图 8-2 所示。

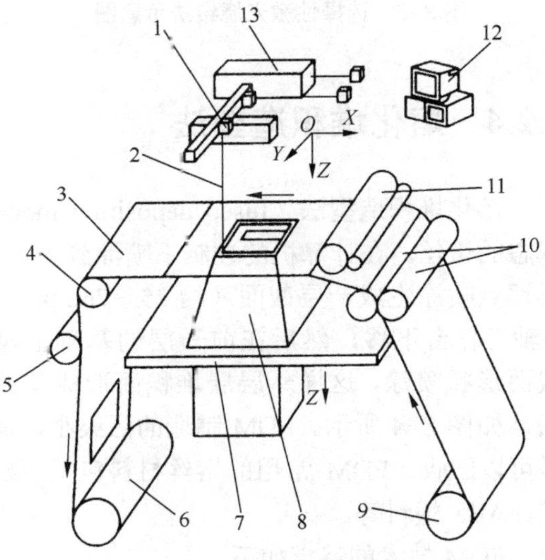

1—激光器；2—激光；3—薄层材料；4—收料辊；5—夹紧辊；6—进给机构；7—工作平台；8—制成件；9—原料筒；10—送料夹紧辊；11—加热辊；12—计算机；13—扫描控制系统

图 8-2　物体分层制造法示意图

LOM 技术的特点如下。

（1）原料来源广泛，几乎任何薄层材料均可作为原料，如塑料、金属、纺织物等，材料价格较便宜。

（2）原料利用率低，切下的边角料不能再利用。

（3）*X*、*Y* 方向精度较高，*Z* 方向精度较低，表面质量较差。

（4）成形件各向异性，层间粘接强度影响使用性能。

（5）可成型零件的尺寸较大，但形状不能过于复杂。

（6）零件在 *Z* 方向壁厚不能太薄。

（7）设备运行成本低，生产率高。

8.2.3　选择性激光烧结法

选择性激光烧结法（selective lasei sintering，SLS）是将粉末状材料铺成一薄层（约 100～200 μm），利用高功率的二氧化碳激光器（由计算机控制）对粉末进行加热烧结，然后再铺一层进行加热烧结，这样层层堆积成型，如图 8-3 所示。在烧结过程结束后，应先去除松散粉末，将得到的坯件进行烘干等后处理。

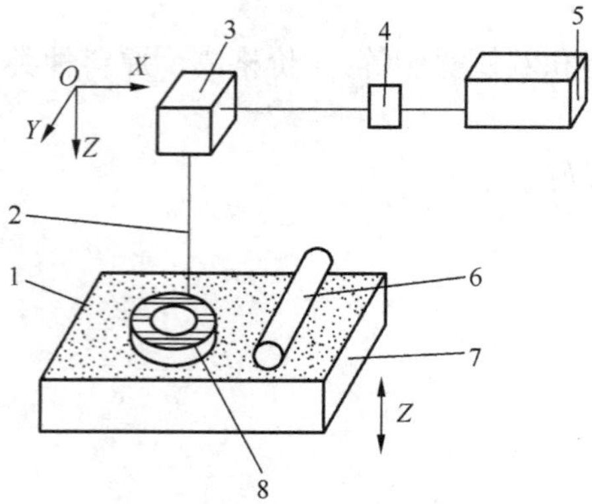

1—粉末材料；2—激光束；3—*XY* 扫描系统；4—透镜；5—激光器；6—刮平器；7—工作台；8—制成件

图 8-3　选择性激光烧结法示意图

SLS 技术的特点如下。

（1）原材料来源广泛，如石蜡、塑料、金属、陶瓷粉末等；材料利用率高，约 100%。

（2）除陶瓷外，其他材料成形后不再需要烧结。

（3）不需要设计支撑结构，未烧结的粉末对悬伸部位可起支撑作用。

（4）零件精度及表面质量中等。

（5）可成型中小尺寸的复杂零件。

（6）某些材料（如 PVC）烧结中会产生有害气体，需要有可靠的通风设备。

（7）设备投资高，生产成本较低，生产率较高。

8.2.4　熔化堆积造型法

熔化堆积造型法（fused deposition modeling，FDM）以熔丝为原料，经加热成为半熔融状态的熔丝，在计算机的控制下喷涂到预定位置，再逐点喷涂生成一层截面（约 25～762 μm）后，*Z* 轴工作台下移，然后在前一层的基础上再按新截面形状喷涂，这样一层层堆积而形成零件的方法，如图 8-4 所示。FDM 制造的污染小，而且材料可以回收。FDM 常用的熔丝材料包括石蜡、尼龙、ABS 塑料等。

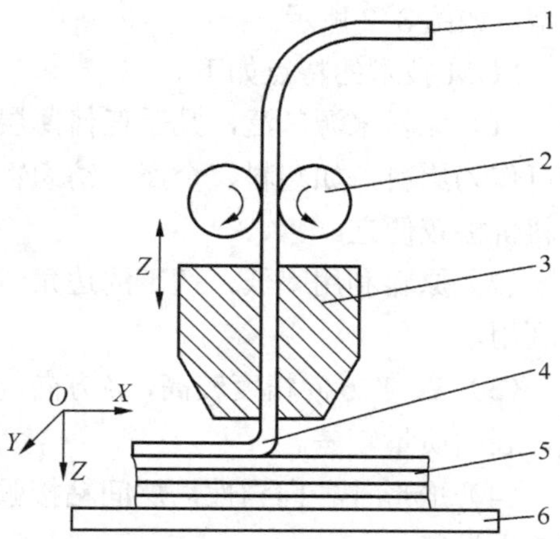

1—熔丝材料；2—滚轮；3—加热喷嘴；4—半熔状丝材；5—制成件；6—工作台

图 8-4　熔化堆积造型法示意图

FDM 技术的特点如下。

（1）成型材料的种类包括石蜡、塑料、低熔点金属等。

（2）采用线材，价格较贵；材料利用率高，约 100%。

（3）可以快速更换材料。

（4）零件精度较低，表面质量较差。

（5）复杂程度中等，可成型中小零件。

（6）设备投资较低，运行费用高，生产率较低。

以上四种快速成型技术工艺方法的比较与选用如表 8-1 所示。

表 8-1　快速成型技术工艺方法的比较与选用

成型工艺	立体平板印刷法	物体分层制造法	选择性激光烧结法	熔化堆积造型法
成型速度	较快	快	较慢	较慢
原型精度	较高	低	较低	较低

续表

成型工艺	立体平板印刷法	物体分层制造法	选择性激光烧结法	熔化堆积造型法
使用材料	热固性光敏树脂	纸片、塑料薄膜、复合材料	石蜡粉、ABS 塑料粉、金属粉、陶瓷粉等	石蜡、尼龙、ABS 塑料等
材料利用率	约 100%	较差	约 100%	约 100%
材料价格	较贵	较便宜	较贵	较贵
设备费用	较贵	较便宜	较贵	较便宜
生产效率	高	高	一般	较低
制造过程复杂程度	中等	简单或中等	复杂	中等
支撑结构	需要支撑结构	支撑结构自动地包含在层面制造中	不需要支撑结构	需要支撑结构
优点	技术成熟，应用广泛，能量低	内应力低，扭曲小，同一物体中可包含多种材料和颜色	选用材料的机械性能比较好，材料成本低，无气味	材料成本低，材料利用率高，能量低，同一物体中可包含多种材料和颜色
缺点	工艺复杂，材料种类有限，原材料价格昂贵，激光器寿命低	能量高，对内部孔腔中的支撑物需要清理，废料剥离困难	能量高，表面粗糙，成型件疏松多孔，对某些材料需要单独处理	表面粗糙，选用材料仅限于低熔点材料

8.3　快速成型技术在模具制造中的应用

基于 RP 的快速模具制造方法通常可以分为直接法和间接法两大类。

8.3.1　直接制模法

直接制模法是直接采用 RP 技术制作模具，在 RP 技术诸方法中能够直接制作金属模具的是选择性激光结法。直接制模法在缩短制造周期、节省资源、发挥材料性能、提高精度、降低成本方面具有很大潜力，从而受到高度关注。

1. 基于 SLS 技术制造金属模具

（1）金属粉末大功率激光烧结成型技术。

金属粉末大功率激光烧结成型技术是利用高功率激光（1 000 W 以上）对金属粉末进行扫描烧结，逐层叠加成型，成型件经表面后处理（打磨、精加工）即完成模具制作的技术。

金属粉末大功率激光烧结成型技术的工艺过程大致为：先在基底上铺上一层粉末，用压辊压实后，按照由 CAD 数据得到的层面信息，用激光对薄层粉末有选择地烧结；然后将新的一层粉末通过铺粉装置铺在上面，进行新一层烧结；反复进行逐层烧结和层间烧结，最终将未被烧结的支撑部分去除就得到与 CAD 形体相对应的三维实体。

用这种方法制作的模具可作为压铸模、锻模使用。但在烧结过程中因材料发生较大收缩且不易控制，故难以快速得到高精度的模具。

（2）混合金属粉末激光烧结成型技术。

成型粉末是两种粉末的混合物，其中一种粉末熔点较低，起到黏结剂的作用。烧结过程通过使低熔点金属向基体金属粉末中渗透来增大粉末颗粒之间的间隙，产生尺寸膨胀来抵消烧结收缩，使最终的收缩率几乎为零。

2. 基于 LOM 技术制造金属模具

LOM 的新工艺采用金属箔作为成型材料，可以直接制造出铸造用模具，批量生产金属铸件。但这种方法制作的成品的强度、精度和表面粗糙度还有待提高。

8.3.2 间接制模法

间接制模法生产出来的模具通常可以分为软质模具和硬质模具两大类。

软质模具因其使用的软质材料（如硅橡胶、环氧树脂等）有别于传统的钢质材料而得名。目前提出的软质模具制造方法主要有硅橡胶浇注法、金属喷涂法、环氧树脂浇注法等。软质模具生产制品的数量一般为 50～5 000 件。

硬质模具指的是钢质模具。利用 RP 原型制作钢质模具的主要方法有熔模铸造法、陶瓷型精密铸造法、电火花加工法等。

1. 硅橡胶制造模具技术

硅橡胶模具制造工艺是一种比较普遍的快速模具制造方法。硅橡胶模具具有良好的柔性和弹性，能够制作结构复杂、花纹精细、无拔模斜度甚至具有倒拔模斜度，以及具有深凹槽类的零件，制作周期短、制件质量高，因而备受关注。

（1）硅橡胶模具制造工艺流程。

由于硅橡胶材料的成本较高，目前有一种通过硅橡胶与石膏混合制作硅橡胶模具的工艺。

该方法的工艺流程：原型或样件—分型处理—涂刷脱模剂（贴黏土或橡皮泥）—配石膏浆—浇注石膏浆（石膏造型）—去掉黏土或橡皮泥层—浇注硅橡胶—修型—试制产品，如图 8-5 所示。

① 安放原型。对原型进行必要的清理和处理后放置到平板上固定好，固定模框，使原型周围距模框的距离均匀，在模框平板内表面上涂刷脱模剂。

② 贴黏土和浇石膏背衬。在原型表面贴黏土或橡皮泥，如图 8-5（a）、（b）所示；然后将配好的石膏浆浇注到模框中，如图 8-5（c）所示；待石膏浆固化后，再去掉黏土或橡皮泥层，如图 8-5（d）所示。黏在原型上的黏土或橡皮泥要清洗干净，以免影响模具的表面质量。

③ 浇注硅橡胶。根据去掉的黏土层的体积，计算所需调配的硅橡胶体积，再加上一定的损耗，进行硅橡胶的调配。调配均匀后，在抽真空装置中排除硅橡胶混合体中的气泡。脱泡后进行硅橡胶浇注，如图 8-5（e）所示。

④ 硅橡胶固化。将浇注好的硅橡胶模具在室温下固化或加热固化。待硅橡胶不黏手后，取出原型，继续在室温下或加热使硅橡胶充分固化。

⑤ 修型。取出原型后，如果发现模具有少量缺损，可以使用新调配的硅橡胶进行修补，

并经过固化处理，如图 8–5（f）所示。

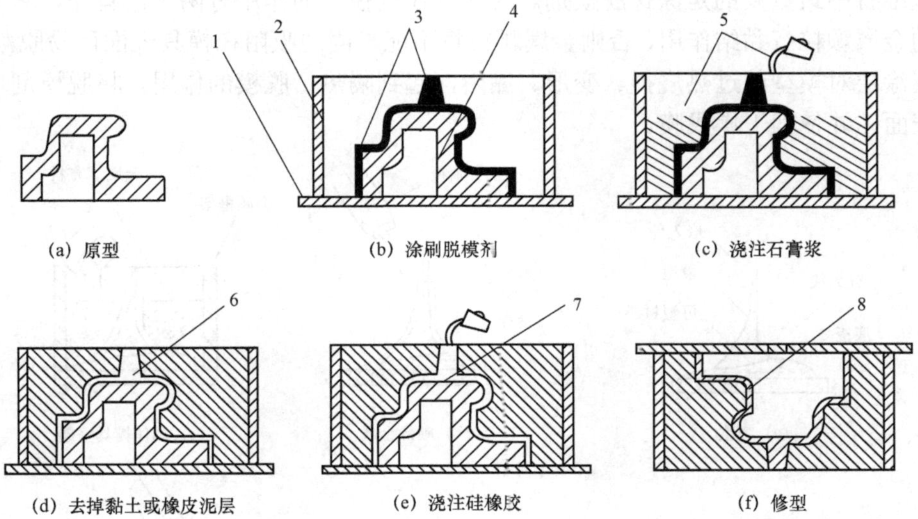

1—平板；2—模框；3—黏土或橡皮泥；4—原型；5—石膏；6—型腔；7、8—硅橡胶

图 8–5　硅橡胶与石膏混合制作硅橡胶模具的工艺过程

（2）硅橡胶模具的特点。

① 硅橡胶具有良好的仿真性、强度和极低的收缩率。

② 用该材料制造弹性模具简单易行，无需特殊的技术和设备，只需在室温下数小时即可制成。

③ 硅橡胶模具能够经受重复使用和粗劣操作，能够保持制件原型和批量生产产品的精密公差，并且能够直接加工出形状复杂的零件，免去铣削和打磨加工等工序，而且脱模十分容易，大大缩短了产品的试制周期，同时模具修改也很方便。

④ 硅橡胶模具具有很好的弹性，对凸凹部分浇注成型后也可直接取出，这是它的独特之处。

（3）硅橡胶模具的应用。

① 对于批量不大的注塑件生产，可以采用 RP 原型快速翻制的硅橡胶模具，通过树脂材料的真空注型来实现，可以显著缩短产品的制造时间，降低成本，提高效率。

② 对于没有细筋、小孔的一般零件，采用硅橡胶模具浇注树脂可制作制品达到 50 件以上。

2. 电弧喷涂制造模具技术

电弧喷涂制模技术是将两根带电的金属丝在喷枪前端相交形成电弧，金属丝熔化，在压缩空气的作用下，将熔化的金属雾化成金属微粒，并以一定的速度喷射到样模表面，一层一层地相互叠加堆积而形成高密度、高结合强度的金属喷涂层，即模具型腔的壳体（或实体）。

这层壳体的内壁形状与样模表面完全吻合，从而形成了所需的模具型腔。喷涂形成的金属壳体与其他基体材料填充加固，结合成整体，再配以其他部件，即组成一副完整的模具。

（1）电弧喷涂制造模具工艺流程。

该方法的工艺流程如图 8–6 所示。

① 模型准备（清理模型表面、刷脱模剂），如图 8–6（a）所示。模型可由许多材料制成，

包括木材、塑料、石膏、橡胶等。

模型准备中最重要的是涂抹脱模剂。脱模剂在制模中的作用有两个。首先，它对喷涂到基体上的金属颗粒有黏结作用，否则金属颗粒将不能牢固地吸附在模具表面而易脱落；其次，防止金属涂层对模型的过热烧损、变形、黏附，起到隔热、脱模的作用。将脱模剂均匀地涂在模型表面，并使其干燥成膜。

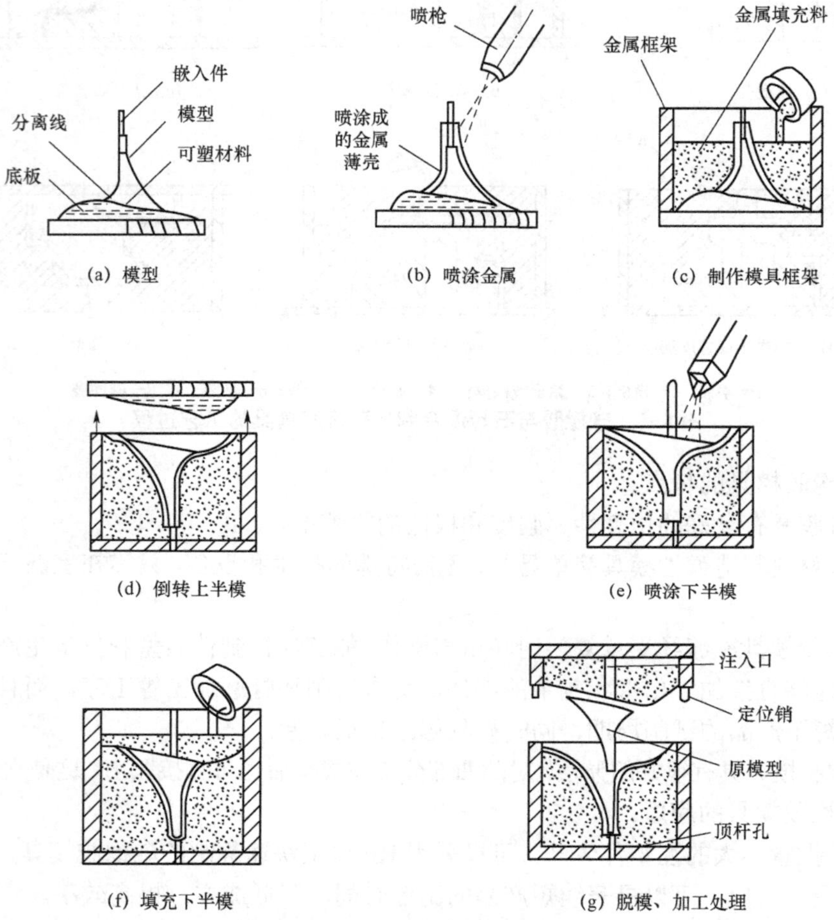

图 8-6　电弧喷涂制模工艺流程

② 在模型上喷涂金属，如图 8-6（b）所示。待脱模剂干燥以后，根据喷涂参数，可以开始在模型上喷涂金属。喷涂时应保证喷枪连续运动，防止涂层过热变形。涂层厚度一般可控制在 2～3 mm。

③ 制作模具框架，如图 8-6（c）所示。如果模具在工作中要受到内压力或模具必须安装在成型机上工作，模具必须有骨架结构，且制成的骨架应带有填料。

制作模具框架时，应确保模具框架材料与涂层材料，以及填料的热膨胀性能相匹配。此外框架的外形尺寸及注射口的选择应根据具体的注塑机型号而定。

④ 浇注模具的填充材料，如图 8-6（d）、（e）、（f）所示。选择浇注填充材料时，应使填充材料具有较高的热导率和较低的凝固收缩率；由于模具在一定的温度和压力下工作，所以要求填充材料还应具有较高的抗压强度和耐磨性能。

一般选择的填充材料为环氧树脂与铝粉等金属粉末的混合物。环氧树脂可以提高浇注材料与喷涂壳体、模具框架的结合强度。同时有色金属粉末可以提高模具的导热性能。为了提高模具的抗磨损性能可以在填料中加入铁粉。此外，在浇注填充材料时可以安放冷却管，以加强模具的散热性能。

⑤ 脱模、加工处理，如图 8-6（g）所示。如果在模型准备阶段做得比较合适，脱模就不会很困难。脱模后要把残留在金属涂层表面的脱模剂清洗干净，然后再根据不同的需要，对模具进行抛光等后期制作。

（2）电弧喷涂制模技术的优点。

① 由于喷涂时原模的表面温度一般不超过 60 ℃，因此没有热应力和变形问题。不论原模的材料是金属、木材，还是塑料制品，所得到的模具型腔线条轮廓均很清晰，外形尺寸不变。

② 制模效率高，尺寸不受限制，可小至硬币的尺寸，大至制造汽车内顶篷真空成型模具。

③ 设备投资小，经济效益好，使塑料生产线能迅速更改产品的品种，以满足市场的变化要求。

④ 成本优势显著。与其他方法相比，此方法可节省更多的成本。

（3）电弧喷涂制模技术的应用。

① 电弧喷涂制模可广泛应用于塑料加工中的反应注塑成型、吹塑成型、结构发泡，以及其他注塑成型等工艺中。

② 此方法制造的模具特别适用于生产反应注塑成型工艺中的聚氨酯零部件，如在汽车制造中可以用来生产驾驶盘、汽车仪表盘、座垫、头部靠垫、阻流板、汽车内饰顶篷等部件。

③ 在民用建筑方面可用来生产成型家具、隔热材料；在轻工业中可以用来制造聚氨酯鞋底等。

3. 环氧树脂快速制模技术

环氧树脂快速制模一般采用常温、常压条件下的静态浇注，固化后无须或仅要少量的切削加工，仅根据模具情况对外形略作修整即可。直接在快速原型母模上浇注专门树脂的快速制模方法，不像传统金属模具的制作需要高精密的设备进行机械加工，大大节省了模具制作的时间和成本。

环氧树脂快速制模的工艺流程如图 8-7 所示。

（1）模型准备，如图 8-7（a）所示。当原型用作制模模型时，必须考虑到模具制造的一些具体问题。例如，实际功能零件制造中可能存在材料的收缩，因此，原型的形状和尺寸应该适当修正以补偿材料收缩引起的变形。另一个问题是由制模方法所决定的，用于制造环氧树脂模具的快速原型应带有适当的拔模斜度。

（2）底座制作并固定原型，如图 8-7（b）所示。底座的制作要保证与模型及分型面相吻合，底座可以由一些容易刻凿的材料，如木材、金属、塑料、玻璃、石膏，甚至耐火泥制作。

（3）涂脱模剂。脱模剂应该涂得尽可能薄，并且尽可能均匀地涂 2～3 遍。将环氧树脂与固化剂和填料及附加物金属粉末等均匀混合，混合过程中必须仔细搅拌，尽可能地防止混进气体。采用真空混料机可以有效地防止气体的混入。

（4）浇注树脂，如图 8-7（c）、（d）、（e）所示。应保证浇注速度尽量均匀，并尽可能使环氧树脂混合料从模框的最低点进入。搭建另一半模具的模框，喷洒脱膜剂，同样过程浇注另一半模具。

（5）树脂硬化并脱模，如图 8-7（f）所示。待树脂完全固化后，移走型框，将上下半模放入后处理的炉子内加热并保温，环氧树脂的硬化过程可以在一定压力下进行。实践证实，压力条件下进行硬化可以防止气孔的产生，并可提高材料的致密度，以及模具的精度和表面的光洁度。由于光固化树脂的力学性能较低，而且大部分做成中空结构（为了提高制造速度并节约树脂材料），因此压力不能太高。硬化过程最好在 60 ℃以下，因为光固化树脂材料的玻璃化转变温度一般在 60～80 ℃之间。当环氧树脂完全硬化后，采用顶模杆或专用起模装置将原型从树脂模具中取出。

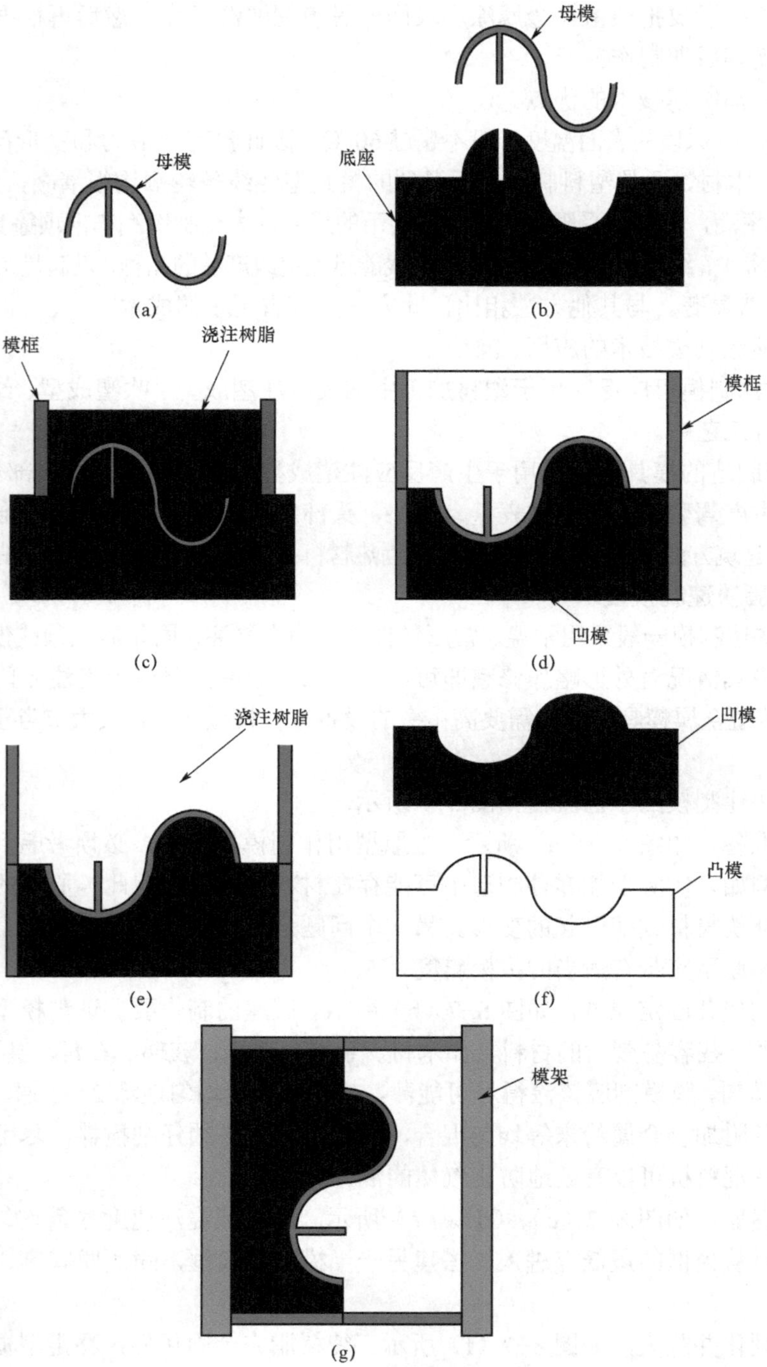

图 8-7　环氧树脂快速制模工艺流程

（6）模具修整并组装，如图 8–7（g）所示。如果环氧树脂模具上存在个别小的缺陷，可以通过手工修整来解决。可以与标准的或预先设计并加工好的模架进行装配，完成环氧树脂模具的制作，交付使用。

4. 陶瓷壳砂型的快速制作技术

为了获得较精密的金属铸件或铸造金属模（如拉深模、注塑模等），可以采用陶瓷壳砂型。

由于陶瓷壳比较薄，其背衬材料是有一定容让性的砂，因此加热、固化时的翘曲变形较小，比整体浇注陶瓷型的精度高。

陶瓷壳砂型快速制作的工艺流程：首先用快速成型机制作母模，并在母模上粘贴薄层材料（如蜡片），其厚度等于所需陶瓷壳的厚度（约 3 mm），其次将母模置于砂箱中，浇注砂型，然后移去母模及粘贴材料并将母模置于砂型中，浇注陶瓷砂浆，最后移去母模，用乙炔喷灯加热、固化陶瓷壳后加入浇注系统，构成陶瓷壳砂型。其工艺流程如图 8–8 所示。

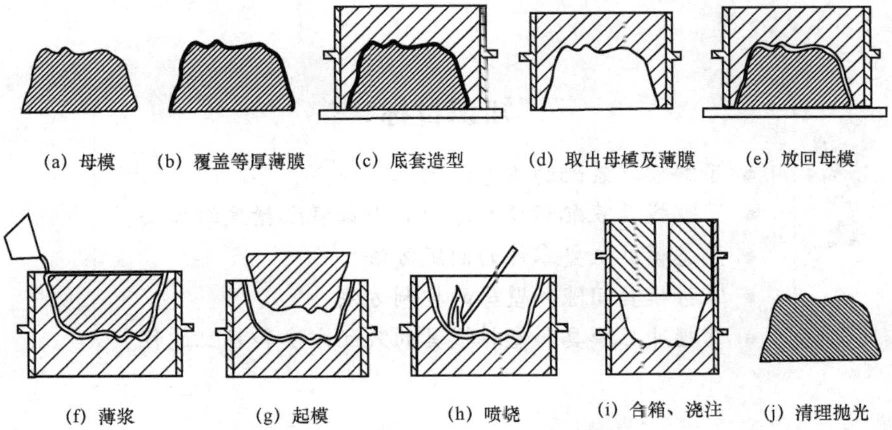

图 8–8　陶瓷壳砂型快速制作的工艺流程

思考题

1. 快速成型制造技术的基本原理是什么？
2. 快速成型制造技术有哪些特点？
3. 快速成型技术常用的工艺方法有哪些？各有什么特点？
4. 基于快速成型制造技术的模具快速制造的方法一般分为哪两大类？
5. 间接制模法生产出来的模具一般分为哪两大类？它们各有哪些方法？
6. 硅橡胶模具有什么特点？
7. 电弧喷涂制造模具技术的原理是什么？
8. 电弧喷涂制造模具技术有哪些优点？

课后习题

第 9 章 模具装配工艺与调试

知识目标

- 了解模具装配的概念和内容。
- 了解模具装配精度的概念和保证装配精度的方法。
- 熟悉模具主要零件的固定方法。
- 掌握模具间隙和壁厚的控制方法。
- 掌握冲压模具和塑料模具的装配方法和装配过程。

模具装配是整个模具制造过程的最后阶段。模具装配图和验收技术条件是装配的依据；构成模具的所有符合技术要求的零件，包括标准件、通用件及成型零件等，是模具装配的基础。但是有了合格的零件，还必须制定合理的装配工艺，才能装配出符合设计要求的模具。

9.1 模具装配的概念和内容

9.1.1 模具装配的概念

根据模具装配图和规定的技术要求，将模具的零件、部件按照一定工艺顺序进行配合和连接，使之成为符合设计要求的模具的过程，称为模具装配。机械中的制造单元称为零件，它是不可拆卸的基本单元，如模具中的导柱、导套、模柄、固定板、垫板、整体凸模、整体凹模等。机械中的运动单元称为构件，它可以是一个零件，也可以由几个无相对运动的零件组成，如模具中的拼块凸模、上模座、下模座等。当许多零件装配在一起（构成零件组），直接成为模具产品的组成部分时，称为模具部件。它可以是一个构件或者由多个构件组成。部件在机器中能完成一定的、完整的功能。把零件装配成构件、部件和最终产品的过程分别称为构件装配、部件装配和总装配。

9.1.2 模具装配的特点

模具装配过程也是一种工艺过程，只有通过模具装配，才能使各种成型工艺（如冲压工艺、注射工艺等）以及模具设计的意图得以最后实现。模具装配的质量直接影响冲压件和塑料制件的质量、模具的技术状态和模具的使用寿命。

由于模具生产属于单件小批量生产，因此模具装配也适合采用集中装配。其特点是工序集中，工艺灵活性大，工艺文件不详细，手工操作所占的比重较大，要求工人有较高的技术水平和多方面的工艺知识，另外所使用的设备和装配工具也以通用设备和工具为主。

9.1.3 模具装配的过程

模具装配过程一般包括准备、组件装配、总装配、检验调试四个阶段。

1. 准备阶段

（1）研究装配图。装配图是整个装配工作的依据。通过对装配图的分析和研究，了解模具产品的结构特点和技术要求，以及有关零件的连接方式和配合性质，从而确定合理的装配基准、装配方法和装配顺序。

（2）清理检查零件。根据零件明细表，清点和清洗零件，检查主要零件的尺寸和形位精度，查明各部分配合面的间隙、加工余量，以及有无变形、裂纹等缺陷。

（3）准备装配工具。准备好装配时所需要的工具、夹具、量具和辅助设备；清理好工作台。

2. 组件装配阶段

按照各零件所具有的功能进行部件组装，如模架的组装，凸模和凹模与固定板的组装，型芯和型腔与固定板的组装，卸料与推件机构的组装等。

3. 总装配阶段

（1）选择好装配基准件，安排好上、下模的装配顺序。

（2）将零件及组装后的部件，按照装配顺序组装结合在一起，成为一副完整的模具。

（3）模具装配完成后，必须保证装配精度，达到规定的技术要求。

4. 检验调试阶段

（1）按照模具验收技术条件，检验模具各部分功能。

（2）在实际生产条件下对模具进行试模、调整、修正，直到模具产品合格为止。

9.2 模具装配精度

视频讲解

9.2.1 装配精度的概念

为了保证模具的正常工作性能，必须使其达到规定的装配精度。模具的装配精度是指模具产品装配完成后，实际几何参数与理想几何参数的符合程度。模具的装配精度通常包含四个方面：相互配合精度、相互位置精度、相对运动精度、相互接触精度。

（1）相互配合精度：是指模具产品中相互配合的零部件之间的间隙或过盈量是否符合技术要求。例如，冲裁模中凸、凹模之间的间隙和间隙的均匀性，是确定冲裁模精度等级的重要因素。

（2）相互位置精度：是指模具产品中相关零部件之间的距离精度和相互位置精度，包括平行度、垂直度、位置度等。例如，冲裁模中上、下模底面的平行度，导柱、导套与其固定板的垂直度，塑料模中型腔、型孔与型芯之间的位置精度等。

（3）相对运动精度：是指模具产品中有相对运动的零部件之间在运动方向和运动位置上的精度。例如，导柱与导套的配合精度，送料装置的送料精度，卸料板与凸模的配合精度等。

（4）相互接触精度：是指模具中相互配合表面、接触表面之间达到规定接触面积的大小和接触点的分布情况。例如，塑料模具分型面的接触状态如何，间隙大小是否符合技术要求，弯曲模、拉深模的上下成形面的吻合一致性等。

9.2.2 保证装配精度的方法

装配工作的主要任务是保证模具产品在装配后能够达到规定的各项精度要求。保证装配精度的方法可归纳为互换装配法、选择装配法、修配装配法和调整装配法四大类。

1. 互换装配法

互换装配法是指在装配过程中，零件互换后仍能达到规定的装配精度要求的装配方法。采用互换法装配，其装配精度主要取决于零件的制造精度，因此要有先进的模具精密制造设备及测量装置才能保证模具的质量。根据模具零件能够达到的互换程度，互换装配法可分为完全互换装配法和不完全互换装配法。

（1）完全互换装配法。其是指被装配的每一个零件不需要作任何挑选、修配和调整就能达到规定的装配精度要求。完全互换装配法的实质是通过控制零件的制造误差来保证模具的装配精度要求，即所有装配零件的制造公差之和不大于装配公差。用公式表示如下：

$$T_{\Sigma}=T_1+T_2+\cdots+T_n\leqslant\sum_{i=1}^{n}T_i$$

式中：T_{Σ}——装配精度所允许的误差范围，即装配公差，单位为μm；

T_i——影响装配精度的零件尺寸的制造公差，单位为μm。

完全互换装配法的优点是装配过程简单，对工人技术水平要求不高，装配质量稳定可靠，易于流水作业，装配效率高，产品维修方便；缺点是当装配精度要求较高，装配零件的数量又较多时，允许各装配零件的制造误差就很小，这样会造成零件制造困难，加工成本高。

完全互换装配法主要适用于在成批生产、大量生产中，零件数较少、装配精度要求不高的场合。

（2）不完全互换装配法。其是指在确定相关零件的制造公差时，采用概率法将零件的允许公差适当放大，从而有利于零件的经济加工，这样制造出来的零件绝大部分能够保证装配精度，只有极少数零件装配后可能达不到规定的装配精度要求，但这种情况的概率只有

0.27%。所以当产品批量较大时，从总的经济效果分析，不完全互换装配法仍然是经济可行的。

不完全互换装配法的优点是扩大了相关零件的制造公差，零件制造成本低，装配过程简单，生产效率高，适用于成批和大量生产；缺点是装配后有极少数产品达不到规定的装配精度要求，必须采取另外的返修措施。

随着计算机技术和数控加工技术的不断发展，越来越多的数控加工方法被应用于模具制造中，可以对模具进行高精度的加工，使得零件的制造精度可以满足互换装配法的要求。因此，互换装配法在模具制造业中的应用将会越来越广泛。

2. 选择装配法

选择装配法是指将配合副中的各零件的制造公差放大到经济精度，然后选择合适的零件进行装配，以保证装配精度要求的装配方法。常用的选择装配法有以下三种。

（1）直接选配法。直接选配法是指在装配时，工人从许多待装配的零件中，直接选择合适的零件进行装配，以保证装配精度要求的装配方法。

直接选配法的特点是装配零件不需要事先分组，装配时凭经验来选择零件，装配精度在很大程度上取决于工人的技术水平，装配时间不易准确控制。直接选配法适用于装配零件数较少的模具产品，不适用于节拍要求严格的大批量的流水线装配。

（2）分组选配法。分组选配法是指将配合副中的各零件的公差相对完全互换法所要求数值放大数倍，使其能按经济精度加工，再按实际测量尺寸将零件分组，按对应的组分别进行装配，以达到装配精度要求的装配方法。

分组选配法的优点是零件的制造精度不高，但却可获得很高的装配精度；同组内零件可以互换，装配效率高。缺点是增加了零件测量、分组、存储、运输等的工作量。分组选配法适用于在大批量生产中装配零件数较少而装配精度又要求较高的场合。

（3）复合选配法。复合选配法是上述两种方法的结合，先将零件预先测量分组，装配时再在各对应组内凭工人的经验直接选择装配。这种装配方法的特点是配合公差可以不等，装配质量高，装配速度快，能满足一定生产节拍的要求。

3. 修配装配法

修配装配法是指各相关模具零件按经济精度加工制造，在装配时，则根据需要，再修去指定零件的预留修配量，来保证装配精度的装配方法。

如图 9-1 所示，这是用于大型注射模具的浇口套组件。浇口套装入定模板后要求上表面高出定模板 0.02 mm，以便定位圈将其压紧，下表面则与定模板平齐。为了保证零件加工和装配的经济可行性，上表面高出定模板的 0.02 mm 由加工精度保证，下表面则选择浇口套为修配零件，预留高出定模板平面的修配余量 h，将浇口套压入模板配合孔后，在平面磨床上将浇口套下表面与定模板平面一起磨平，使之达到装配精度的要求。

单位：mm

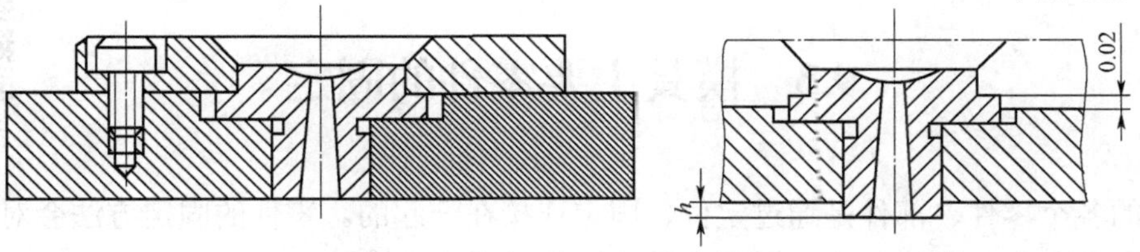

图 9-1　浇口套组件的修配装配

修配装配法的优点是各零件可以按照经济精度制造，但却可以获得很高的装配精度；缺点是增加了修配工作量，生产效率低，对装配工人的技术水平要求高。

修配装配法适用于单件小批量生产中，装配零件数量较多、装配精度又要求较高的模具结构。

4. 调整装配法

调整装配法是指各相关模具零件按经济精度加工制造，在装配时通过改变模具中可调整零件的相对位置或选用合适的调整件以达到装配精度的方法。常用的调整装配法有以下两种。

（1）可动调整法。可动调整法是指在装配时通过改变调整件的位置来达到装配精度的方法。如图 9–2 所示，这是用螺钉作为调整件调整滚动轴承的间隙，转动调整螺钉，可使轴承外环相对于内环做轴向移动，使轴承外环、滚动体、内环之间保持适当的配合间隙。

可动调整法在调整过程中不需要拆卸零件，调整方便，装配精度高，还能补偿因磨损和变形引起的误差，所以应用较广泛。

（2）固定调整法。固定调整法是指在装配过程中通过选用合适的调整件以达到装配精度的方法。如图 9–3 所示，这是塑料注射模滑块型芯水平位置的装配调整示意图。根据预装配时对间隙的测量结果，从一套不同厚度的调整垫片中，选择一个适当厚度的调整垫片进行装配，从而达到所要求的型芯位置。

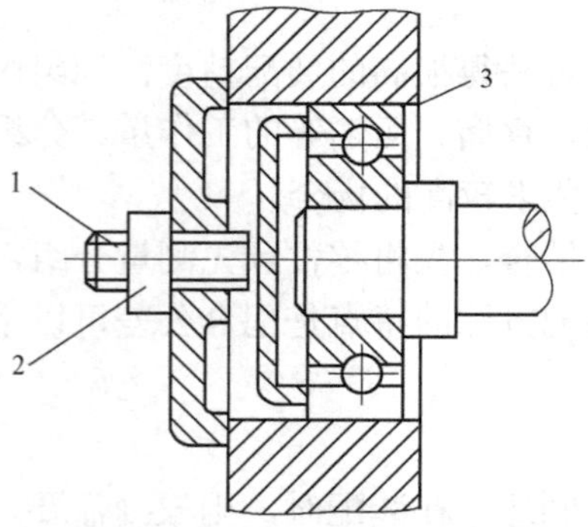

1—调整螺钉；2—锁紧螺母；3—滚动轴承

图 9–2　可动调整法装配

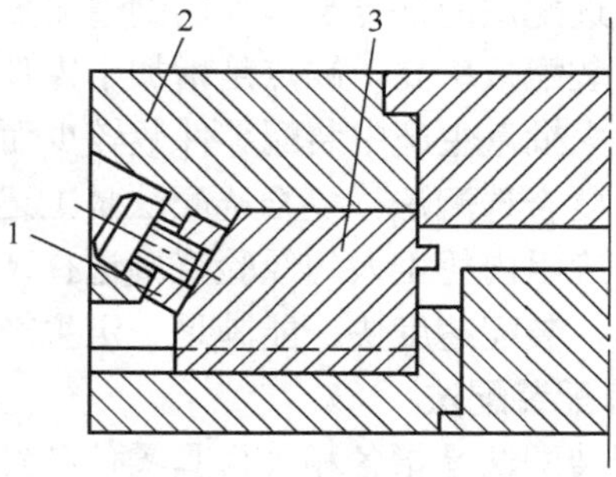

1—调整垫片；2—楔紧块；3—滑块型芯

图 9–3　固定调整法装配

可动调整法适用于小批量生产，固定调整法则主要适用于大批量生产。

调整装配法与修配装配法的原理基本相同。调整装配法的优点是各零件可以按照经济精度制造，但却可获得较高的装配精度，装配效率比修配装配法高；缺点是要另外增加一套调整装置。

9.3　模具主要零件的固定

视频讲解

模具的各个零件、部件是通过定位、固定连接在一起的。零件的固定方法会对模具装配工艺路线产生影响，因此必须掌握常用模具零件的固定方法。

9.3.1　机械固定法

在模具装配中采用机械固定法固定凸模和凹模比较普遍，常用的机械固定法有以下几种。

1. 紧固件法

紧固件法主要通过定位销和螺钉将零件相连接，如图 9–4 所示。如图 9–4（a）所示，紧固件法主要适用于大型截面成型零件的连接，其圆柱销的最小配合长度 $H_2 \geqslant 2d_2$。螺钉拧入长度，对于钢件，$H_1=d_1$ 或稍长；对于铸铁件，$H_1=1.5d_1$ 或稍长。如图 9–4（b）所示，此为螺钉吊装固定方式，凸模定位部分与固定板配合孔采用基孔制过渡配合 H7/m6 和 H7/n6，或采用小间隙配合 H7/h6；螺钉的直径取决于卸料力的大小。如图 9–4（c）、（d）所示，紧固件法适用于截面形状比较复杂的凸模或壁厚较薄的凸凹的模零件，其定位部分配合长度应保持在板厚的 2/3，用圆柱销卡紧。

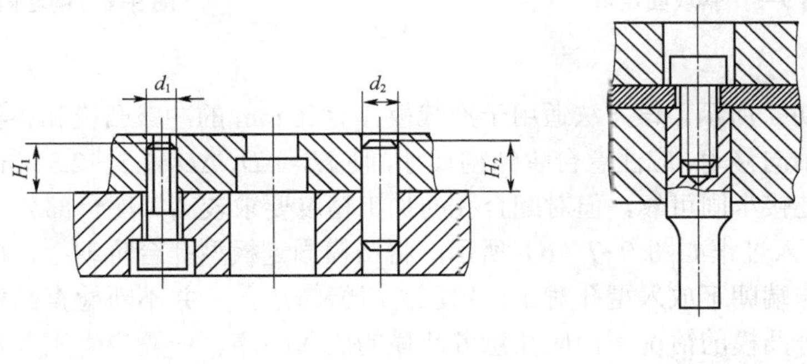

(a)　(b)

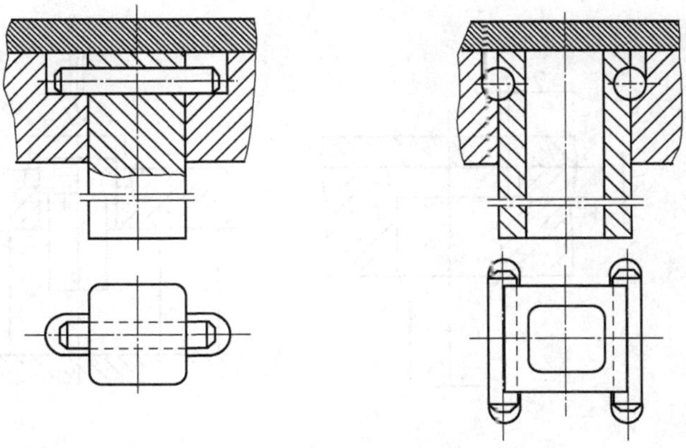
(c)　(d)

图 9–4　紧固件法

2. 斜块固定法

斜块固定法适用于不便于在凸、凹模上加工出螺孔的场合，图 9–5 为用斜块固定凹模。首先将凹模放入凹模固定板型孔内调好位置，然后压入斜块并用螺钉紧固。应用这种方法固定的凹模、斜块和凹模固定板型孔的斜度均为 10°，而且要准确配合。

3. 钢丝固定法

钢丝固定法如图 9–6 所示。在凸模固定板上铣出安放钢丝的长槽，再将凸模和钢丝一起从上向下装入凸模固定板。这种方法结构紧凑，适用于在同一固定板上安装多个凸模的场合。

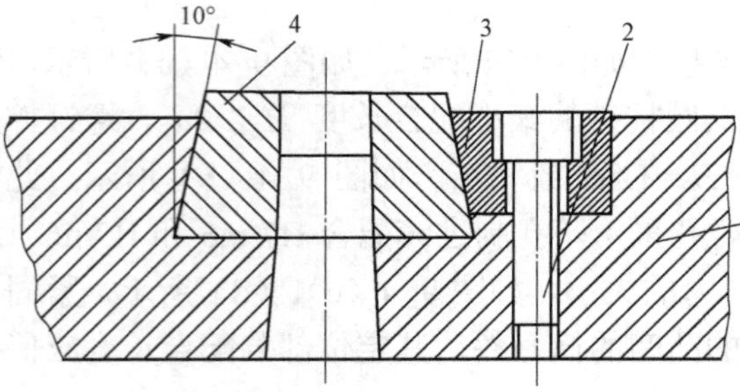

1—凹模固定板；2—螺钉；3—斜块；4—凹模

图 9–5　斜块固定法

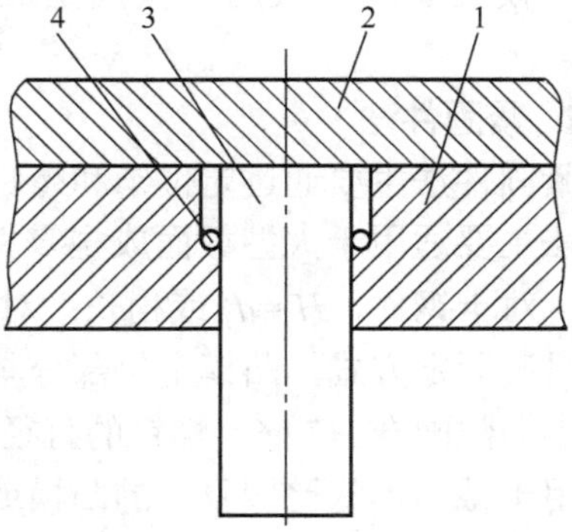

1—固定板；2—垫板；3—凸模；4—钢丝

图 9–6　钢丝固定法

4. 压入法

压入法如图 9–7 所示。该方法适用于冲裁板厚 $t\leqslant 6$ mm 的冲裁凸模和各类模具零件，利用台阶结构限制轴向移动，应注意台阶结构尺寸，使 $H>\Delta D$，$\Delta D=1.5\sim2.5$ mm，$H=3\sim8$ mm。压入法的特点是连接牢固可靠，但对配合孔的加工精度要求较高，配合部分一般采用 H7/m6 和 H7/r6。装配压入过程如图 9–7（b）所示，将凸模固定板型孔台阶朝上，放在两个等高垫铁上，将凸模工作端朝下放入型孔对正，用压力机慢慢压入，并不断检查凸模垂直度，以防倾斜。在固定多个凸模的情况下，应注意各凸模的压入顺序。一般应先压入容易定位且便于作为其他凸模安装基准的凸模，后压入较难定位的凸模。

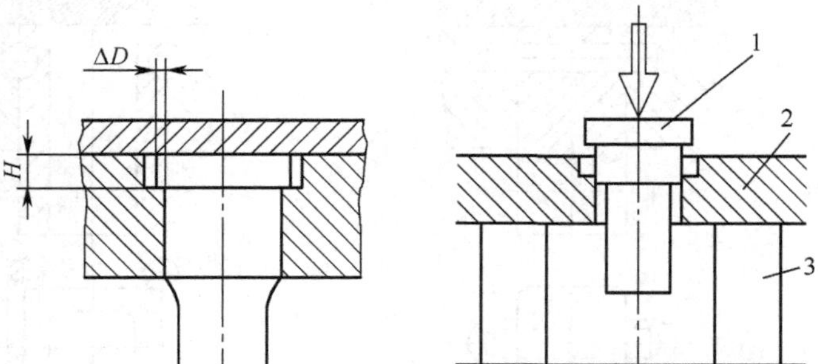

（a）压入法固定模具零件　　（b）装配压入过程

1—凸模；2—凸模固定板；3—等高垫铁

图 9–7　压入法

5. 铆接法

铆接法适用于冲裁板厚 $t\leqslant 2$ mm 的冲裁凸模和其他轴向拔力不大的零件。凸模和型孔配合部分保持 0.01～0.03 mm 的过盈量，凸模铆接端硬度≤30 HRC，而凸模工作部分必须淬硬，淬硬长度应为这个凸模长度的 1/3～1/2，固定板型孔铆接端倒角为 C0.5～C1。

如图 9–8 所示，这是用铆接法固定凸模，将凸模固定板放在置于装配平台上的两等高垫铁上，使其与工作台面平行，用压力机或手锤将凸模压入到固定板的型孔中，然后用手锤和凿子将凸模尾部铆翻，经检查凸模的垂直度合格后，将铆翻的支持面用平面磨床磨平。

6. 焊接法

焊接法如图 9–9 所示。这种方法主要适用于硬质合金模具。焊接前要在 700～800 ℃条件下进行预热，并清理焊接面，再用火焰钎焊或高频钎焊在 1 000 ℃左右焊接，焊缝为 0.2～0.3 mm，焊料为黄铜，并加入脱水硼砂。焊接后放入木炭中缓冷，最后在 200～300 ℃条件下保温 4～6 h 去除应力。

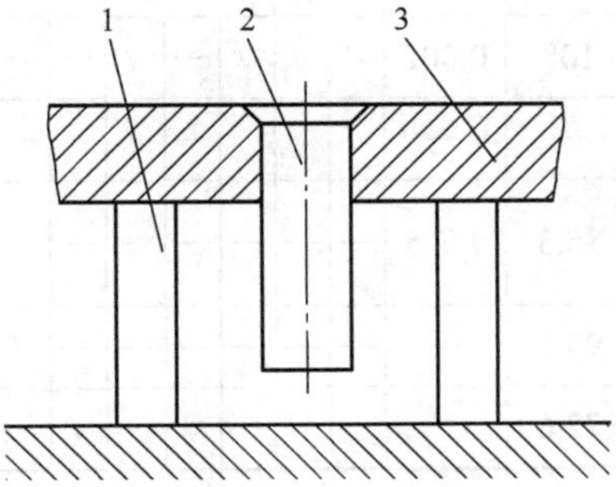

1—等高垫铁；2—凸模；3—凸模固定板

图 9–8　铆接法

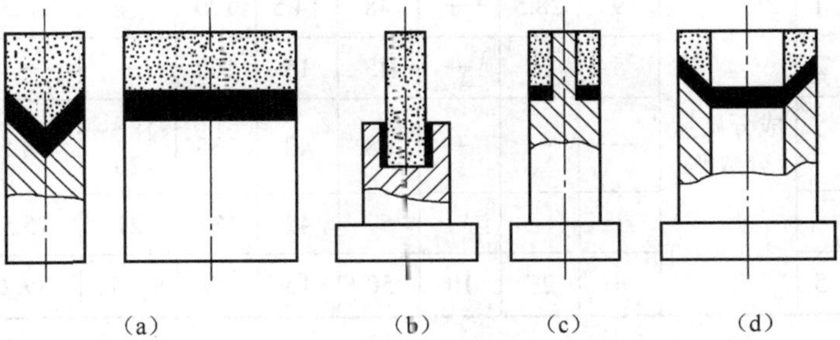

图 9–9　焊接法

9.3.2　物理固定法

物理固定法主要包括热套法和低熔点合金固定法两种。

1. 热套法

热套法是指利用金属材料热胀冷缩的物理特性对模具零件进行固定的方法。这种方法主要适用于镶拼式凸、凹模的固定和硬质合金凹模的加固。用热套法固定凹模镶块的方法如图 9–10 所示。对于材料为合金工具钢的凹模镶块，通常不需要预热，只需要将模套加热到 300～400 ℃，保温 1 h 后即可进行热套，等到模套冷却后即可将凹模镶块固定。

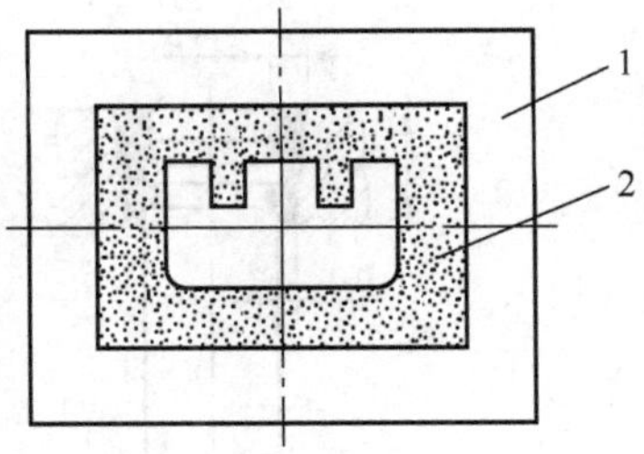

1—模套；2—凹模块

图 9–10　热套法

用热套法固定硬质合金模块时，为了减少内应力，应将硬质合金模块加热到 200～250 ℃，将模套加热到 400～450 ℃，再进行热套。

热套法装配的过盈量应控制在 0.04～0.02 mm 范围内。

2. 低熔点合金固定法

低熔点合金是指用铋、铅、锡、锑、镉等金属元素配制的一种合金，也称为易熔合金。根据不同需要，各金属元素在合金中的质量分数也不相同。模具制造中常用的低熔点合金见表 9–1。

表 9-1　模具制造中常用的低熔点合金的配方、性能和适用范围

	构成元素	名称	锑（Sb）	铅（Pb）	镉（Cd）	铋（Bi）	锡（Sn）	合金熔点（℃）	合金硬度（HB）	抗拉强度（MPa）	抗压强度（MPa）	冷凝膨胀值	适用范围						
													固定凸模	固定凹模	固定导套	固定电极	卸料板导向孔	浇电气靠模	浇成型模
	熔点/℃		630.5	327.4	320.9	271	232												
	密度/（g/cm³）		6.69	11.34	8.64	9.8	7.28												
1	成分质量分数/%		9	28.5	—	48	14.5	120	—	88.3	108	0.002	√	√	√	—	√	—	—
2			5	35	—	45	15	100	—	—	—	—	√			—	√	—	—
3			—	—	—	58	42	135	18～20	78.5	85.3	0.005	—	—	—	—	—	—	√
4			1	—	—	57	42	135	21	75.5	93.2	—	—	—	—	—	—	—	√
5			—	27	10	50	13	70	9～11	39.2	72.6	—	—	—	—	√	—	√	—

低熔点合金固定法是指利用低熔点合金在冷凝时体积膨胀的特性对模具零件进行固定的方法。这种方法在模具装配中主要用于固定凸模、凹模、导柱和导套，以及浇注成型卸料板等。低熔点合金固定凸模的几种结构形式如图 9-11 所示。

单位：mm

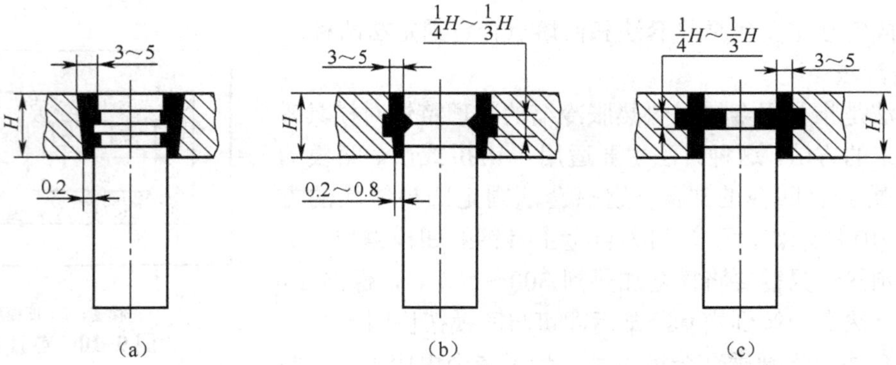

图 9-11　低熔点合金固定凸模的几种结构形式

低熔点合金浇注示意图如图 9-12 所示。首先将凸模和凸模固定板浇注低熔点合金处去除油污并清洗干净，将凸模固定板放在平板上，再放上等高垫铁，然后放好凹模，以凹模的型孔作定位基准安装凸模，并调整好凸、凹模之间的间隙。浇注低熔点合金时，要预热浇注部位至 100～150 ℃，然后用金属勺浇入熔好的低熔点合金，经过 24 h 充分冷却，再用平面磨床将浇注处多余的合金磨掉。

（1）低熔点合金固定法的优点：① 熔点低，易熔化，工艺简单，操作方便，可以显著降低配合部位的加工精度，减少加工工时和缩短生产周期；② 有一定强度，可以固定冲裁 2 mm 以下钢板的凸模；③ 低熔点合金回收后熔化可以重复使用，节约了能源，一般可以回收再利用 2～3 次。

（2）低熔点合金固定法的缺点：① 浇注合金时，模具零件需预热，且易产生热变形，对于大型拼块结构的冲模，在装配时，间隙均匀性难以把控；② 要耗费铋等贵重金属，成本较高。

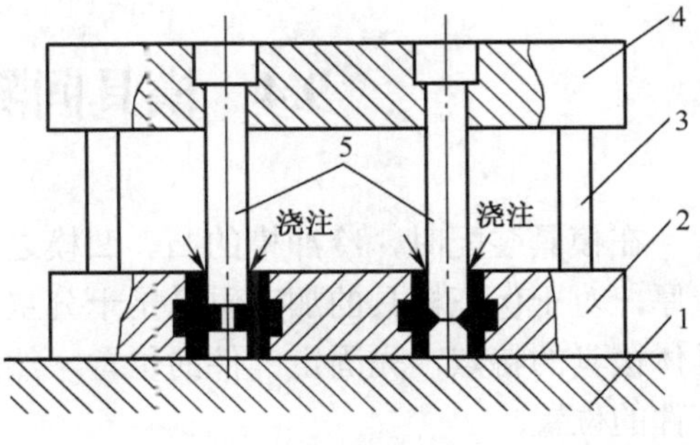

1—平板；2—凸模固定板；3—等高垫铁；4—凹模；5—凸模

图 9-12　低熔点合金浇注示意图

9.3.3　化学固定法

1. 环氧树脂黏结固定法

环氧树脂是一种有机合成树脂，当其硬化后对金属和非金属材料有很强的黏结力，而且硬化时收缩率小，黏结时也不需要加温加压，使用非常方便。然而，环氧树脂的硬度低，脆性大，不耐高温，使用温度应低于 100 ℃。

环氧树脂黏结固定法通常用于固定凸模、导柱、导套和浇注成型卸料孔等部件。如图 9-13 所示，这是用环氧树脂黏结法固定凸模的形式，其中图（a）和图（b）适用于冲制厚度小于 0.8 mm 的材料，图（c）适用于冲制厚度大于 0.8 mm 的材料。

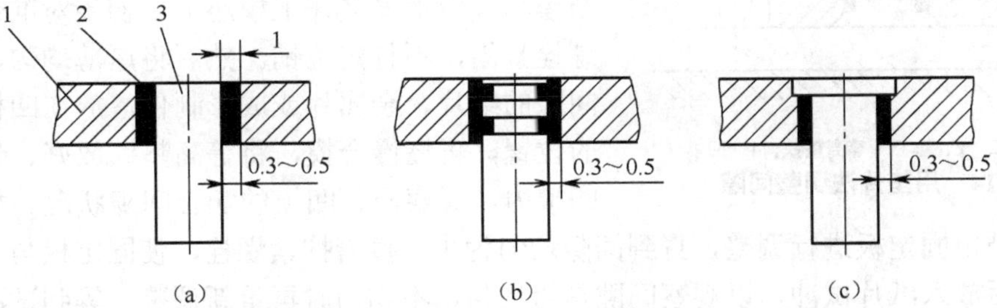

1—凸模固定板；2—环氧树脂；3—凸模

图 9-13　用环氧树脂黏结法固定凸模的形式

用环氧树脂固定模具零件基本上与低熔点合金固定法相似，也是要先去除黏结表面油污，找准各个零件位置，调整凸、凹模之间间隙，最后固定。

2. 无机黏结剂固定法

无机黏结剂固定法是指将由氢氧化铝、磷酸溶液和氧化铜粉末定量混合而成的黏结剂，填充到待固定的模具零件及固定板的间隙内，经化学反应固化而固定模具零件的方法。

用这种方法固定的模具零件的结构形式与低熔点合金固定法相同，但是间隙应小一些，一般取单面间隙为 0.1～0.3 mm，黏结处表面应粗糙。

无机黏结剂固定法具有工艺简单、黏结强度高、不变形、耐高温（耐热温度可达 600 ℃左右）、不导电等优点。缺点是承受冲击能力较差、不耐酸碱腐蚀，一般用于冲裁薄板的冲模。

9.4 模具间隙和壁厚的控制方法

在模具装配时，冷冲模的凸、凹模之间的配合间隙和塑料模型腔、型芯之间形成的制件壁厚，对于保证模具的加工质量是十分重要的。为了保证间隙和壁厚尺寸，在装配时应根据具体模具的特点，先固定一件的位置，然后以其为基准，控制好间隙或壁厚尺寸，再固定另一件的位置。

根据模具的特点、间隙或壁厚的尺寸和装配条件，可以选择不同的方法。目前常用的控制间隙或壁厚的方法主要有以下几种。

1. 透光法

透光法是指将上、下模合模以后，用灯光从底面进行照射，用眼睛观察凸、凹模刃口四周的光隙大小，来判断冲裁间隙是否均匀。如果间隙不均匀，再进行调整、固定，直到间隙均匀为止。

透光法虽然简单，便于操作，但是不易掌握，常为有经验的工人所采用。这种方法适用于薄板料冲裁模。

2. 垫片法

垫片法是指根据凸、凹模配合间隙的大小，在凸、凹模的间隙处垫入厚度等于单边间隙值且厚薄均匀的垫片（金属片或纸片）来调整凸、凹模间隙的方法。

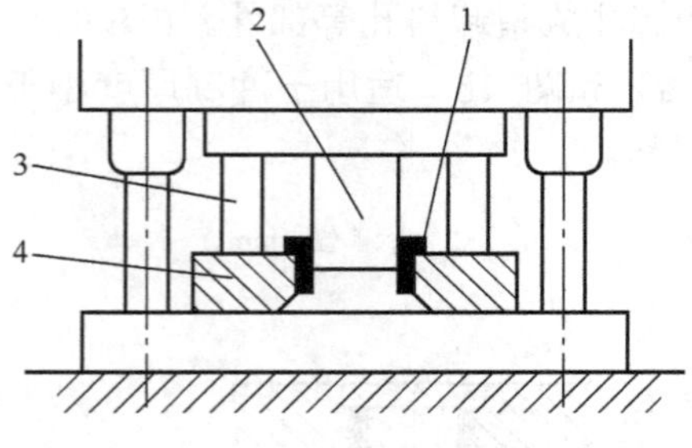

1—垫片；2—凸模；3—等高垫铁；4—凹模

图 9-14　用垫片法调整间隙

用垫片法调整凸、凹模配合间隙如图 9-14 所示。

首先将凹模固定在下模座上，并打入定位销，将凸模与固定板安装在上模座上，初步对准位置，稍用螺栓紧固，不打定位销。然后将厚薄均匀、其值等于间隙的纸片、金属片或成形制件，放在凹模刃口四周的位置，再慢慢合模，将等高垫铁放好、使凸模进入凹模内，观察凸、凹模的配合间隙状况。如果间隙不均匀，可敲击固定板进行调整，直到间隙均匀为止。接着拧紧螺栓，使固定板与上模座紧固连接。最后放入纸片试冲，以观察间隙是否均匀，不均匀时再重新调整。等到试冲合格后对上模座与固定板同钻同铰定位销孔，并打入定位销。

垫片法是模具装配中控制间隙或壁厚的一种最简便的方法，广泛应用于中、小冲裁模、拉深模、弯曲模和各种塑料型腔模。

3. 镀铜法

对于形状复杂、凸模数量较多的小间隙冲裁模，用垫片法调整凸、凹模配合间隙比较困难。这时可以在凸模刃口部分 8～10 mm 长度上镀一层铜，镀层厚度等于凸、凹模单边间隙值。镀层厚度用电流及电镀时间来控制，厚度均匀则易保证模具冲裁间隙均匀。然后再按照垫片法进行调整、固定和定位。镀层在模具使用过程中可以自行剥落。

4. 涂层法

涂层法与镀铜法类似，是在凸模刃口部分表面涂一层薄膜材料，如磁漆或氨基醇酸绝缘漆等。通过使用不同黏度的涂料或涂抹不同的次数，使涂层在恒温箱内烘干后的厚度等于凸、凹模的单边配合间隙值，装配方法与镀铜法相同。涂层在装配后也不必去除，在使用过程中会自然脱落。

涂层法非常简便，对于小间隙模具非常适用。

5. 测量法

测量法是利用塞尺检查凸、凹模之间的间隙大小和均匀程度，并据此来调整凸、凹模之间的位置，以达到间隙均匀。

用测量法调整间隙时，先将凹模固定在下模座上，然后安装上模，但是不必固定上模就与下模合模，用塞尺检测凸、凹模刃口周边间隙，并随时进行调整，直到间隙均匀后再将上模固定。

测量法调整凸、凹模间隙虽然工艺过程复杂，但是调整结果理想，常用于单边配合间隙大于 0.02 mm 的大间隙模具的调整。

6. 工艺尺寸法

用工艺尺寸法调整间隙如图 9-15 所示。制造凸模时，将凸模长度适当加长，并使加长部位的尺寸按与凹模型孔尺寸零间隙配合来加工，以便装配时凸、凹模对中，并保证间隙的均匀。装配完成后，将凸模加长部分磨去。工艺尺寸法主要适用于圆形凸模和凹模。

7. 利用工艺定位器调整间隙

利用工艺定位器调整间隙如图 9-16 所示。装配前先加工一个专用工具，即工艺定位器，如图 9-16 所示，其尺寸 d_1、d_2、d_3 分别按照与冲孔凸模、落料凹模、凸凹模上相应孔的尺寸的零间隙配合来加工，并且 d_1、d_2、d_3 要在一次装夹中加工出来，以保证它们同轴。装配时使用工艺定位器来确保各部分的冲裁间隙。这种方法主要用于复合模，也适用于塑料模型腔壁厚的控制。

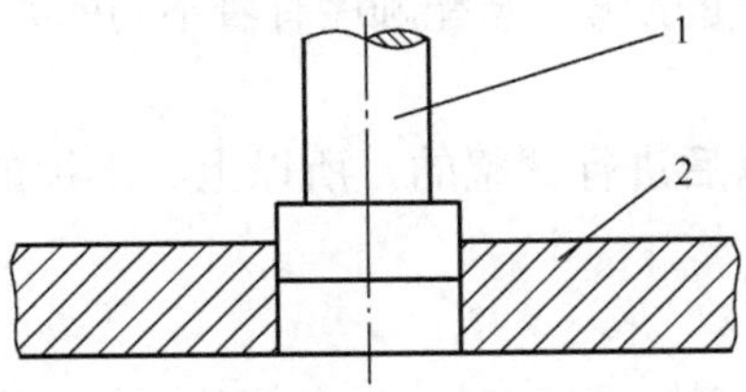

1—凸模；2—凹模

图 9-15　用工艺尺寸法调整间隙

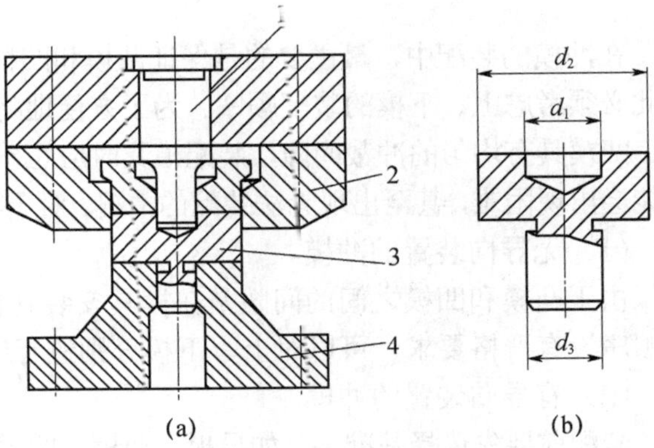

1—凸模；2—凹模；3—工艺定位器；4—凸凹模

图 9-16　利用工艺定位器调整间隙

9.5　冲压模具的装配

冲压模具装配完成后，各模具零件组成模具的上模部分和下模部分。冲压模具工作时，下模部分安装在压力机的工作台上，是模具的固定部分；上模部分通过模柄安装在压力机滑块上，是模具的活动部分。

9.5.1　冲压模具装配的技术要求

（1）模具各组成零件的材料、尺寸精度、几何形状精度、表面粗糙度和热处理工艺，以及相对位置精度等都要符合图样要求，零件的工作表面不允许有裂纹和机械伤痕等缺陷。

（2）模具装配后，所有模具的活动部位都应该保证位置准确，配合间隙适当，动作可靠，运动平稳。固定的零件应牢固可靠，在使用过程中不得出现松动和脱落。

（3）凸模和凹模的配合间隙应符合设计要求，沿整个刃口轮廓间隙应均匀一致。

（4）模柄装入上模座后，其轴心线对上模座上平面的垂直度误差，在全长范围内不大于0.05 mm。

（5）上模座的上平面应和下模座的底平面平行。导柱和导套装配后，其轴心线应分别垂直于下模座的底平面和上模座的上平面。

（6）装配好的模架，其上模座沿导柱上下移动应平稳，无阻滞现象。导柱和导套的配合精度应符合规定要求。

（7）定位装置要保证毛坯定位正确可靠。

（8）卸料装置和顶件装置动作应灵活、正确，出料孔畅通无阻，保证制件及废料不卡在冲模内。

（9）模具应在生产的条件下进行试验，冲出的制件应符合设计要求。

9.5.2　冲压模具的装配顺序

在冲模的装配中，最主要的是保证凸模和凹模的对中性，使凸模、凹模之间的间隙均匀。因此必须考虑上、下模的装配顺序。为了方便地将上、下模的工作零件调整到正确位置，使凸模、凹模具有均匀的冲裁间隙，装配模具时应正确安排上、下模的装配顺序。否则，在装配中可能会出现困难，甚至出现无法装配的情况。对于不同种类的冲模，装配顺序有着不同的要求。

（1）无导向装置的冲模。

由于凸模和凹模之间的间隙是在模具安装到机床上以后进行调整的，所以上、下模的装配顺序没有严格要求，可以对上、下模分别进行装配。

（2）有导向装置的冲模。

装配前要先选择基准件，如导板、凸模、凹模或凸凹模等。装配时，先安装基准件，再以其为基准装配有关零件，然后调整凸模、凹模之间的间隙，保证间隙均匀，最后再安装其他辅助零件。如果凹模是安装在下模上的，一般先装配下模，再以下模为基准安装上模较为方便。

（3）有导柱的复合模。

一般先安装上模，再借助上模的冲孔凸模和落料凹模孔，找正下模的凸凹模的位置及调整好间隙后，固定下模。

（4）有导柱的连续模。

为了便于调整准确步距，在装配时应先将凹模装入下模板，然后再以凹模为基准件安装上模部分。

9.5.3　冲裁模的装配

以图 9–17 所示的冲孔模为例，说明冲裁模的装配方法。

1. 主要组件的装配

（1）模柄的装配。如图 9–17 所示，冲裁模采用压入式模柄，在安装凸模固定板和垫板之前应先将模柄压入上模座内，模柄与上模座的配合为 H7/m6。

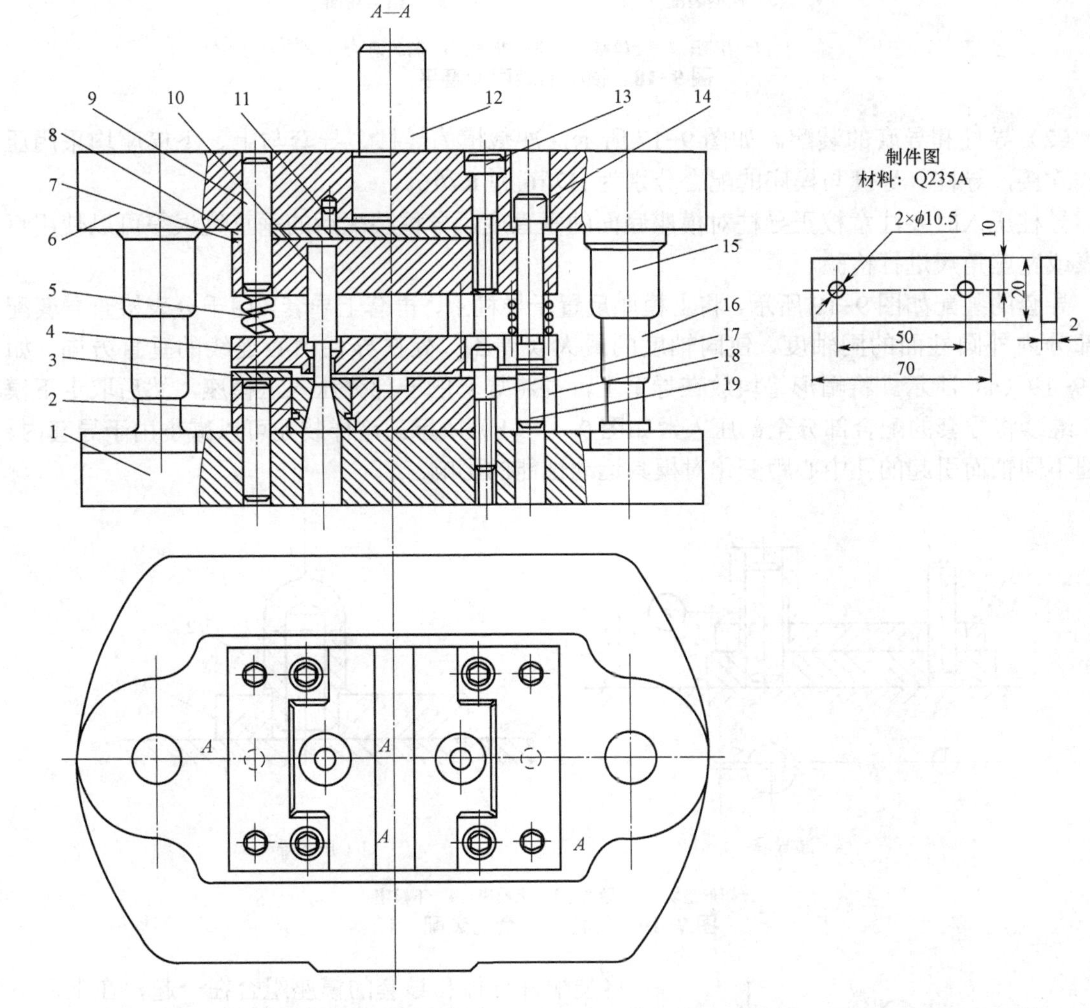

1—下模座；2—凹模；3—定位板；4—弹压卸料板；5—弹簧；6—上模座；7—凸模匿定板；8—垫板；9、11、19—销钉；10—凸模；12—模柄　13、17—螺钉；14—卸料螺钉；15—导套；16—寻柱；18—凹模固定板

图 9–17　冲孔模

装配时，先在压力机上将模柄压入，如图 9–18（a）所示，再加工定位销钉孔或螺纹孔，然后将模柄端面突出部分在平面磨床上磨平，如图 9–18（b）所示。安装好模柄后，用角尺检查模柄与上模座上平面的垂直度，如果偏斜要及时进行调整，直到合适后再加工骑缝销孔，打入骑缝销 4。

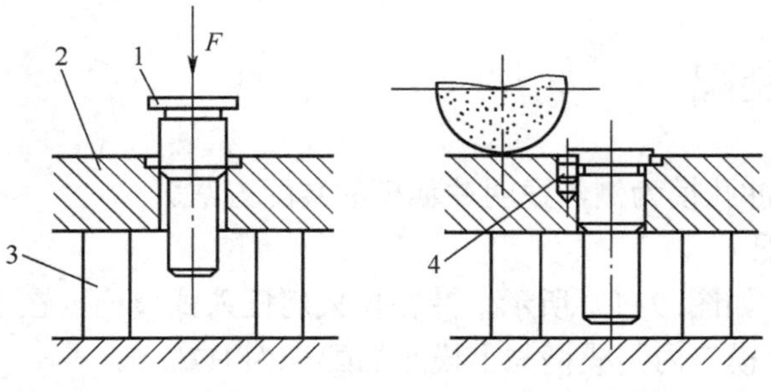

（a）模柄装配　（b）磨平模柄端面

1—模柄；2—上模座；3—等高垫铁；4—骑缝销

图 9–18　模柄的装配和磨平

（2）导柱和导套的装配。如图 9–17 所示，冲裁模的导柱、导套与上、下模座均采用压入式连接，导柱、导套与模座的配合分别为 H7/r6 和 R7/r6。

导柱压入时要注意校正导柱对模座底面的垂直度。导柱装配后的垂直度误差可以使用百分表或宽座角尺进行检验。

导套的装配如图 9–19 所示。将上模座反置于导柱上，再套上导套，用千分表检查导套配合部分内外圆柱面的同轴度，使同轴度的最大误差Δ_{max}处在导柱中心连线的垂直方向，如图 9–19（a）所示。将帽形垫块放在导套上，并将导套的一部分压入上模座，然后取走下模座，继续将导套的配合部分全部压入，如图 9–19（b）所示。这样装配可以减小由于导套内、外圆不同轴而引起的孔中心距变化对模具运动性能的影响。

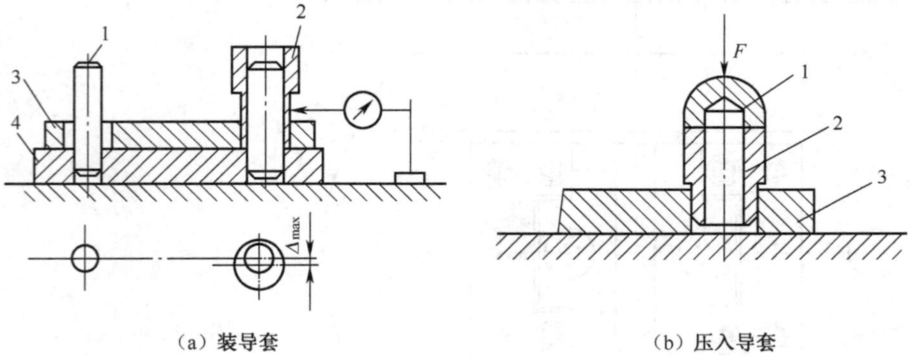

（a）装导套　（b）压入导套

1—帽形垫块；2—导套；3—上模座；4—下模座

图 9–19　导柱、导套的装配

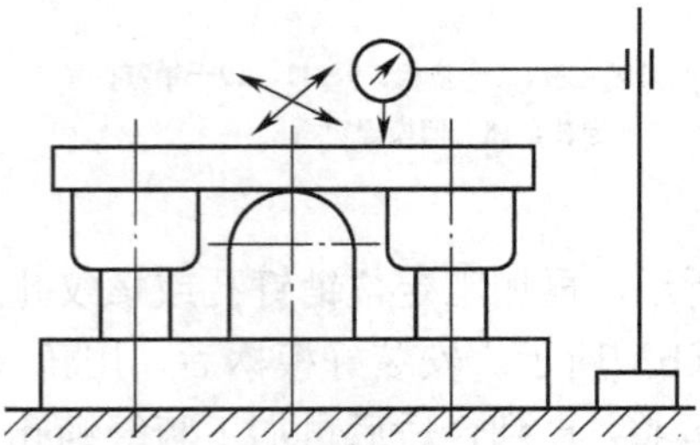

图 9–20　模架平行度的检查

将装配好导柱和导套的模座组合在一起，在上、下模座之间垫以球形垫块，在检验平板上按照规定的测量方向，检查模座上平面对底面的平行度，如图 9–20 所示。根据模架大小，可以移动模座或百分表座。在整个被测表面内取百分表的最大与最小读数之差，作为被测模架的平行度误差。

（3）凹模和凸模的装配。凹模与固定板的配合经常采用 H7/n6 或 H7/m6。装配时将凹模压入凹模固定板内，在平面磨床上将上、下平面磨平。

凸模与固定板的配合经常采用 H7/n6 或 H7/m6。在装配时，需要先在压力机上将凸模压入凸模固定板内，如图 9–21（a）所示。检查凸模中心线与固定板支承面的垂直度，然后在平面磨床上将凸模固定板的上平面与凸模尾部一起磨平，如图 9–21（b）所示。为了保持凸模刃口的锋利，还应以固定板支承面定位，并将凸模的端面磨平，如图 9–21（c）所示。

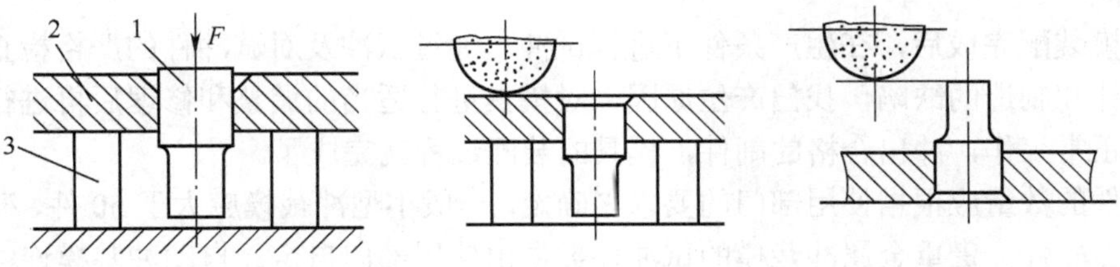

（a）压入凸模　（b）磨凸模固定板　（c）磨凸模端面

1—凸模；2—固定板；3—等高垫铁

图 9–21　凸模的装配

（4）弹压卸料板的装配。弹压卸料板起压料和卸料的作用，所以应确保它与凸模之间具有适当的间隙。装配时，先将弹压卸料板套在已装入固定板的凸模内，在固定板和卸料板之间垫上等高垫铁，并用夹板夹紧，然后按照卸料板上的螺钉位置在固定板上钻出锥窝，拆开后钻固定板上的螺纹孔。

2. 总装配

如图 9–17 所示，冲裁模宜先装下模，总装配步骤如下。

（1）将凹模 2 装入凹模固定板 18 中，磨平底面。

（2）将凹模固定板 18 安放在下模座 1 上，找正凹模固定板 18 的位置后，用平行夹头夹紧，通过螺钉孔在下模座上钻出锥窝。拆去凹模固定板，在下模座上按锥窝钻螺纹底孔并加工出螺纹孔。重新将凹模固定板置于下模座上找正，用螺钉紧固。再加工销钉孔，装入销钉定位，拧紧螺钉。

（3）将定位板 3 安装在凹模固定板上。

（4）将凸模 10 装入凸模固定板 7 内，将弹压卸料板 4 套在凸模上，在凸模固定板上钻出锥窝，拆开后按照锥窝位置钻凸模固定板上的螺钉沉头孔。

（5）取下弹压卸料板，将凸模插入凹模的型孔中。在凹模 2 与凸模固定板 7 之间垫入适当高度的等高垫铁，将垫板 8 放在凸模固定板 7 上。再以导柱导套定位安装上模座 6，用平行夹头将上模座 6 和凸模固定板 7 夹紧。通过凸模固定板孔在上模座上钻出锥窝，拆开后按照锥窝位置钻孔，然后用螺钉将上模座、垫板、凸模固定板稍加紧固。

（6）调整凸、凹模的配合间隙。

① 透光法。再将模具翻转过来，用手灯从侧面进行照射，从下模板的漏料孔观察凸、凹模之间的配合间隙是否均匀。调整间隙时，用手锤轻轻敲击凸模固定板 7，改变凸模的位置，以得到均匀的间隙。

② 切纸法。经上述调整后，以纸做冲压材料，放入凸、凹模之间，用锤子敲击模柄，在纸上切出制件的形状。如果冲出的纸样轮廓齐整，没有毛刺或毛刺均匀，说明间隙是均匀的；如果局部有毛刺，则说明间隙是不均匀的，有毛刺的一边间隙过大，应重新进行调整，直到间隙均匀为止。

（7）调整好间隙后，将凸模固定板的紧固螺钉拧紧。钻、铰定位销孔，装入定位销钉 9。

（8）将弹压卸料板 4 套在凸模上，装上弹簧和卸料螺钉，检查卸料板运动是否灵活，并检查凸模的下端面能否缩入弹压卸料板 4 的孔内 0.5～1.0 mm。如果达不到，可以通过卸料螺钉 14 进行调整。

（9）安装其他零件。

3. 试冲

冲裁模装配完成后，在生产条件下进行试冲。通过试冲及对试冲件的严格检查，可以发现模具设计和制造的缺陷，找出产生原因，对模具进行适当的调整和修理后再进行试冲，直到模具能正常工作，冲出合格的制件，模具的装配过程就完成了。

试冲件的数量应根据使用部门的要求来确定，一般小型冲裁模应大于 50 件，硅钢片冲裁模应大于 200 件，贵重金属冲裁模的试冲件数量由使用部门自定。自动冲裁模连续试冲时间应大于 3 min。

冲裁模试冲时出现的缺陷、产生原因和调整方法见表 9-2。

表 9-2　冲裁模试冲时出现的缺陷、产生原因和调整方法

试冲的缺陷	产生原因	调整方法
送料不通畅或料被卡死	① 两导料板之间的尺寸过小或有斜度； ② 凸模与间隙板之间的间隙过大，使搭板翻扭； ③ 用侧刃定距的冲裁模导料板的工作面和侧刃不平行形成毛刺，使条料卡死； ④ 侧刃与侧刃挡块之间不密合形成毛刺，使条料卡死	① 根据情况修整或重装卸料板； ② 根据情况采取措施减小凸模与卸料板之间的间隙； ③ 重装导料板； ④ 修整侧刃挡块，清除间隙
卸料不正常退不下来	① 由于装配不正确，卸料机构不能动作，如卸料板与凸模配合过紧，或因卸料板倾斜而卡紧； ② 弹簧或橡皮的弹力不足； ③ 凹模和下模座的漏料孔没有对正，凹模孔有倒锥度造成堵塞，料不能排出； ④ 顶出器过短或卸料板行程不够	① 修整卸料板、顶板等零件； ② 更换弹簧或橡皮； ③ 修整漏料孔，修整凹模； ④ 加长顶出器的顶出部分或加深卸料螺钉沉孔的深度
凸凹模的刃口相碰	① 上模座、下模座、固定板、凹模、垫板等零件安装面不平行； ② 凸、凹模错位； ③ 凸模、导柱等零件安装不垂直； ④ 导柱与导套配合间隙过大，导向不准确； ⑤ 卸料板的孔位不正确或歪斜，使凸模位移	① 修整有关零件，重装上模或下模； ② 重新安装凸、凹模，使其对正； ③ 重装凸模或导柱； ④ 更换导柱或导套； ⑤ 修理或更换卸料板
凸模折断	① 冲裁时产生的侧向力未抵消； ② 卸料板倾斜	① 在模具上设置靠块抵消侧向力； ② 修正卸料板或加凸模导向装置
凹模胀裂	① 凹模孔有倒锥度现象（上口大、下口小）； ② 凹模孔内卡住工件（废料）太多	① 修磨凹模孔，消除倒锥现象； ② 修低凹模型孔高度
冲裁件的形状和大小不正确	凸模和凹模的刃口形状及尺寸不正确	先将凸模和凹模的形状及尺寸修准，然后调整冲模的间隙

续表

试冲的缺陷	产生原因	调整方法
落料外形和冲孔位置不正成偏位现象	① 挡料销位置不正； ② 落料凹模上导正销尺寸过小； ③ 导料板和凹模送料中心线不平行使孔偏斜； ④ 侧刃定距不准确	① 修正挡料销； ② 更换导正销； ③ 修正导料板； ④ 修磨或更换侧刃
冲压件不平整	① 落料凹模有上口大、下口小的倒锥，冲件从孔中通过时被压弯； ② 冲模结构不当，落料时无压料装置； ③ 在连续模中，导正销与预冲孔配合过紧，工件压出凹陷； ④ 导正销与挡料销之间的距离过小，导正销使条料前移，被导正销挡住产生弯曲	① 修磨凹模孔，去除倒锥现象； ② 加压料装置； ③ 修小导正销； ④ 修小挡料销
冲裁件的毛刺过大	① 刃口不锋利和刃口淬火硬度不够； ② 凸、凹模配合间隙过大或间隙不均匀	① 修磨工作部分刃口； ② 重新调整凸、凹模间隙

9.5.4　弯曲模和拉深模的装配

弯曲模和拉深模都是通过坯料的塑性变形来获得制件的形状。由于金属的塑性变形过程中，必然伴随弹性变形，而弹性变形的回弹会影响到制件的加工精度。

1. 弯曲模的装配特点

（1）弯曲模工作部分形状比较复杂，对几何形状和尺寸精度要求较高。制造时，凸、凹模工作表面的曲线和折线应用事先做好的样板或样件来控制。

（2）凸模与凹模工作部分的表面精度要求较高，一般应进行抛光，表面粗糙度 $Ra<0.63\ \mu m$。

（3）凸模和凹模的尺寸和形状应在试模合格后再进行淬火处理。

（4）装配时可按冲裁模装配方法进行装配，借助样板或样件调整间隙。

（5）选用卸料弹簧或橡皮，一定要保证弹力，一般在试模时确定。

（6）试模的目的不仅是要找出模具的缺陷并加以修正和调整，而且还是为了最后确定制件的毛坯尺寸。由于这一工作涉及材料的变形问题，所以弯曲模的调整工作比一般冲裁模要复杂得多。

弯曲模试模时出现的缺陷、产生原因和调整方法见表 9-3。

表 9-3　弯曲模试模时出现的缺陷、产生原因和调整方法

试模的缺陷	产生原因	调整方法
制件的弯曲角度不够	① 凸、凹模的弯曲角制造不能克服回弹； ② 凸模进入凹模的深度太浅； ③ 凸、凹模之间的间隙过大； ④ 校正弯曲的实际单位校正力过小	① 修正凸、凹模，使弯曲角度达到要求； ② 增加凹模深度，增大制件的有效变形区域； ③ 采取措施减小凸、凹模的配合间隙； ④ 增大校正力或修整凸（凹）模形状，使校正力集中在变形部位

续表

试模的缺陷	产生原因	调整方法
制件的弯曲位置不符合要求	① 定位板位置不正确； ② 弯曲件两侧受力不平衡； ③ 压料力不足	① 重新移装定位板，保证其位置正确； ② 分析制件受力不平衡的原因并纠正； ③ 采取措施增大压料力
制件尺寸过长或不足	① 间隙过小，将材料拉长； ② 压料力过大，使材料伸长； ③ 设计计算错误	① 修整凸、凹模，增大间隙值； ② 采取措施减小压料装置的压料力； ③ 坯件落料尺寸在弯曲试模后确定
制件表面擦伤	① 凹模圆角半径过小，表面粗糙度值过大； ② 润滑不良，使坯料贴附在凹模上； ③ 凸、凹模之间的间隙不均匀	① 增大凹模圆角半径，减小表面粗糙度值； ② 合理润滑； ③ 修整凸、凹模，使间隙均匀
制件弯曲部位产生裂纹	① 坯料塑性差； ② 弯曲线与板料的纤维方向平行； ③ 剪切断面的毛刺在弯曲的外侧	① 将坯料退火后再弯曲； ② 改变落料排样或改变条料下料方向使弯曲线与板料纤维方向垂直； ③ 使毛刺在弯曲的内侧，圆角带在外侧

2. 拉深模的装配特点

（1）凸、凹模的工作部分边缘要求修磨出光滑的圆角。

（2）凸、凹模工作部分的表面粗糙度要求较高，一般为 Ra=0.32～0.04 μm。

（3）可按冲裁模装配方法进行装配，借助样板或样件调整间隙。

（4）即使拉深模的组成零件制造得很精确，装配得也很好，但由于材料弹性变形的影响，拉深出的制件不一定合格，因此，试模后常常要对模具进行修整加工。

拉深模试模时出现的缺陷、产生原因和调整方法见表 9-4。

表 9-4　拉深模试模时出现的缺陷、产生原因和调整方法

试模的缺陷	产生原因	调整方法
制件拉深高度不够	① 毛坯尺寸小； ② 拉深间隙过大； ③ 凸模圆角半径太小	① 放大毛坯尺寸； ② 更换凸模或凹模，使间隙适当； ③ 加大凸模圆角半径
制件拉深高度太大	① 毛坯尺寸太大； ② 拉深间隙太小； ③ 凸模圆角半径太大	① 减小毛坯尺寸； ② 修整凸、凹模，加大间隙； ③ 减小凸模圆角半径
制件壁厚和高度不均	① 凸模和凹模的间隙不均匀； ② 定位板或挡料销位置不正确； ③ 凸模不垂直； ④ 压边力不均匀； ⑤ 凹模几何形状不正确	① 调整凸模或凹模，使间隙均匀； ② 调整定位板或挡料销位置，使之正确； ③ 修整凸模后重装； ④ 调整托杆长度或弹簧位置； ⑤ 重新修整凹模
制件起皱	① 压边力太小或不均匀； ② 凸、凹模间隙太大； ③ 凹模圆角半径太大； ④ 板料塑性差	① 增加压边力或调整顶件杆长度、弹簧位置； ② 减小拉深间隙； ③ 减小凹模圆角半径； ④ 更换塑性好的材料

续表

试模的缺陷	产生原因	调整方法
制件破裂或有裂纹	① 压料力太大； ② 压料力不够，起皱引起破裂； ③ 拉深间隙太小； ④ 凹模圆角半径太小，表面粗糙； ⑤ 凸模圆角半径太小； ⑥ 拉深系数太小； ⑦ 凸模与凹模不同轴或不垂直； ⑧ 板料质量不好	① 调整压料力； ② 调整顶杆长度或弹簧位置； ③ 加大拉深间隙； ④ 加大凹模圆角半径，修磨凹模圆角； ⑤ 加大凸模圆角半径； ⑥ 增加拉深工序或增加中间退火工序； ⑦ 重装凸、凹模，保证位置精度； ⑧ 更换材料或增加中间退火工序，改善润滑条件
制件表面拉毛	① 凹模圆角半径太小，表面粗糙太小或不均匀； ② 凹模圆角表面太粗糙； ③ 模具或板料不清洁； ④ 凹模硬度太低，板料黏附； ⑤ 润滑油中有杂质	① 修整拉深间隙； ② 修光凹模圆角； ③ 清洁模具或板料； ④ 提高凹模硬度或进行镀铬及氮化处理； ⑤ 更换润滑油
制件表面不平	① 凸模、凹模（顶出器）无出气孔； ② 顶出器在冲压的最终位置时顶力不足； ③ 材料本身存在弹性	① 钻出气孔； ② 调整冲模结构，使冲模闭合时，顶出器处于刚性接触状态； ③ 改变凸模、凹模和压料板形状

9.6　塑料模具的装配

塑料模具装配与冲压模具装配相似，也包括组件装配和总装配。

9.6.1　主要组件——型芯的装配

由于塑料模的结构不同，型芯在固定板上的固定方式也不相同，常见的固定方式有以下几种。

1. 采用压入式固定

如图 9–22 所示，压入式型芯与固定板孔之间采用过渡配合。装配时用等高垫铁垫平固定板，用手动压力机将型芯慢慢压入固定板孔中。在压入过程中要注意校正型芯的垂直度，防止压入时损坏孔壁和固定板产生变形。在型芯和型腔的配合要求经修配合格后，要在平面磨床上磨平端面 *A*。

2. 采用埋入式固定

如图 9–23 所示，将型芯尾部压入固定板沉孔中，型芯尾部与固定板沉孔之间采用过渡配合。校正型芯的垂直度合格后，用螺钉紧固。

由于这种方法装配的固定板沉孔一般采用立铣加工，当沉孔较深时，沉孔侧面会形成斜度难以修正。为了保证装配精度，可以按照固定板沉孔的实际斜度对型芯配合段进行修整。

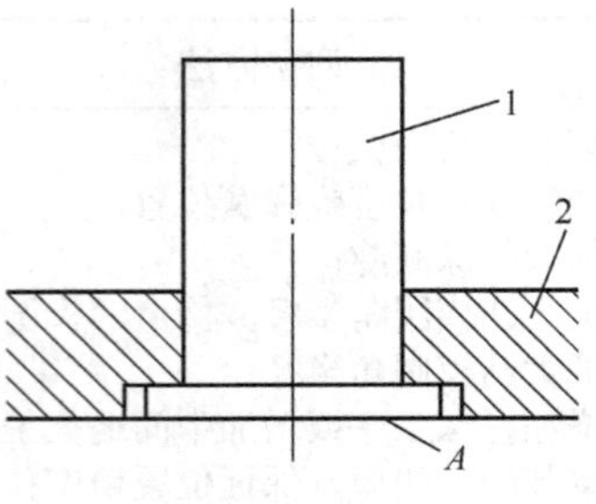

1—型芯；2—固定板

图 9–22 采用压入式固定

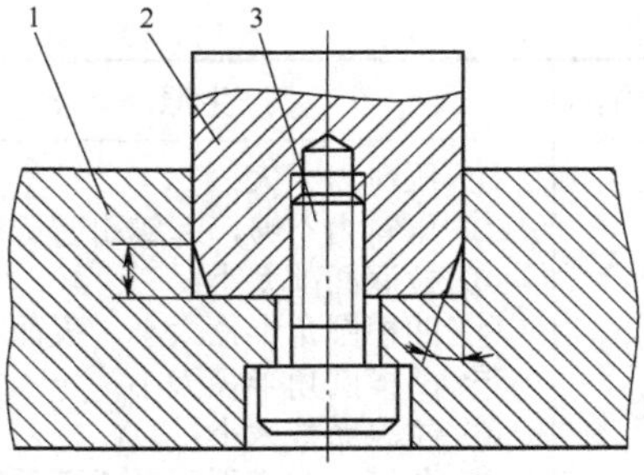

1—固定板；2—型芯；3—螺钉

图 9–23 采用埋入式固定

当型芯埋入固定板较深时，应将型芯尾部周边修出斜度，否则将影响固定强度。此时，为了避免切坏固定板孔壁而失去定位精度，应将型芯尾端的棱边修磨成小圆弧。

3. 采用螺纹固定

如图 9–24 所示，这种型芯为旋入式型芯，通常用于热固性塑料压缩模。装配时，将型芯的螺纹旋紧在固定板上，检验型芯的垂直度精度，合格后钻骑缝螺钉孔并旋入骑缝螺钉紧固定位。

对于某些有方向要求的型芯，当螺纹旋紧后，型芯的实际位置与理想位置之间常常会出现角度偏差α，如图 9–25 所示。这个角度偏差α可以通过修磨平面 A 或 B 来消除，方法为：预装型芯于固定板后实测出角度偏差α的值，然后根据这个值计算出来修磨量Δ，再来修磨平面 A 或 B。修磨量Δ的计算公式为

$$\Delta=\alpha t/360^\circ$$

式中：α——角度偏差，单位为（°）；

t——连接螺纹的螺距，单位：mm。

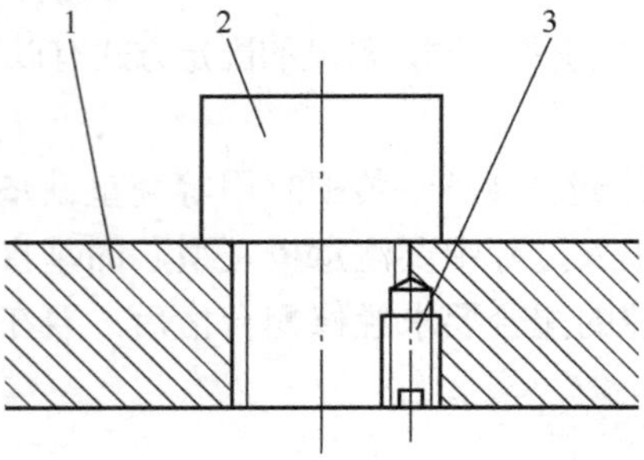

1—固定板；2—型芯；3—骑缝螺钉

图 9–24 采用螺纹固定

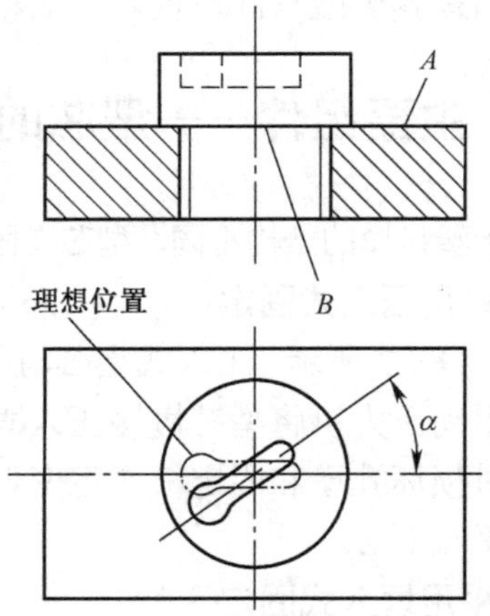

图 9–25 型芯的位置误差

采用螺纹固定旋入式型芯比较麻烦，因此，对于有方向要求的型芯，为了方便装配和保证装配质量，常采用螺母固定型芯。

4. 采用螺母固定

如图 9–26 所示，对于某些有方向要求的型芯，装配时只需按设计要求将型芯调整到正确位置后，用螺母固定，钻骑缝螺钉孔并旋入骑缝螺钉紧固定位。这种固定形式装配过程简便，适用于固定外形为任何形状的型芯，以及在固定板上同时固定几个型芯的场合。

5. 大型芯的固定

如图 9–27 所示，装配时可按下列顺序进行。

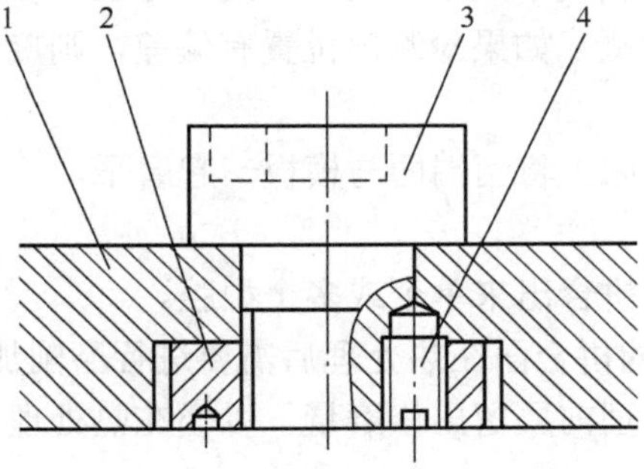

1—固定板；2—紧固螺母；3—型芯；4—骑缝螺钉

图 9–26　采用螺母固定

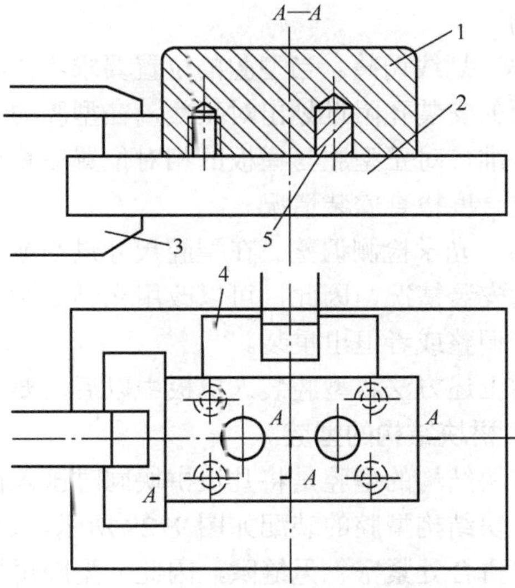

1—型芯；2—固定板；3—平行夹头；4—定位块；5—定位销套

图 9–27　大型芯与固定板的装配

（1）将加工好的型芯 1 压入实心的定位销套 5（型芯淬火前预钻定位销套孔；型芯如不淬火，则不需要钻孔压入定位销套）。

（2）在型芯螺孔口部抹红丹粉，根据型芯在固定板 2 上的要求位置，用定位块 4 定位，把型芯和固定板合拢，将定位块用平行夹头 3 夹紧在固定板上。

（3）将螺钉孔位置复印到固定板上，取下型芯，在固定板上钻螺钉过孔及锪沉孔，然后用螺钉将型芯初步固定。

（4）通过导柱导套将卸料板、型芯和支承板装合在一起，然后将型芯调整到正确位置，最后拧紧固定螺钉。

（5）在固定板的背面划出销孔位置线。钻、铰销孔，打入销钉。

9.6.2　主要组件——型腔的装配

1. 整体式型腔

如图 9–28 所示，这是圆形整体式型腔镶块结构形式。型腔和动、定模板镶合后，其分型面要求紧密贴合。因此，对于压入式配合的型腔，其压入端一般都不允许有斜度，通常将压入时的导入部分设在模板上，可在固定孔的入口处加工出 1° 的导入斜度，其高度不超过 5 mm。

这种型腔的装配，关键是调整和最终定位型腔形状和模板的相对位置。调整的方法有以下几种。

（1）部分压入后调整。先将型腔压入模板一小部分后，用百分表检测型腔的平面部分（如图 9–28 中的 *A* 面），如有位置偏差，则用管子钳等工具旋转型腔到正确的位置，然后将型腔全部压入模板。这种方法适用于型腔与模板配合较紧的装配。

（2）全部压入后调整。将型腔全部压入模板后再调整其位置。为了方便装配，常将型腔和模板之间留有 0.01～0.02 mm 的配合间隙。位置调整正确后，需要用定位零件定位，防止其转动。

（3）划线调整。当型腔的位置要求不高时，可以用画线法调整、安装。首先在模板上、下平面的安装孔附近划出对正线，在型腔的上端面及侧面相应位置处也划出对正线，然后以线为基准，对正型腔与模板的相对位置后将型腔压入，并以模板上平面和型腔上端面上对正线的重合度检查安装情况。

（4）光学检测调整。在型腔尺寸过小或者型腔形状复杂且不规则时，用百分表难以检测型腔的安装情况，因此，可以改用光学显微镜进行检测，如果检测出位置有偏差，则旋转型腔进行调整或者退出重装。

用上述方法将型腔装入模板中以后，要在平面磨床上将两端面与模板一起磨平。

2. 拼块结构的型腔

拼块结构的型腔是将几块拼块同时压入模板孔中拼合出来单个或多个型腔。

拼块结构型腔的装配如图 9–29 所示。这种型腔的拼合面在热处理后需要进行磨削加工，以确保拼合处紧密、无缝隙，因此，型腔拼块在热处理前要留出修磨量，以便在热处理后进行修磨，以达到尺寸精度的要求。

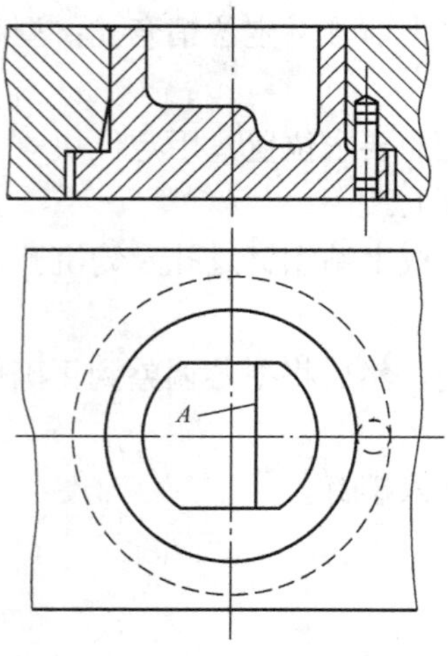

图 9–28　整体式型腔凹模的镶入

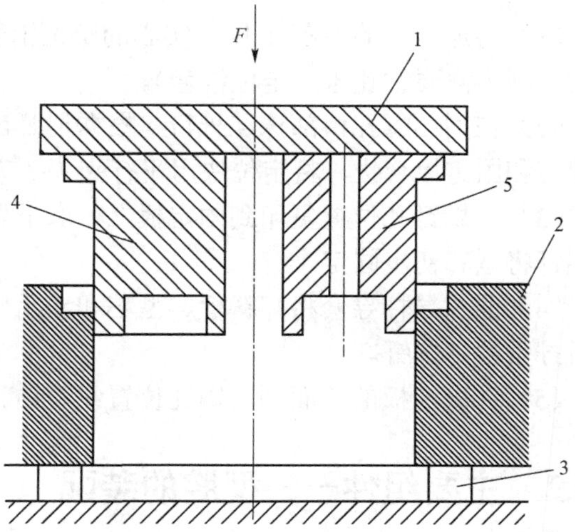

1—平垫板；2—模板；3—等高垫铁；4、5—型腔拼块

图 9–29　拼块结构型腔的装配

为了避免拼块结构的型腔在压入模板的过程中，各拼块在压入方向上产生错位，应在拼块的压入端放一块平垫板 1，通过平垫板推动各拼块一起平稳地压入模板中。

9.6.3　其他主要组件的装配

1. 浇口套的装配

浇口套与定模板的配合一般采用 H7/m6。它压入模板后，其台肩应和沉孔底面贴紧。装配好的浇口套，其压入端与配合孔之间应无缝隙。所以，浇口套的压入端不允许有导入斜度，如果需要导入斜度，应将导入斜度开在模板上浇口套配合孔的入口处。为了防止在压入时浇口套将配合孔壁切坏，常将浇口套的压入端倒成小圆角。在浇口套加工时应留有去除圆角的修磨余量 Z，压入后使圆角凸出在模板之外，如图 9−30（a）所示。然后在平面磨床上磨平，如图 9−30（b）所示。最后将修磨后的浇口套稍微退出，将固定板磨去 0.02 mm，重新压入后成为如图 9−30（c）所示的形式。台肩对定模板的高出量 0.02 mm 也可以采用修磨来保证。

单位：mm

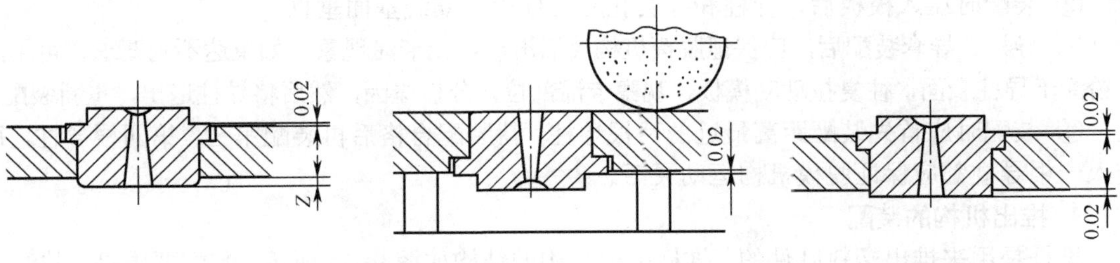

（a）压入后的浇口套　（b）修磨浇口套　（c）装配好的浇口套

图 9−30　浇口套的装配

2. 导柱和导套的装配

导柱、导套是脱模机构的定位导向装置，分别安装在塑料模的动模和定模部分上。

导柱、导套采用压入方式装入模板的导柱和导套孔内。导柱、导套和模板通常采用过盈配合。

（1）导柱的装配。

对于不同结构的导柱所采用的装配方法也不同。短导柱可以采用如图 9−31 所示的方法压入；长导柱应在定模板上的导套装配完成之后，以导套导向将导柱压入固定板内，如图 9−32 所示。

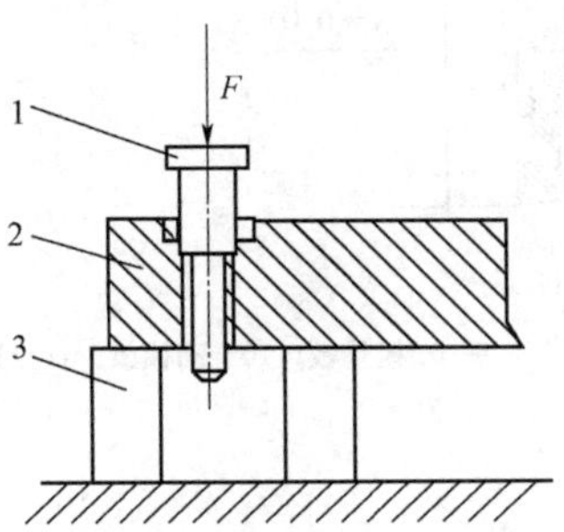

1—导柱；2—模板；3—等高垫铁

图 9−31　短导柱的装配

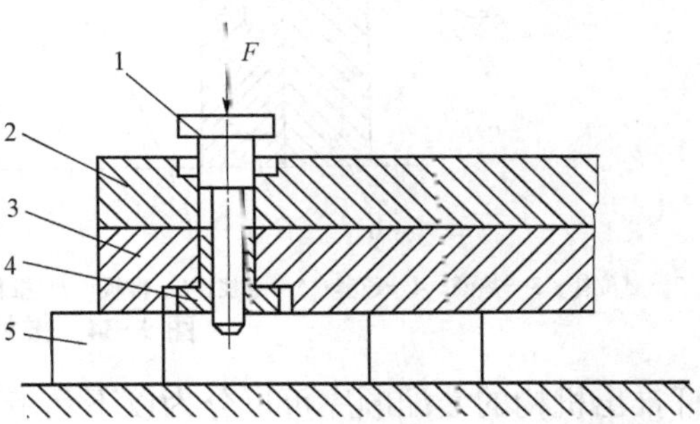

1—导柱；2—固定板；3—定模板；4—导套；5—等高垫铁

图 9−32　长导柱的装配

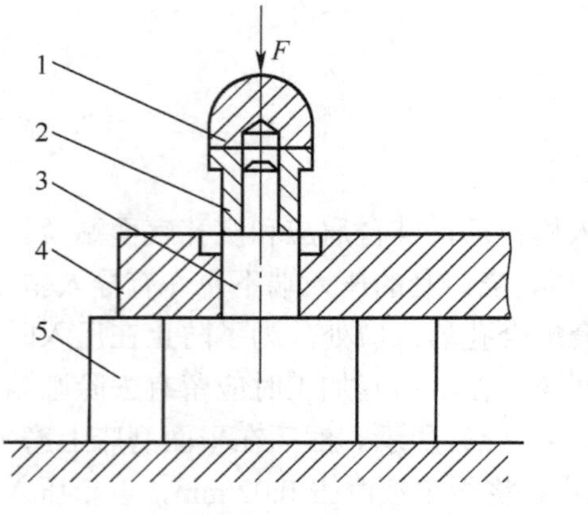

1—压块；2—导套；3—导向芯棒；4—动模板；5—等高垫铁

图 9–33　导套的装配

（2）导套的装配。

导套的装配通常是利用导向芯棒在压力机上将导套逐个压入模板，如图 9–33 所示。先将导向芯棒以 H7/f7 的间隙配合固定在模板内，再将导套套在导向芯棒上，用压力机慢慢压入。由于导套内孔在导套压入模板后会有微量收缩，因此导向芯棒直径与导套孔径之间应留有 0.02～0.03 mm 的间隙。

（3）导柱、导套装配注意事项。

① 压入前应对导柱、导套进行选配。确保导柱、导套和模板等零件间的配合符合要求，同时确保动、定模板上导柱和导套安装孔的中心距一致（其误差不大于 0.01 mm）。

② 装配时压入模板后，导柱和导套孔应与模板的安装基面垂直。

③ 导柱、导套装配后，应保证脱模机构灵活滑动，无卡滞现象。如果达不到要求，可用红丹粉涂于导柱表面，往复拉动动模板，观察卡滞部位，分析原因，然后将导柱退出，重新装配。

④ 装配时应首先装配距离最远的两根导柱，待装配合格后再装配第三、第四根导柱。每装入一根导柱都应保证脱模机构运动灵活。

3. 推出机构的装配

推杆是用来推出塑料制件的，推杆推出机构的结构如图 9–34 所示。装配要求是：装配后推杆应运动灵活，尽量避免磨损。推杆在推杆固定板孔中每边有 0.05 mm 的间隙，推杆工作端面应高出型面 0.05～0.10 mm。完成塑件推出后，推板应能在合模时自动退回原始位置。

单位：mm

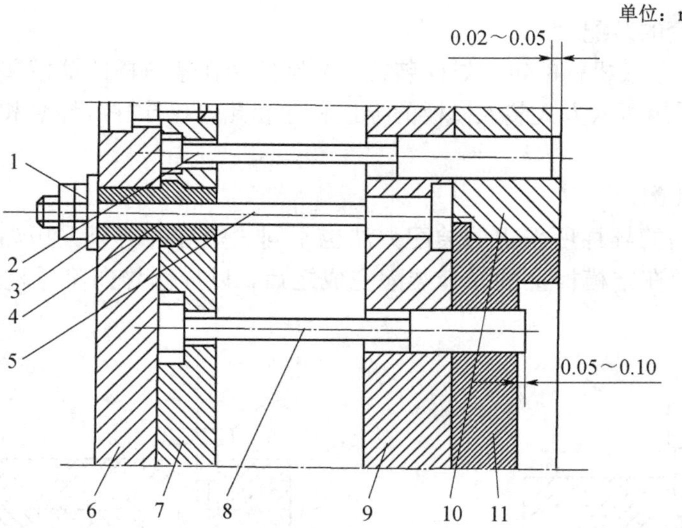

1—螺母；2—复位杆；3—垫圈；4—导套；5—导柱；6—推板；7—推杆固定板；8—推杆；9—动模垫板；10—动模板；11—型腔镶块

图 9–34　推杆的装配

推杆推出机构的装配顺序可以分为以下几步。

（1）将导柱垂直压入动模垫板 9，并将端面与支承板一起磨平。

（2）将装有导套 4 的推杆固定板 7 套装在导柱 5 上，并将推杆 8、复位杆 2 装入推杆固定板 7、动模垫板 9 和型腔镶块 11 的配合孔中，盖上推板 6，用螺钉拧紧，以确保其运动灵活。

（3）修磨推杆和复位杆的长度。如果推板 6 和垫圈 3 接触时，复位杆、推杆低于型面，则修磨导柱的台肩；如果复位杆、推杆高于型面，则修磨推板 6 的底面。一般将推杆和复位杆在加工时留长一些，装配后将多余部分磨去。修磨后的复位杆应低于型面 0.02～0.05 mm，推杆工作端面应高出型面 0.05～0.10 mm。

4. 抽芯机构的装配

塑料模中常用的抽芯机构是斜导柱抽芯机构，如图 9-35 所示。装配要求：闭模后，滑块的上平面与定模底面必须留有 x=0.2～0.8 mm 的间隙，斜导柱外侧与滑块斜导柱孔留有 y=0.2～0.5 mm 的间隙。

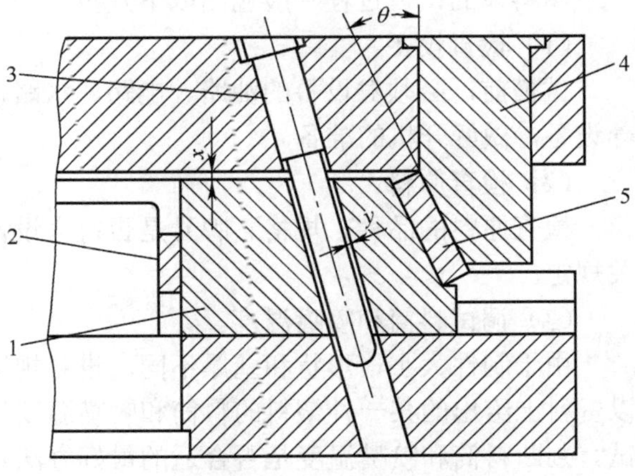

1—滑块；2—壁厚垫片；3—斜导柱；4—锁紧楔；5—垫片

图 9-35　斜导柱抽芯机构

斜导柱抽芯机构的装配顺序分以下几步。

（1）型芯装入型芯固定板成为型芯组件。

（2）安装导滑槽。按设计要求在固定板上调整滑块和导滑槽的位置，待位置确定后，用平行夹板将其夹紧，钻导滑槽安装孔和动模板上的螺孔，安装导滑槽。

（3）安装定模板锁紧楔。保证锁紧楔斜面与滑块斜面有 70%以上的面积贴合。如果侧型芯不是整体式，在侧型芯位置垫上相当于制件壁厚的铝片或钢片。

（4）闭模，检查间隙 x 值是否合格。如果不合格，可以通过修磨或更换滑块尾部垫片保证 x 值。

（5）镗斜导柱孔。将定模板、滑块和型芯组合一起用平行夹板夹紧，在卧式镗床上镗斜导柱孔。

（6）松开模具，安装斜导柱。

（7）修正滑块上的斜导柱孔口为圆环状。

（8）调整导滑槽，使其与滑块松紧适应，钻导滑槽销钉孔，安装销钉。

（9）镶侧型芯。

9.6.4　总装

由于塑料模的种类很多，结构比较复杂，因此在装配前要根据塑料模的结构特点制定详细合理的装配工艺。

1. 塑料模的常规装配过程

（1）确定装配基准。

（2）装配前对零件进行检测，对合格零件必须做去磁处理并清洗干净。

（3）调整各零件组合后的累积误差，并确保分型面接触紧密，防止飞边产生。

（4）装配中尽量保持原加工尺寸的基准面，以便总装合模调整时检查。

（5）组装导向机构，并确保开模、合模动作灵活，无松动和卡滞现象。

（6）组装调整推出机构，并调整好复位及推出位置。

（7）组装调整型芯、镶件，并确保配合面间隙达到要求。

（8）组装冷却或加热系统，并确保管路畅通，不漏水、不漏电，阀门动作灵活，

（9）组装液压或气动系统，并确保运行正常。

（10）紧固所有连接螺钉，装配定位销。

（11）试模，合格后打上模具编号、合模标记、组装基面等标记。

（12）最后检查各种配件、附件及起重吊环等零件，确保模具装备齐全。

2. 塑料模的试模

塑料模的试模过程一般包括以下几步。

（1）检查设备。

试模前，必须对设备的油路、电路、水路，以及机械运动部分进行检查，并按照规定保养设备，做好开机的准备。

（2）检查原料。

检查原料的品种、规格、牌号是否符合设计图样要求，检查原料的成型性能是否符合有关规定。

（3）调试料筒和喷嘴温度。

由于制件大小、形状和壁厚不同，设备规格、性能的不一样，以及塑料性能的差异，所以资料上给出的某一种塑料的料筒和喷嘴温度只是一个大致范围，必须根据具体条件现场调试。判断料筒和喷嘴温度是否合适的最好办法是：在喷嘴和主流道脱开的情况下，用较低的注射压力，使熔融的塑料从喷嘴中缓慢流出，其中如果没有硬块、气泡、银丝和变色等现象，就可以判断料筒和喷嘴温度是合适的。

（4）调节注射压力、成型时间和成型温度。

开始试模时，原则上选择在低压、低温和较长的时间条件下成型，然后按照压力、时间、温度这样的先后顺序变动，最好不要同时变动两个或三个工艺条件，以便分析和判断情况。由于压力的变化会很快从制件上反映出来，所以如果制件未充满，应首先增加注射压力，当大幅度增加注射压力仍无显著效果时，才考虑变动注射时间和温度。料筒温度的上升，以及塑料温度达到平衡需要一定的时间，一般为 15 min 左右，所以不能立刻把料筒温度升得太高，以免塑料过热甚至发生降解。

（5）调节注射速度。

注射成型时可以选择高速注射和低速注射两种工艺。一般来说，在制件壁薄而面积大时，应采用高速注射；在制件壁厚而面积小时，应采用低速注射；在高速注射和低速注射都能充满型腔的情况下，除了玻璃纤维增强塑料以外，均宜采用低速注射。

（6）调整螺杆转速和加料背压。

螺杆转速和加料背压（预塑化时螺杆的后退阻力）主要与物料的黏度和热稳定性有关，对于黏度高和热稳定性差的塑料，应采用较慢的螺杆转速和略低的背压加料预塑，对于黏度低和热稳定性好的塑料，应采用较快的螺杆转速和略高的背压加料预塑。

（7）记录试模情况。

在试模过程中应做好详细记录，并将试模结果、制件成型工艺条件、操作要点和模具质量等情况填入试模记录卡，最好能附上试模加工出来的制件，以供参考。如果模具需要返修，还应提出返修意见。

试模后，将合格的模具清理干净，涂上防锈油，然后入库。

注射模试模中常见的问题及解决方法见表 9-5。

表 9-5　注射模试模中常见问题及解决方法

试模中的常见问题	解决问题的方法与步骤
主流道	① 抛光主浇道—② 重合喷嘴与模具中心—③ 降低模具温度—④ 缩短注射时间—⑤ 增加冷却时间—⑥ 检查模具表面—⑦ 抛光模具表面—⑧ 检查材料是否污染
塑件脱模困难	① 降低注射压力—② 缩短注射时间—③ 增加冷却时间—④ 降低模具温度—⑤ 抛光模具表面—⑥ 增加脱模斜度—⑦ 减小镶块间隙
尺寸稳定性差	① 改变料筒温度—② 增加注射时间—③ 增加注射压力—④ 改变螺杆背压—⑤ 升高模具温度—⑥ 增大注射速度—⑦ 调节供料量—⑧ 减小回料比例
表面波纹	① 调节供料量—② 升高模具温度—③ 增加注射时间—④ 增大注射压力—⑤ 提高物料温度—⑥ 增大注射速度—⑦ 增加浇道与浇口的尺寸
塑件翘曲和变形	① 降低模具温度—② 降低模具物料温度—③ 增加冷却时间—④ 降低注射时间—⑤ 降低注射压力—⑥ 增加螺杆背压—⑦ 缩短注射时间
塑件脱皮分层	① 检查塑料种类和级别—② 检查材料是否污染—③ 升高模具温度—④ 物料干燥处理—⑤ 提高物料温度—⑥ 降低注射速度—⑦ 缩短浇口长度—⑧ 减小注射压力—⑨ 改变浇口位置—⑩ 采用大孔喷嘴
银丝斑纹	① 降低物料温度—② 物料干燥处理—③ 增大注射压力—④ 增大浇口尺寸—⑤ 检查塑料的种类和级别—⑥ 检查塑料是否污染
表面光泽差	① 物料干燥处理—② 检查材料是否污染—③ 提高物料温度—④ 增大注射压力—⑤ 升高模具温度—⑥ 抛光模具表面—⑦ 增大浇道与浇口的尺寸
凹模	① 调节供料量—② 增大注射压力—③ 增大注射时间—④ 降低物料速度—⑤ 降低模具温度—⑥ 增加排气孔—⑦ 增加浇道与浇口的尺寸—⑧ 缩短浇道长度—⑨ 改变浇口位置—⑩ 降低注射压力—⑪ 增大螺杆背压
气泡	① 物料干燥处理—② 降低物料温度—③ 增大注射压力—④ 增加注射时间—⑤ 升高模具温度—⑥ 降低注射速度—⑦ 增大螺杆背压
塑料填充不足	① 调节供料量—② 增大注射压力—③ 增加冷却时间—④ 升高温度—⑤ 增加注射速度—⑥ 增加排气孔—⑦ 增加浇道与浇口的尺寸—⑧ 缩短浇道长度—⑨ 增加注射时间—⑩ 检查喷嘴是否堵塞
塑件溢边	① 降低注射压力—② 增大锁模力—③ 降低注射速度—④ 降低物料温度—⑤ 降低模具温度—⑥ 重新校正分型面—⑦ 降低螺杆背压—⑧ 检查塑件投影面积—⑨ 检查模板平直度—⑩ 检查模具分型面是否锁紧
熔接痕	① 升高模具温度—② 提高物料温度—③ 增加注射速度—④ 增大注射压力—⑤ 增加排气孔—⑥ 增大浇道与浇口的尺寸—⑦ 减少脱模剂量—⑧ 减少浇口个数
塑件强度下降	① 物料干燥处理—② 降低物料温度—③ 检查材料是否污染—④ 升高模具温度—⑤ 降低螺杆转速—⑥ 降低螺杆背压—⑦ 增加排气孔—⑧ 改变浇口位置—⑨ 降低注射速度
裂纹	① 升高模具温度—② 缩短冷却时间—③ 提高物料温度—④ 增加注射时间—⑤ 增大注射压力—⑥ 降低螺杆背压—⑦ 预热嵌件—⑧ 缩短注射时间
黑点及条纹	① 降低物料温度—② 重新对正喷嘴—③ 降低螺杆转速—④ 降低螺杆背压—⑤ 采用大孔喷嘴—⑥ 增加排气孔—⑦ 增大浇道与浇口的尺寸—⑧ 降低注射压力—⑨ 改变浇口的位置

9.6.5　塑料模装配实例

图 9-36 为热塑性塑料注射模的装配图，下面以其为例，说明塑料模的装配方法。

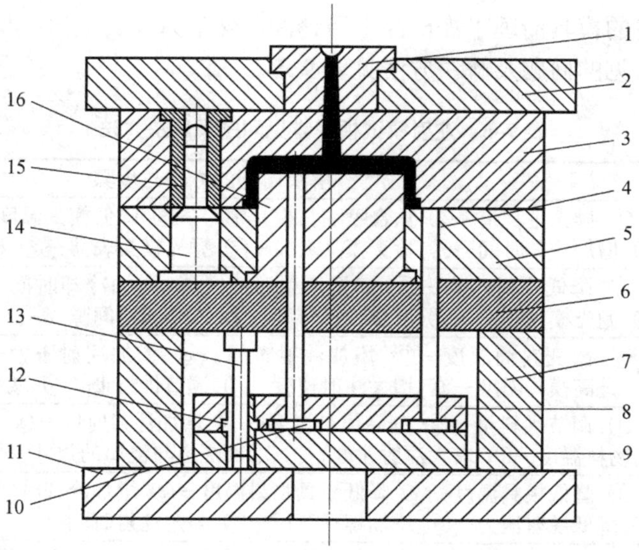

1—浇口套；2—定模座板；3—定模；4—复位杆；5—动模固定板；6—垫板；7—支承板；8—推板；9—推板垫板；10—顶杆；11—动模座板；12—推板导套；13—推板导柱；14—导柱；15—导套；16—动模型芯

图 9-36　热塑性塑料注射模

1. 精修定模

（1）定模经锻、刨后，磨削六面。上、下平面留修磨余量。

（2）划线加工型腔。在铣床上铣削型腔或用电火花加工型腔，深度按照要求尺寸增加了 0.2 mm。

（3）用油石修整型腔表面。

2. 精修动模型芯及动模固定板型孔

（1）按照图纸将预加工的动模型芯精修成形，钻、铰顶杆孔。

（2）按划线加工动模固定板型孔，并与型芯配合加工。

3. 同镗导柱、导套孔

（1）将定模、动模固定板叠合在一起，使分型面紧密接触，然后夹紧，镗削导柱、导套孔。

（2）锪导柱、导套孔的台阶孔。

4. 复钻各螺孔、销孔及推杆孔

（1）将定模 3 与定模座板 2 叠合在一起，夹紧后复钻螺孔、销孔。

（2）将动模座板 11、动模固定板 5、垫板 6、支承板 7 叠合夹紧，复钻螺孔、销孔。

5. 将动模型芯压入动模固定板

（1）将动模型芯 16 压入动模固定板 5 并配合紧密。

（2）装配后型芯外露部分要符合图纸要求。

6. 压入导柱、导套

（1）将导套 15 压入定模 3。

（2）将导柱 14 压入动模固定板 5。

（3）检查导柱、导套之间的配合松紧程度。

7. 磨平安装基面

① 将定模 3 上基面磨平。

② 将动模固定板 5 下基面磨平。

8. 复钻推板上的推板导柱及顶杆孔

通过动模固定板 5 及动模型芯 16，复钻推板 8 上的推板导柱孔及顶杆孔。卸下后再复钻垫板 6 上各孔。

9. 将浇口套压入定模板

用压力机将浇口套 1 压入定模板。

10. 装配定模部分

在定模座板 2、定模 3 上复钻螺钉孔、销钉孔后，拧入螺钉、打入销钉并紧固。

11. 装配动模

在动模固定板 5、垫板 6、支承板 7、动模座板 11 上复钻螺钉孔、销钉孔后，拧入螺钉、打入销钉并紧固。

12. 修正推板导柱、复位杆、顶杆长度

（1）将动模部分全部装配后，使支承板 7 底面和推板 8 底面紧贴于动模座板 11。从型芯表面测出推板导柱、复位杆、顶杆长度。

（2）修磨长度后，进行装配，并检查推板导柱、复位杆、顶杆的灵活性。

13. 试模与调整

各部位装配完成后进行试模，并检查塑料制件，验证模具质量状况。

思考题

1. 模具装配的概念是什么？模具装配具有哪些特点？
2. 模具装配的内容有哪些？
3. 什么是模具装配精度？它包括哪些方面的内容？
4. 保证模具装配精度的方法有哪些？如何选用？
5. 模具零件的固定方法有哪些？它们各适用于哪类模具？
6. 模具装配时，控制凸、凹模间隙的方法有哪些？
7. 冷冲模装配的技术要求和装配顺序各是什么？
8. 弯曲模和拉深模的装配特点分别是什么？
9. 塑料模型芯的固定方法有哪些？
10. 塑料模型腔的装配方法有哪些？
11. 塑料模导柱、导套的装配，应该注意哪些问题？
12. 塑料模的常规装配顺序是什么？
13. 塑料模的试模过程一般包括哪些步骤？
14. 注射模试模过程中常出现哪些问题？应该如何调整、修理呢？

课后习题　　参考答案

参考文献

［1］宋建丽．模具制造技术［M］．北京：机械工业出版社，2023.
［2］成虹．模具制造技术［M］．2版．北京：机械工业出版社，2021.
［3］任建平．模具制造技术［M］．杭州：浙江大学出版社，2021.
［4］刘航．模具制造技术——基于项目式教学方法［M］．2版．北京：机械工业出版社，2018.
［5］张信群，范丽丽．模具制造技术［M］．2版．北京：人们邮电出版社，2016.
［6］赵月静，王永明．现代模具加工技术［M］．北京：金盾出版社，2015.
［7］黄学飞．模具制造技术基础［M］．广州：华南理工大学出版社，2015.
［8］孙传．模具制造技术［M］．杭州：浙江大学出版社，2015.
［9］李成凯．模具制造工艺学［M］．成都：电子科技大学出版社，2013.
［10］戴刚，刘军．模具制造技术应用与综合训练［M］．2版．北京：电子工业出版社，2013.
［11］李成凯．模具制造工艺学［M］．成都：电子科技大学出版社，2013.
［12］乔慧．模具制造工［M］．北京：机械工业出版社，2013.
［13］张霞，初旭宏．模具制造工艺学［M］．北京：电子工业出版社，2011.
［14］刘国良．模具制造技术［M］．北京：化学工业出版社，2010.